こども気《き》象《しょう》庁《ちょう》

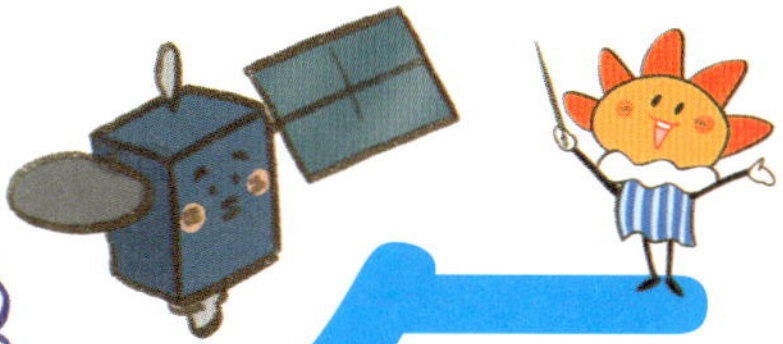

監修《かんしゅう》　気《き》象《しょう》庁《ちょう》

はじめに

こんにちは！

気象庁《きしょうちょう》マスコットキャラクターのはれるんだよ。

この本《ほん》は、気象観測《きしょうかんそく》や天気予報《てんきよほう》のしくみ、地震《じしん》・津波《つなみ》や火山《かざん》など気象庁《きしょうちょう》が行《おこな》っている業務《ぎょうむ》の他《ほか》に、みんなの命《いのち》を守《まも》るために発表《はっぴょう》される防災気象情《ぼうさいきしょうじょう》報《ほう》についても学《まな》ぶことができるんだ。

最後《さいご》には学《まな》んだことを確認《かくにん》するクイズもあるので、挑戦《ちょうせん》してみてね。

また、実際《じっさい》に気象庁《きしょうちょう》で働《はたら》いている職員《しょくいん》のお話《はなし》もあるよ。どんな仕事《しごと》をしているのだろう？

この本《ほん》は、新星出版社《しんせいしゅっぱんしゃ》が気象庁《きしょうちょう》の業務《ぎょうむ》を紹介《しょうかい》してくれることになったから、はれるんも協力《きょうりょく》したんだ！

正《ただ》しく自分《じぶん》の身《み》を守《まも》れる行動《こうどう》ができるようになってほしいなと思《おも》っているから、一緒《いっしょ》に学《まな》んでみよう！

気象庁《きしょうちょう》マスコットキャラクター
はれるん

気象庁《きしょうちょう》の
マスコットキャラクター

はれるん

災害《さいがい》の無《な》い平和《へいわ》な世《よ》の中《なか》になるようにと願《ねが》いをかけているタクトを持《も》っています。命《いのち》を守《まも》る情報《じょうほう》や気《き》象庁《しょうちょう》のお仕《し》事《ごと》をたくさんの方《かた》に知《し》ってもらうためにいつも明《あか》るく頑張《がんば》っています。

明日《あした》は気象庁《きしょうちょう》の見学《けんがく》だって！
ワイワイ
ひまわり見《み》られるかな？
お天気《てんき》お姉《ねえ》さんに会《あ》えるかな
じ…
気象庁《きしょうちょう》パンフレット
地球《ちきゅう》を守《まも》る？気象庁《きしょうちょう》
教《おし》えるべきか、否《いな》か…
ひまわりは宇宙《うちゅう》にあるし、お天気《てんき》お姉《ねえ》さんはいないぞ……
楽《たの》しみ〜!!
こんにちは！
気象庁《きしょうちょう》へようこそ！
気象庁《きしょうちょう》
Japan Mete

じゃーーん!!

気象庁《きしょうちょう》はかんたんに言《い》うと…

24時間《じかん》休《やす》まず観測《かんそく》し、情報提供《じょうほうていきょう》しているところです!

いろんな高《たか》さ、多《おお》くの場所《ばしょ》で毎日《まいにち》観測《かんそく》したデータをもとに…

みんなの知《し》っている「天気予報《てんきよほう》」が作《つく》られるんです!

気象衛星《きしょうえいせい》ひまわり
ラジオゾンデ
気象《きしょう》レーダー
アメダス
ひまわりってずっと宇宙《うちゅう》にあるんだ!

他《ほか》にも…

南極《なんきょく》から!

力《ちから》を合《あ》わせて観測《かんそく》!

さまざまな場所《ばしょ》からデータを集《あつ》めています!

船《ふね》から!

お天気《てんき》お姉《ねえ》さんはどこ?

ざんねん!気象庁《きしょうちょう》で働《はたら》く予報官《よほうかん》じゃないからここにはいないんです
民間《みんかん》の気象予報士《きしょうよほうし》であるお姉《ねえ》さんは、ここで発信《はっしん》された天気《てんき》の情報《じょうほう》などをもとに予報《よほう》してるんですよ

ここからは私《わたし》が！
パンッ
ここは地震《じしん》火山《かざん》オペレーションルーム！
ここで24時間《じかん》365日《にち》、地震《じしん》や津波《つなみ》、火山《かざん》の監視《かんし》をしております！
ン！
ド
え〜!?
人《ひと》が24時間《じかん》!?
ビッビッ
震源《しんげん》は？
津波《つなみ》は？
震度《しんど》は？
何《なに》これ？
ザワザワ…
え！地震《じしん》？

ぞろぞろ…
大《おお》きな揺《ゆ》れではなかったようですね
ほっ
今《いま》、何《なに》をしているの？
地震《じしん》が起《お》きたので観測《かんそく》データをもとに解析《かいせき》したんです！
地震発生《じしんはっせい》！
グラ…
気象庁《きしょうちょう》観測《かんそく》！
緊急地震速報《きんきゅうじしんそくほう》や津波警報《つなみけいほう》もここから発信《はっしん》してるの？
そうです！
緊急地震速報《きんきゅうじしんそくほう》！
津波警報《つなみけいほう》
津波《つなみ》は地震発生《じしんはっせい》から3分以内《ぶんいない》を目標《もくひょう》に警報《けいほう》・注意報《ちゅういほう》を発表《はっぴょう》しています！
人命《じんめい》を守《まも》る!!
少《すこ》しでも早《はや》く伝《つた》える…
人命《じんめい》を守《まも》るため、伝《つた》え方《かた》の工夫《くふう》も日々《ひび》考《かんが》えています！
ドンッ

気象庁《きしょうちょう》のお仕事《しごと》は伝《つた》わった？
ひょこっ
実《じつ》は……
150年《ねん》！
気象庁《きしょうちょう》は150年《ねん》、ず～っと気象観測《きしょうかんそく》してるんです！
えへん!!
ええ～!?
わしも150才《さい》
気温《きおん》が上《あ》がってるっていうのも
海水面《かいすいめん》が上《あ》がっているっていうのも
今日《きょう》の気温《きおん》は…
天気《てんき》は…
今日《きょう》の二酸化炭素《にさんかたんそ》濃度《のうど》は…
今日《きょう》の海水《かいすい》の高《たか》さは…
地球全体《ちきゅうぜんたい》があったまっているっていうのも
オゾン層《そう》がへってる!?
長《なが》い間《あいだ》観測《かんそく》つづけてるからわかるんですっ

地《ち》球《きゅう》をマモレンジャー!
昔《むかし》からの情報《じょうほう》と教訓《きょうくん》を生《い》かして…
今《いま》を観測《かんそく》し続《つづ》けることで、地球《ちきゅう》を守《まも》ってるんですよ!
観測《かんそく》レンジャー
防災《ぼうさい》レンジャー
監視《かんし》レンジャー
予報《よほう》レンジャー
スーパーレンジャーG《ジー》
まにあった…
わーーッ
気象庁《きしょうちょう》の見学《けんがく》、楽《たの》しかった~!
24時間《じかん》365日《にち》人《ひと》が地震《じしん》や津波《つなみ》、火山《かざん》の監視《かんし》をしているんだって!
天気《てんき》の予報官《よほうかん》の仕事《しごと》って素敵《すてき》!
気象庁《きしょうちょう》の仕事《しごと》はそれだけじゃないぞ。もっと知《し》りたくないか?
よし、いってみよう!

目《もく》次《じ》

3章《しょう》 毎日《まいにち》の天気《てんき》と危険《きけん》な現象《げんしょう》

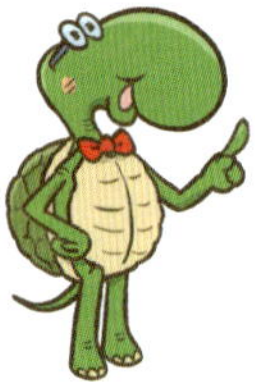

4章《しょう》 大地《だいち》の異変《いへん》を観測《かんそく》する

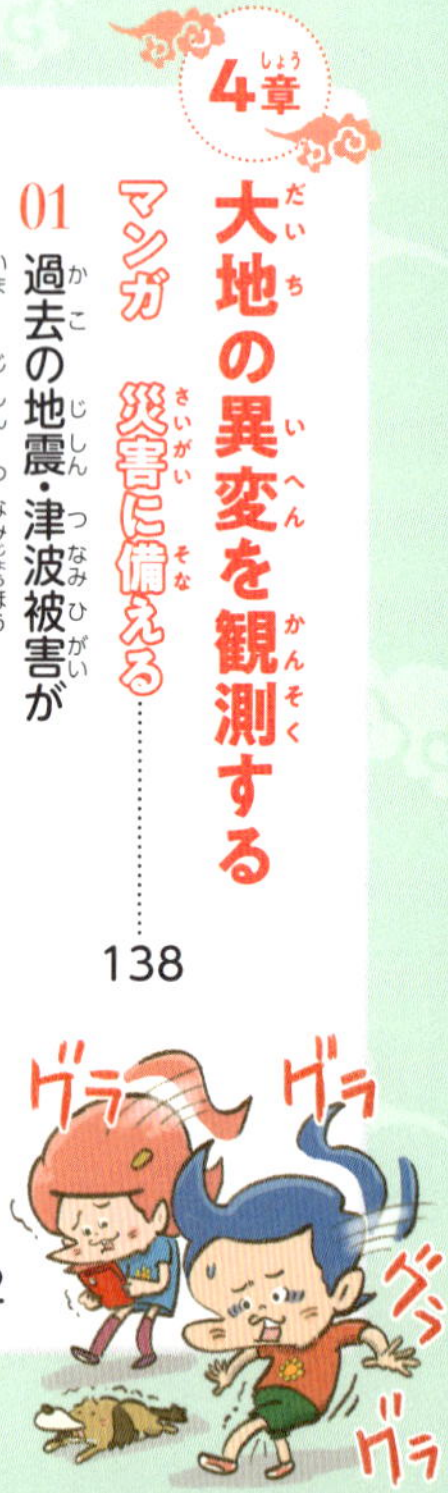

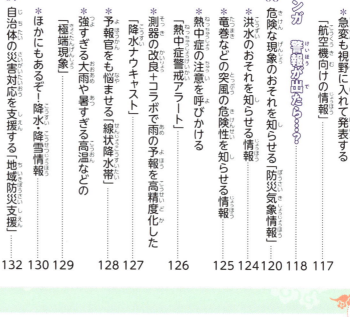

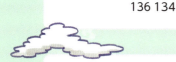

STAFF

執筆協力
石川守延

イラスト
イケウチリリー

装丁・本文デザイン
ヨダトモコ

編集・制作
ナイスク
https//naisg.com
松尾里央　高作真紀

写真
PIXTA、Shutterstock

この本《ほん》の見方《みかた》

この本《ほん》に登場《とうじょう》する仲間《なかま》たち

おじいちゃん

気象《きしょう》の話《はなし》がやたらと詳《くわ》しい。その正体《しょうたい》は…

おじいちゃんの孫《まご》

地球《ちきゅう》を守《まも》るマモレンジャーたち

防災《ぼうさい》レンジャー
地震《じしん》や津波《つなみ》などに詳《くわ》しいレンジャー

予報《よほう》レンジャー
気象予報《きしょうよほう》を助《たす》けるレンジャー

観測《かんそく》レンジャー
気象現象《きしょうげんしょう》を測《はか》るレンジャー

監視《かんし》レンジャー
地球《ちきゅう》を見守《みまも》るレンジャー

スーパーレンジャーG《ジー》
なんでも知《し》っているレンジャー
その正体《しょうたい》は…

一緒《いっしょ》に学《まな》ぶなかまたち

1章《しょう》 気象《きしょう》を観測《かんそく》する

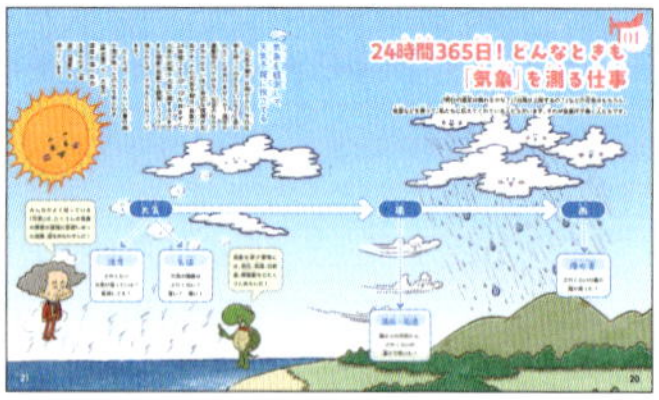

私《わたし》たちを取《と》りまく「気象《きしょう》」をどうやって、どんな人《ひと》が観測《かんそく》しているかがわかります。

2章《しょう》 未来《みらい》のために地球《ちきゅう》を観測《かんそく》

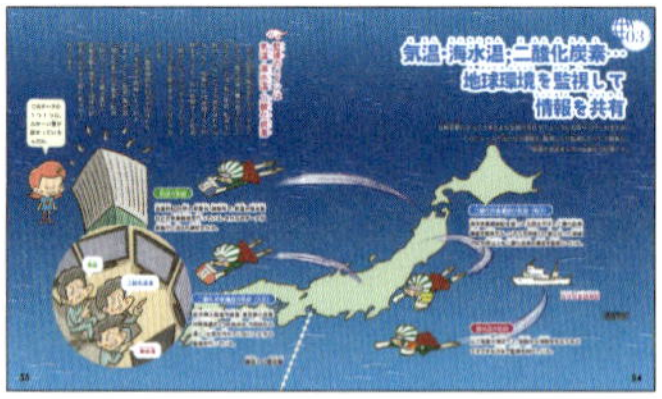

異常気象《いじょうきしょう》や気候変動《きこうへんどう》など、地球《ちきゅう》を取《と》り巻《ま》く状況《じょうきょう》を監視《かんし》している仕事《しごと》や、南極観測隊《なんきょくかんそくたい》・南鳥島《みなみとりしま》での観測《かんそく》、海洋気象観測船《かいようきしょうかんそくせん》などの仕事《しごと》がわかります。

3章《しょう》 毎日《まいにち》の天気《てんき》と危険《きけん》な現象《げんしょう》

スパコン・アンサンブル予報《よほう》などの天気予報《てんきよほう》が作《つく》られる仕組《しく》みや、線状降水帯《せんじょうこうすいたい》・台風《たいふう》などの危険《きけん》な現象《げんしょう》が発生《はっせい》したときの避難《ひなん》のタイミングなどがわかります。

4章《しょう》 大地《だいち》の異変《いへん》を観測《かんそく》する

地震《じしん》や津波《つなみ》、火山《かざん》などの発生《はっせい》の仕組《しく》みから、もしものときの動《うご》き方《かた》までを紹介《しょうかい》しています。

付録《ふろく》

この本《ほん》で学《まな》んだことをいかして、天気予報《てんきよほう》やクイズに挑戦《ちょうせん》できます。

1章《しょう》

気象《きしょう》を観測《かんそく》する

2人《ふたり》とも
えらく真剣《しんけん》に天気予報《てんきよほう》を見《み》とるのう
進化《しんか》する!? 気象《きしょう》の観測《かんそく》
来週《らいしゅう》は遠足《えんそく》だから天気《てんき》をチェックしてるんだ!
来週《らいしゅう》? ちょっと気《き》が早《はや》くないかね?
何《なに》言《い》ってるのおじいちゃん!!
遠足《えんそく》の準備《じゅんび》は大変《たいへん》なんだよ!
おりたたみ
雨《あめ》の日《ひ》用《よう》ながぐつ
さむい日《ひ》用《よう》カーディガン
はれの日《ひ》用《よう》日《ひ》やけどめ
UV
花粉《かふん》すごい日《ひ》マスク
完璧《かんぺき》すぎじゃろ

でもどうして何日《なんにち》も先《さき》の天気《てんき》がわかるんだろう?
いい質問《しつもん》じゃ!
今天気《いまてんき》が予測《よそく》できるのは、150年前《ねんまえ》から気温《きおん》や湿度《しつど》、雲《くも》や風《かぜ》の動《うご》きを観測《かんそく》したデータと
実際《じっさい》の天気《てんき》が記録《きろく》されているからなんじゃよ
1874
1912
2024
150年分《ねんぶん》のデータ!?
データといっても昔《むかし》はコンピューターなどない時代《じだい》じゃから
いろいろな機器《きき》が工夫《くふう》されておった
毛髪自記湿度計《そうはつじきしつどけい》
髪《かみ》の毛《け》で湿度《しつど》が測《はか》れるの!?
そう!「雨《あめ》の日《ひ》は髪《かみ》がうねる」人《ひと》がよくいるじゃろ?
空気中《くうきちゅう》の水分《すいぶん》を吸《す》うと髪《かみ》が伸《の》びるのを利用《りよう》して、記録用《きろくよう》の針《はり》を上下《じょうげ》に動《うご》かすんじゃ!
ちなみにこれには西洋人女性《せいようじんじょせい》の金髪《きんぱつ》(ブロンド)が一番《いちばん》とされておった
おじいちゃんの白《しろ》ひげも何《なに》か測《はか》れたりしないのかな
やめんかい!

上空《じょうくう》の雲《くも》や風《かぜ》の様子《ようす》を知《し》るのも一苦労《ひとくろう》じゃった
人間《にんげん》の手《て》でがんばってたんだねー
気球《ききゅう》
山頂観測所《さんちょうかんそくじょ》
凧《たこ》
少《すこ》し時代《じだい》が進《すす》むと科学技術《かがくぎじゅつ》の進歩《しんぽ》によって
気象衛星《きしょうえいせい》
ラジオゾンデ(GPS《ジーピーエス》)
気象《きしょう》レーダー
より高精度《こうせいど》なセンサーを自動的《じどうてき》に飛《と》ばしたりもできるようになった
得《え》られたデータの計算《けいさん》や伝達《でんたつ》もずいぶん便利《べんり》になったのう…
手計算《てけいさん》
コンピューター
電報《でんぽう》
FAX《ファックス》
インターネット
FAXなんて使《つか》ったことない!

身近《みぢか》なところだと
季節《きせつ》ごとの
花《はな》や木《き》の様子《ようす》も
長年観測《ながねんかんそく》が
続《つづ》いておる
うめ
さくら
あじさい
かえで
いちょう
など…
たしかに!
南《みなみ》の方《ほう》から
桜《さくら》が咲《さ》いてくるのを
「桜前線《さくらぜんせん》」って言《い》うの
聞《き》いたことある!
昔《むかし》は季節《きせつ》ごとの
動物《どうぶつ》も観測《かんそく》して
おったのじゃが、
もんしろちょう
あきあかね
つばめ
あまがえる
あぶらぜみ
など…
都市化《としか》が進《すす》み
なかなか
見《み》られなくなった
ので…
2020年《ねん》に
やめてしまった
そうじゃ
残念《ざんねん》!
とんとん!
2人《ふたり》が
大《おお》きくなる頃《ころ》には、
今《いま》のやり方《かた》も
変《か》わってしまうん
じゃろうな…
ん?
てるてるぼうず
作《つく》ったよ!
おお!
懐《なつ》かしい!
いいお天気《てんき》を
願《ねが》う気持《きも》ちは、
今《いま》も昔《むかし》も
変《か》わらんのじゃろう

01

24時間《じかん》365日《にち》！どんなときも「気象《きしょう》」を測《はか》る仕事《しごと》

「明日《あす》の遠足《えんそく》は晴《は》れるかな？」「台風《たいふう》は上陸《じょうりく》するの？」などの天気《てんき》はもちろん、気温《きおん》などを測《はか》って、私《わたし》たちに伝《つた》えてくれている人《ひと》たちがいます。それが気象庁《きしょうちょう》で働《はたら》く人《ひと》たちです。

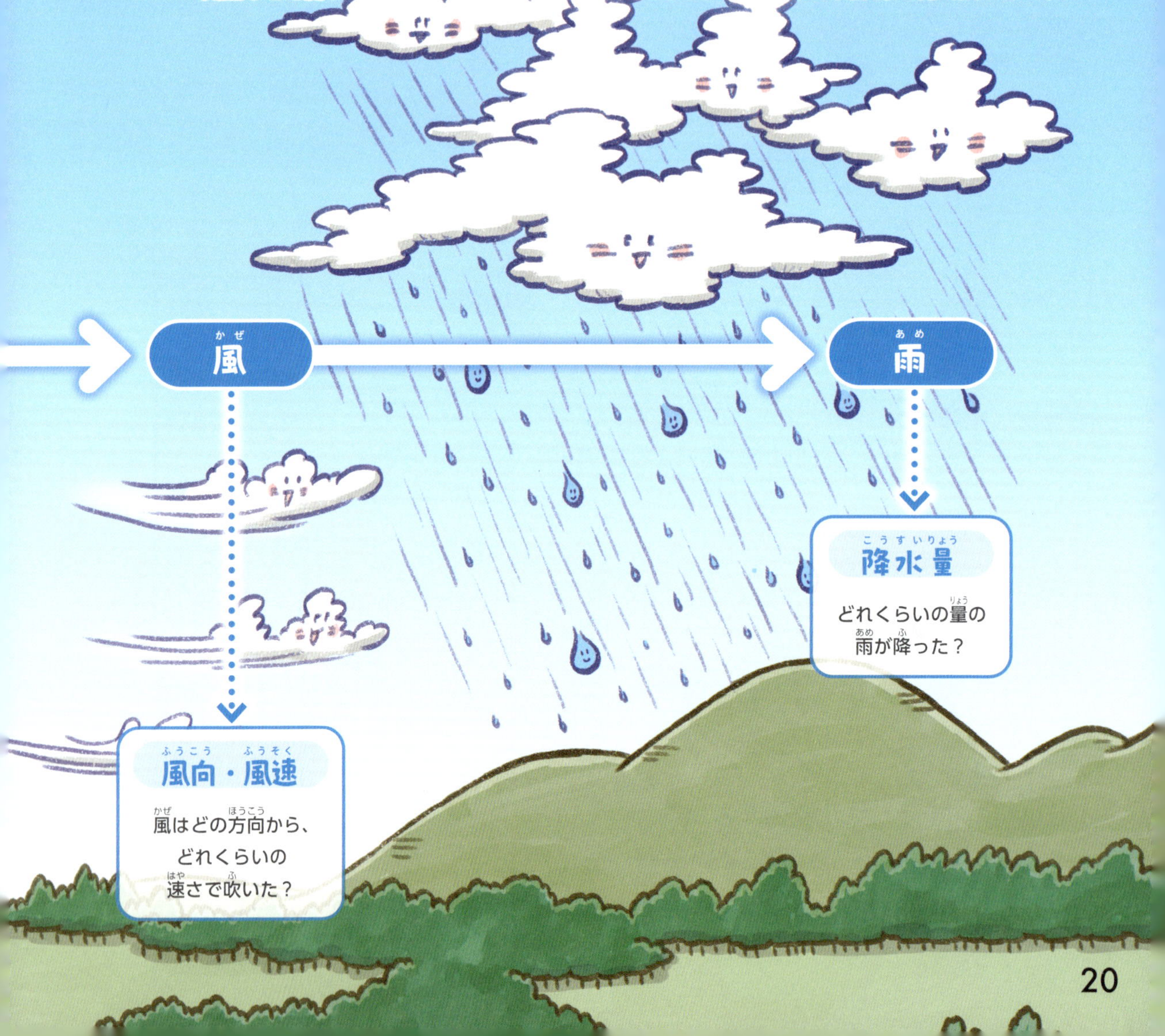

風《かぜ》
雨《あめ》
風向《ふうこう》・風速《ふうそく》
風《かぜ》はどの方向《ほうこう》から、どれくらいの速《はや》さで吹《ふ》いた？
降水量《こうすいりょう》
どれくらいの量《りょう》の雨《あめ》が降《ふ》った？

気象《きしょう》を観測《かんそく》して天気予報《てんきよほう》に役立《やくだ》てる

「天気予報《てんきよほう》では雨《あめ》だから、今日《きょう》は傘《かさ》を持《も》って行《い》きなさい」などと言《い》われたことはありませんか？ 遠足《えんそく》や運動会《うんどうかい》だけではなく、生活《せいかつ》のなかでは欠《か》かせないほど身近《みぢか》な情報《じょうほう》が天《てん》気《き》です。その天気予報《てんきよほう》は、気象庁《きしょうちょう》が24時間《じかん》365日《にち》1日《にち》も休《やす》まずに、大気《たいき》の状態《じょうたい》や大気《たいき》に関《かん》するさまざまな現象《げんしょう》（気象《きしょう》）を観測《かんそく》しつづけて得《え》られたデータがもとになっています。

たとえば、どれくらいの量《りょう》の雨《あめ》や雪《ゆき》が降《ふ》ったのかをあらわす「降水量《こうすいりょう》」や、大気《たいき》の温度《おんど》や湿《しめ》り具合《ぐあい》をあらわす「気《き》温《おん》」「湿度《しつど》」を測《はか》っています。

みんながよく知《し》っている「天気《てんき》」は、たくさんの気象《きしょう》の要素《ようそ》が複雑《ふくざつ》に影響《えいきょう》しあった結果《けっか》、姿《すがた》をあらわすんだ！

大気《たいき》

湿度《しつど》
どれくらい大気《たいき》が湿《しめ》っている？ 乾燥《かんそう》してる？

気温《きおん》
大気《たいき》の温度《おんど》はどれくらい？ 暑《あつ》い？ 寒《さむ》い？

気象《きしょう》を表《あらわ》す要素《ようそ》には、気圧《きあつ》、気温《きおん》、日射《にっしゃ》量《りょう》、降雪量《こうせつりょう》などたくさんあるんだ！

天《てん》気《き》予《よ》報《ほう》のもとを測《はか》っている

雨《あめ》が降《ふ》った時《とき》、気象《きしょう》予《よ》報士《ほうし》が「1時間《じかん》の降水量《こうすいりょう》が50㎜を超《こ》えました」などと話《はな》している「降水《こうすい》量《りょう》」や、冬《ふゆ》の天気予報《てんきよほう》で「今日《きょう》は北寄《きたよ》りの風《かぜ》が吹《ふ》いて寒《さむ》くなるでしょう」と言《い》っている「北寄《きたよ》りの風《かぜ》」など、気象庁《きしょうちょう》が測《はか》っているのは、私《わたし》たちが耳《みみ》にする天気予報《てんきよほう》のもとなのです。

また、夏《なつ》になるとよく耳《みみ》にする「最高気温《さいこうきおん》」や「熱中症《ねっちゅうしょう》」。「最高気温《さいこうきおん》35度《ど》以上《いじょう》の猛暑日《もうしょび》」などのニュースが流《なが》れたり、「熱中症《ねっちゅうしょう》に気《き》をつけて、水分《すいぶん》をとりなさい」と言《い》われたりしませんか。熱《ねっ》

ひぇ～
外《そと》に出《で》るんじゃなかった！
最大風速《さいだいふうそく》が 17m/s の風《かぜ》の中《なか》を歩《ある》く人《ひと》

気持《きも》ちぃ～
風《かぜ》だなぁ
人《ひと》が普通《ふつう》に歩《ある》く速《はや》さ＝1.25m/s

風《かぜ》の強《つよ》さの平均《へいきん》「風速《ふうそく》」

10分間《ぷんかん》に吹《ふ》いた風《かぜ》の速《はや》さの平均《へいきん》の値《あたい》を風速《ふうそく》という。単位《たんい》はm/s(メートル毎秒《まいびょう》)。たとえば「9時《じ》の平均風《へいきんふう》速《そく》10m/s」という場合《ばあい》は、8時《じ》50分《ぷん》から9時《じ》までに、平均《へいきん》して1秒間《びょうかん》に10メートルの速《はや》さの風《かぜ》がふいていたということ。台風《たいふう》は最大風速《さいだいふうそく》がおよそ17m/s以上《いじょう》になったもの。

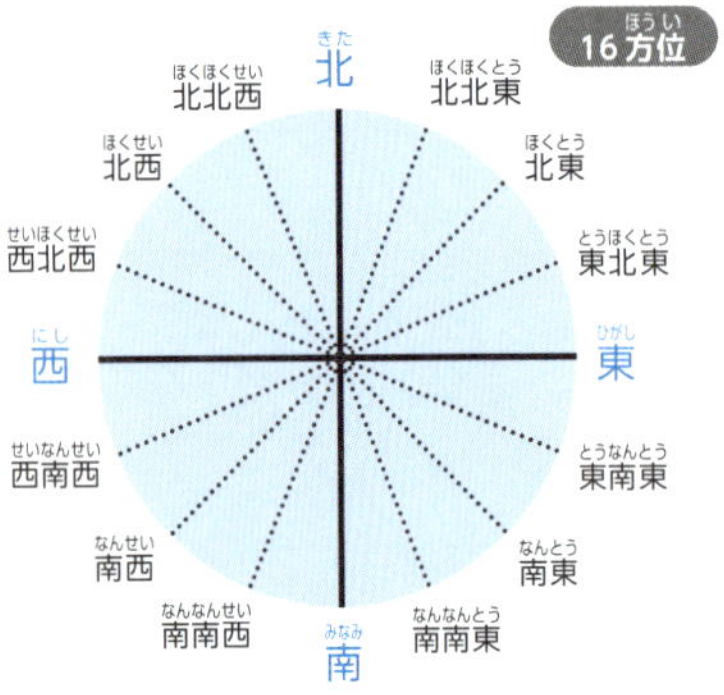
16方位《ほうい》
北《きた》
北北東《ほくほくとう》
北東《ほくとう》
東北東《とうほくとう》
東《ひがし》
東南東《とうなんとう》
南東《なんとう》
南南東《なんなんとう》
南《みなみ》
南南西《なんなんせい》
南西《なんせい》
西南西《せいなんせい》
西《にし》
西北西《せいほくせい》
北西《ほくせい》
北北西《ほくほくせい》

風《かぜ》が吹《ふ》いてくる方向《ほうこう》「風向《ふうこう》」

風《かぜ》が吹《ふ》いてくる方向《ほうこう》のことを風向《ふうこう》という。たとえば冬《ふゆ》の天気予報《てんきよほう》で耳《みみ》にする「北風《きたかぜ》」は、「北《きた》からこちらに吹《ふ》いてくる風《かぜ》」のこと。

風《かぜ》は絶《た》えず変化《へんか》しているので、観《かん》測《そく》する前《まえ》の10分間《ぷんかん》の平均《へいきん》を16方《ほう》位《い》にわけて観測《かんそく》してるんだ。

中症《ちゅうしょう》は、温度《おんど》と湿度《しつど》が高《たか》いときに注意《ちゅうい》が必要《ひつよう》になります。これらを測《はか》っているのも気象庁《きしょうちょう》です。

「1時間《じかん》で100㎜の降水量《こうすいりょう》」っていうのは、1時間《じかん》に100㎜（10㎝）の深《ふか》さになるくらいの雨《あめ》の量《りょう》ということだね。

降《ふ》った雨《あめ》の水《みず》の深《ふか》さを測《はか》る「降水量《こうすいりょう》」

「降水量《こうすいりょう》」は、降《ふ》った雨《あめ》がどこにも流《なが》れずに、そのまま溜《た》まった場合《ばあい》の水《みず》の深《ふか》さのこと。単位《たんい》は㎜（ミリメートル）で、「ミリ」と省略《しょうりゃく》されることがある。

月平均気温《つきへいきんきおん》は毎日《まいにち》の平均《へいきん》気温《きおん》の月間《げっかん》の平均《へいきん》だね！

大気《たいき》の温度《おんど》「気温《きおん》」

「気温《きおん》」は、地上《ちじょう》1.25～2.0mの大気《たいき》の温度《おんど》のこと。「14時《じ》の気温《きおん》は20℃」という場合《ばあい》は、13時《じ》59分《ふん》00秒《びょう》から14時《じ》00分《ふん》00秒《びょう》のその間《あいだ》に観測《かんそく》された気温《きおん》が20℃ということになる。日平均気温《にちへいきんきおん》は、1時《じ》から24時《じ》の正時《せいじ》（1時《じ》、2時《じ》、3時《じ》……など、時計《とけい》の長針《ちょうしん》が12を指《さ》す時間《じかん》）に観測《かんそく》した気温《きおん》の平均《へいきん》。

大気《たいき》の湿《しめ》り気《け》の度合《どあ》いを測《はか》る「湿度《しつど》」

湿度《しつど》は、大気《たいき》の水蒸気《すいじょうき》の量《りょう》で計測《けいそく》するもの。気温《きおん》と湿度《しつど》から求《もと》められる「不快指数《ふかいしすう》」が85になると、93％《パーセント》の人《ひと》がむし暑《あつ》さで不快《ふかい》になるといわれている。また湿度《しつど》が低《ひく》いときは火《ひ》の取《と》り扱《あつか》いに注意《ちゅうい》が必要《ひつよう》だ。

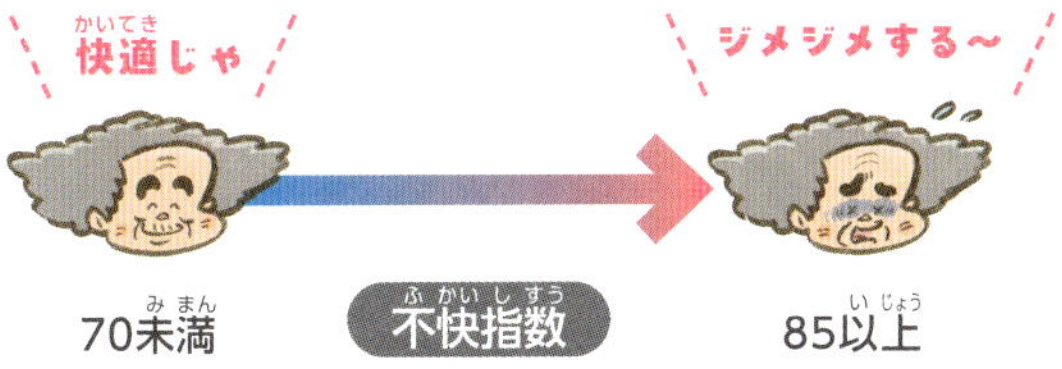
快適《かいてき》じゃ
ジメジメする〜
70未満《みまん》
不快指数《ふかいしすう》
85以上《いじょう》

35°
湿度
65％
湿度《しつど》が65％《パーセント》をこえました
じっちゃんエアコンつけよ〜よ
涼
ヒィィィィ

気象《きしょう》の観測《かんそく》は最新《さいしん》の テクノロジーが大活躍《だいかつやく》！

気象《きしょう》はいろいろな場所《ばしょ》で、たくさんの方法《ほうほう》で、さまざまな機械《きかい》を使《つか》って観測《かんそく》されています。そこには最新《さいしん》のテクノロジーが大活躍《だいかつやく》しています。

ラジオゾンデ

観測《かんそく》するもの▶上空《じょうくう》の気圧《きあつ》、気温《きおん》、湿度《しつど》、風向《ふうこう》・風速《ふうそく》

上空《じょうくう》の気象《きしょう》を観測《かんそく》する高層気象観測《こうそうきしょうかんそく》。観測所《かんそくじょ》は全国《ぜんこく》で16か所《しょ》。

30ページ

各地《かくち》の気象台《きしょうだい》や測候所《そっこうじょ》などでは、地上付近《ちじょうふきん》の気象現象《きしょうげんしょう》を観測《かんそく》しているんだ。

目的《もくてき》に合《あ》わせてさまざまな装置《そうち》を使《つか》って気象《きしょう》を観測《かんそく》しているんじゃ。

専門《せんもん》の気象測器《きしょうそっき》と最先端《さいせんたん》のテクノロジーが活躍《かつやく》！

気象《きしょう》を観測《かんそく》するためには、たくさんの装置《そうち》があります。なかでも気温《きおん》や風向《ふうこう》・風速《ふうそく》、気圧《きあつ》、湿度《しつど》、降水量《こうすいりょう》などを観測《かんそく》する装置《そうち》を気象測器《きしょうそっき》といいます。気象測器《きしょうそっき》には、風向《ふうこう》・風速《そく》を測《はか》る風向風速計《ふうこうふうそくけい》、気圧《きあつ》を測《はか》る気圧計《あつけい》などがあり、全国各地《ぜんこくかくち》の気象台《きしょうだい》や測候所《そっこうじょ》などに設置《せっち》されています。また、これらの気象測器《きしょうそっき》だけでなく、気象《き》レーダーや気象衛星《しょうえいせい》などの最先端《さいせんたん》のテクノロジーも活躍《かつやく》しています。

観測《かんそく》で得《え》られたデータは、警報《けいほう》・注意報《ちゅういほう》などの防災《ぼうさい》気《き》象《しょう》情報《じょうほう》や天気《てんき》予報《よほう》の発表《はっぴょう》になくてはならないものになっています。また、交通機関《こうつうきかん》の安全《あんぜん》な運行《うんこう》、社会《しゃかい》の経済活動《けいざいかつどう》、気候《きこう》の監視《かんし》など、さまざまな場面《ばめん》で活用《かつよう》されています。

気象衛星《きしょうえいせい》

観測《かんそく》するもの▶地球全体《ちきゅうぜんたい》の気象《きしょう》や気候《きこう》、海上《かいじょう》の台風《たいふう》など

地球《ちきゅう》の周《まわ》りを回《まわ》っている。

32ページ

アメダス

観測《かんそく》するもの▶降水量《こうすいりょう》、気温《きおん》、風向《ふうこう》・風速《ふうそく》、湿度《しつど》、積雪《せきせつ》の深《ふか》さなど

地上《ちじょう》から観測《かんそく》する。観測所《かんそくじょ》は全国《ぜんこく》に約《やく》1,300か所《しょ》ある。

26ページ

気象《きしょう》レーダー

観測《かんそく》するもの▶雨《あめ》や雪《ゆき》の強《つよ》さなど

電波《でんぱ》を発射《はっしゃ》して観測《かんそく》する。観測所《かんそくじょ》は全国《ぜんこく》の20か所《しょ》に設置《せっち》されている。

28ページ

地上《ちじょう》から観測《かんそく》する“アメダス”

降水量《こうすいりょう》などを自動《じどう》で観測《かんそく》するアメダス

地表付近《ちひょうふきん》の気象要素《きしょうようそ》を自動《じどう》で観測《かんそく》するシステムで、よく知《し》られているものが※アメダスです。全国《ぜんこく》に約《やく》1,300か所《しょ》あり、気象《きしょう》測器《そっき》を使《つか》って降水量《こうすいりょう》、風向《ふうこう》・風速《ふうそく》、気温《きおん》、湿度《しつど》の観測《かんそく》を自動的《じどうてき》に行《おこな》っています。

観測《かんそく》されたデータは専用《せんよう》の通信回線《つうしんかいせん》で気象庁本庁《きしょうちょうほんちょう》に送《おく》られ、データが正《ただ》しいかどうかを職員《しょくいん》がチェックします。そして、問題《もんだい》があればデータを修正《しゅうせい》したあと、テレビ、ラジオ、気象庁《きしょうちょう》のホームページで公開《こうかい》されます。

なお、①降水量《こうすいりょう》、②風向《ふうこう》・風速《ふうそく》、③気温《きおん》、3つの要素《ようそ》をすべて観測《かんそく》しているのは、約《やく》840か所《しょ》のみです。また雪《ゆき》の多《おお》い地域《ちいき》では、アメダスで積雪《せきせつ》の深《ふか》さの観測《かんそく》も行《おこな》われています。

気象庁本庁《きしょうちょうほんちょう》
観測《かんそく》した情報《じょうほう》は気象庁本庁《きしょうちょうほんちょう》に送《おく》られるんだって。
アメダス観測所《かんそくじょ》
気象庁《きしょうちょう》の職員《しょくいん》がチェックしたあと…
アメダス観測所《かんそくじょ》で情報《じょうほう》をキャッチ！

※アメダス…「Automated《オートメイティド》 Meteorological《メテオロジカル》 Data《データ》 Acquisition《アクイジション》 System《システム》(地域気象観測《ちいききしょうかんそく》システム)」の略《りゃく》。

このシステムのおかげで、テレビやラジオからでも、私《わたし》たちは天気《てんき》予報《よほう》を知《し》ることができるのね。

気象庁《きしょうちょう》のHPにアップするのね。

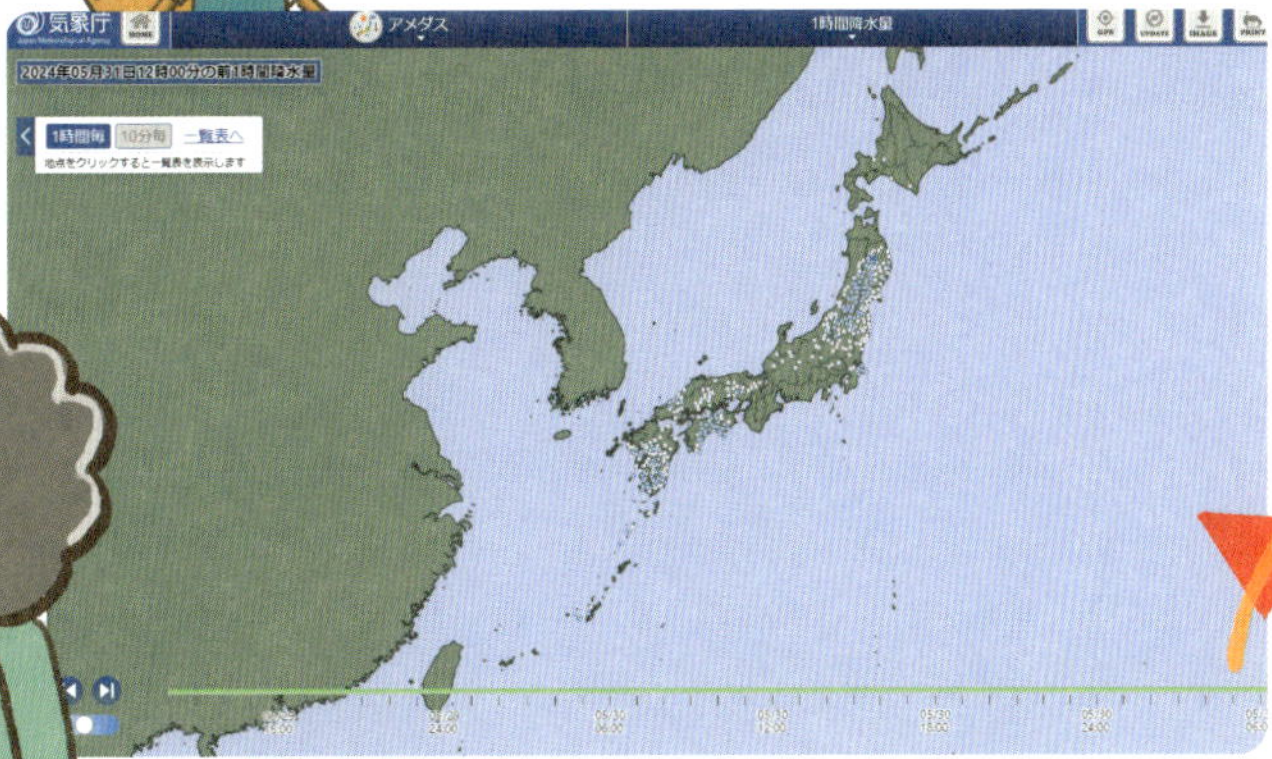

さまざまな観測結果《かんそくけっか》がモニターに表示《ひょうじ》されてます。

10分《ぷん》ごとに表示《ひょうじ》される気象《きしょう》データ。データが抜《ぬ》けていると、ひと目《め》でわかります。

アメダスも含《ふく》めた各観測《かくかんそく》データが東京《とうきょう》にあつまってくる

アメダスの気象測器《きしょうそっき》が観測《かんそく》したデータが気象庁《きしょうちょう》に次々《つぎつぎ》と送《おく》られてきて、たくさんのモニターに表示《ひょうじ》されます。気象庁《きしょうちょう》の職員《しょくいん》は、観測《かんそく》データが抜《ぬ》けていたり、観測《かんそく》機器《きき》や通信回線《つうしんかいせん》に異常《いじょう》がないかを確認《かくにん》しています。異常《いじょう》があったときは、いろいろなところと連絡《れんらく》をとって、復旧《ふっきゅう》に努《つと》めています。

このように、仕事《しごと》を担当《たんとう》する職員《しょくいん》は、日勤《にっきん》（昼間《ひるま》に働《はたら》く）と夜勤《やきん》（夜間《やかん》に働《はたら》く）、休日《きゅうじつ》を組《く》み合《あ》わせたパターンを決《き》め、いくつかのグループにわかれて、交替《こうたい》で仕事《しごと》をしています。生活《せいかつ》のリズムが崩《くず》れやすいこともあり、病気《びょうき》やケガをしないように、健康《けんこう》の管理《かんり》がとくに欠《か》かせません。

電波《でんぱ》を発射《はっしゃ》！"気象《きしょう》レーダー"

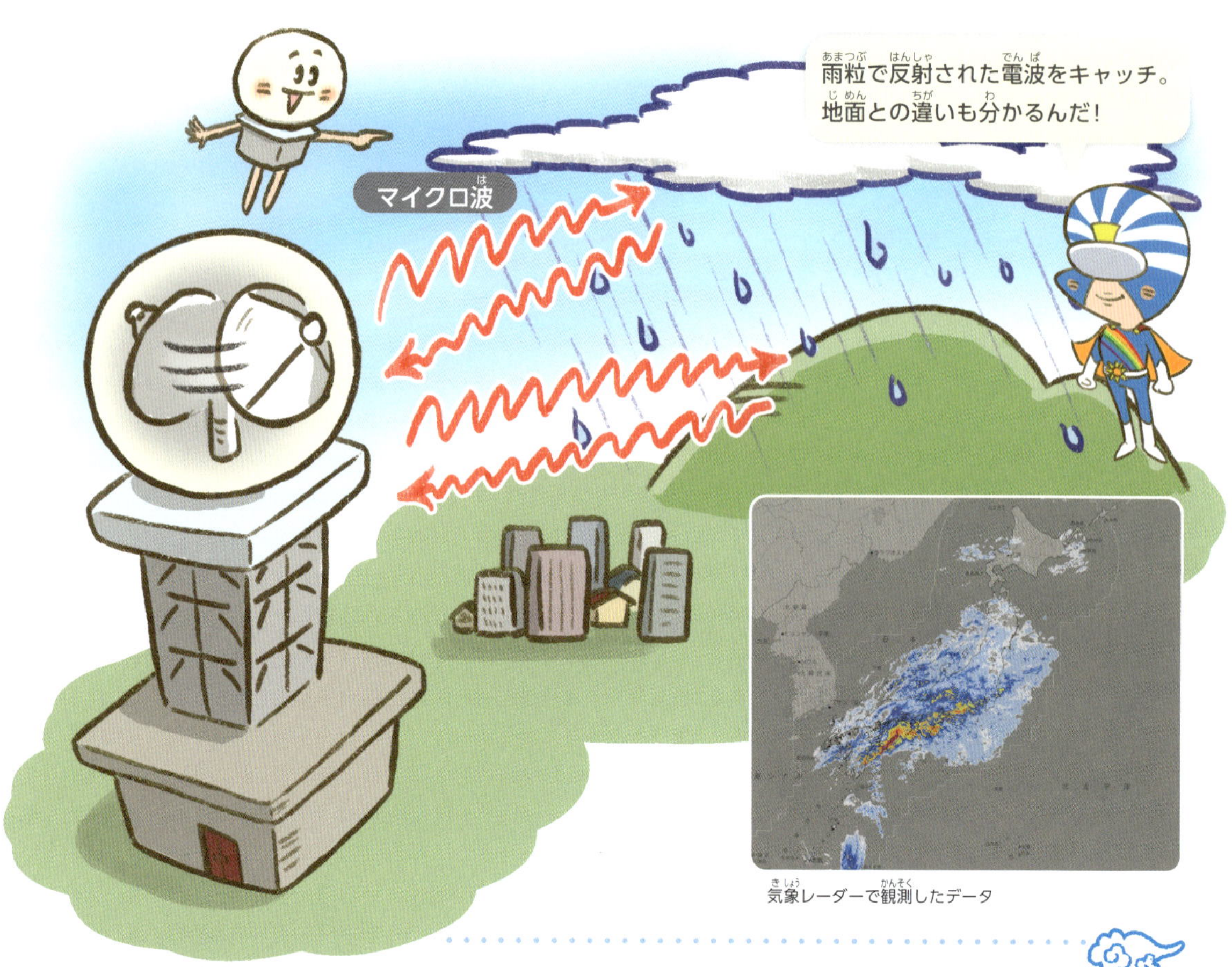

気象《きしょう》レーダーで観測《かんそく》したデータ

巨大《きょだい》なアンテナから電波《でんぱ》を発射《はっしゃ》する

天気予報《てんきよほう》などで、見《み》られる上《うえ》のような画像《がぞう》は、全国《ぜんこく》20か所《しょ》に設置《せっち》された気象《きしょう》レーダーで観測《かんそく》したデータが使《つか》われています。

衛星放送用《えいせいほうそうよう》のパラボラアンテナを思《おも》い浮《う》かべてみてください。レーダーは、直径約《ちょっけいやく》４ｍの巨大《きょだい》なアンテナを回転《かいてん》させながら電波《でんぱ》（マイクロ波《は》）を発射《はっしゃ》します。そして、電波《でんぱ》が戻《もど》ってくるまでにかかった時間《じかん》や戻《もど》ってきた電波《でんぱ》の強《つよ》さ、波長《はちょう》のずれなどから、どれくらいの雨《あめ》が降《ふ》っているか、どこにどれくらいの風《かぜ》が吹《ふ》いているかを観測《かんそく》します。

レーダーは365日休《にちやす》みなしに自動《じどう》で動《うご》いていて、東京《とうきょう》の気象《きしょう》庁《ちょう》から遠隔《えんかく》でつねに監視《かんし》しています。

電波《でんぱ》は移動《いどう》する物体《ぶったい》に当《あ》たって変化《へんか》する

近《ちか》づいてくる車《くるま》のサイレン音《おん》は高《たか》く聞《き》こえ、遠《とお》ざかるときには低《ひく》く聞《き》こえます。これはドップラー効果《こうか》と呼《よ》ばれます。この効果《こうか》によって、レーダーから発射《はっしゃ》された電波《でんぱ》も、風《かぜ》にのって移動《いどう》する雨《あめ》や雪《ゆき》などに当《あ》たって、波長《はちょう》が変化《へんか》することがあります。

気象《きしょう》レーダーはこの変化《へんか》をとらえてどのくらいの風《かぜ》が吹《ふ》いているかを観測《かんそく》します。

耳《みみ》がとらえる波長《はちょう》
ピーポー
ピーポー
近《ちか》づいてくるとき
音《おと》の高《たか》さが高《たか》いんだけど…
遠《とお》ざかるとき
音《おと》の高《たか》さが低《ひく》いんだけど…

もっと知《し》りたい！

日本一高《にっぽんいちたか》いところにあったレーダー

富士山《ふじさん》の上《うえ》にレーダーがあれば、電波《でんぱ》をさえぎるものはありませんね。実際《じっさい》に1964年《ねん》、台風《たいふう》を監視《かんし》する目的《もくてき》で、富士山《ふじさん》の山頂近《さんちょうちか》くに、富士山《ふじさん》レーダーが建《た》てられました。1999年《ねん》、富士山《ふじさん》レーダーは役目《やくめ》を終《お》えましたが、山梨県《やまなしけん》富士吉田市《ふじよしだし》の富士山《ふじさん》レーダードーム館《かん》では、富士山《ふじさん》レーダーの歴史《れきし》や気象観測《きしょうかんそく》について学《まな》ぶことができます。

富士山《ふじさん》レーダーの様子《ようす》（当時《とうじ》）

上空《じょうくう》の気象《きしょう》を測《はか》る"高層気象観測《こうそうきしょうかんそく》"

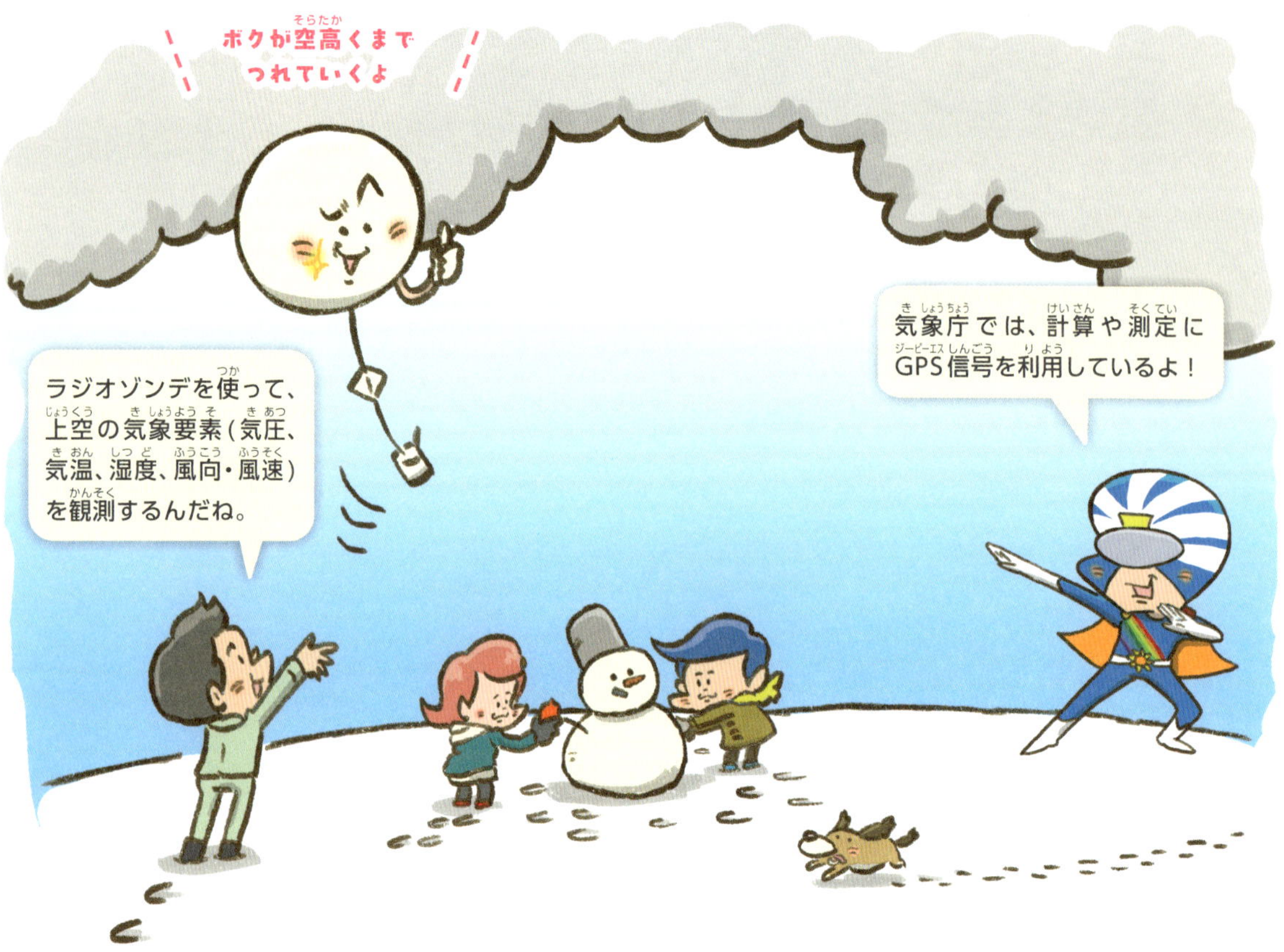
ボクが空高《そらたか》くまでつれていくよ
ラジオゾンデを使《つか》って、上空《じょうくう》の気象要素《きしょうようそ》（気圧《きあつ》、気温《きおん》、湿度《しつど》、風向《ふうこう》・風速《ふうそく》）を観測《かんそく》するんだね。
気象庁《きしょうちょう》では、計算《けいさん》や測定《そくてい》にGPS《ジーピーエス》信号《しんごう》を利用《りよう》しているよ！

ラジオゾンデを使《つか》って上空《じょうくう》の気象《きしょう》を観測《かんそく》

地上《ちじょう》から約《やく》30km上空《じょうくう》までの高《たか》いところ（高層《こうそう》）で行《おこな》う気象観測《きしょうかんそく》を高層気象観測《こうそうきしょうかんそく》といいます。雨《あめ》や雪《ゆき》は上空《じょうくう》で発生《はっせい》して地上《ちじょう》に降《ふ》ってきます。雨《あめ》や雪《ゆき》が発生《はっせい》する上空《じょうくう》の気象《きしょう》を直接観測《ちょくせつかんそく》することは、天気《てんき》予報《よほう》をするためにとても重要《じゅうよう》なことなのです。

高層気象観測《こうそうきしょうかんそく》では、全国《ぜんこく》16か所《しょ》から上《あ》げられるラジオゾンデや、33か所《しょ》に設置《せっち》されたウィンドプロファイラという機器《きき》を使《つか》って観測《かんそく》します。

茨城県《いばらきけん》つくば市《し》にある高層気象台《こうそうきしょうだい》は、高層気象観測《こうそうきしょうかんそく》の重要《じゅうよう》な拠点《きょてん》です。ここでは、高層気象《こうそうきしょう》の研究《けんきゅう》や観測器《かんそくき》の改良《かいりょう》、観測技術《かんそくぎじゅつ》を向上《こうじょう》させるサポートなどをしています。

ゴム気球《ききゅう》が観測器《かんそくき》を上空《じょうくう》まで運《はこ》んでいる

上空《じょうくう》の気圧《きあつ》、気温《きおん》、湿度《しつど》、風向《ふうこう》・風速《ふうそく》などの気象《きしょう》を観測《かんそく》する観測器《かんそくき》がラジオゾンデです。ラジオゾンデ自体《じたい》はセンサーと観測《かんそく》した情報《じょうほう》を地上《ちじょう》に送《おく》る無線機《むせんき》から構成《こうせい》されていて、それを上空《じょうくう》に運《はこ》ぶのはゴムでできた気球《ききゅう》の役目《やくめ》です。職員《しょくいん》が水素《すいそ》を詰《つ》めて人《ひと》の手《て》で気球《ききゅう》を上《あ》げていますが、現在《げんざい》は自動《じどう》で上《あ》げられる装置《そうち》を使《つか》う観測所《かんそくじょ》もあります。

ゴム気球《ききゅう》の大《おお》きさは直径約《ちょっけいやく》1.5mだよ！

気球《ききゅう》の中《なか》には、空気《くうき》より軽《かる》い水素《すいそ》ガスが入《はい》っていて、地上《ちじょう》30㎞くらいまで上昇《じょうしょう》するよ！

このラジオゾンデは、1秒《びょう》ごとに観測《かんそく》データを地上《ちじょう》に送《おく》ってるんだ！

ラジオゾンデは気球《ききゅう》が自然《しぜん》に破裂《はれつ》したら、パラシュートが開《ひら》いてゆっくり降《お》りてくるんだ。

宇宙《うちゅう》から「ひまわり」が活躍《かつやく》！“気象衛星観測《きしょうえいせいかんそく》”

地球《ちきゅう》の自転《じてん》と同《おな》じ速《はや》さで地球《ちきゅう》を周《まわ》っているから、同《おな》じ地点《ちてん》の観測《かんそく》ができるんだ。
ボク、ひまわり9号《ごう》
ワタシ、ひまわり8号《ごう》
さらに新《あたら》しいひまわり10号《ごう》は、線状降水帯《せんじょうこうすいたい》や台風《たいふう》の予測精度《よそくせいど》の向上《こうじょう》のために、2029年度《ねんど》の運用開始《うんようかいし》に向《む》けた整備《せいび》が進《すす》められているんじゃ。

地球《ちきゅう》の自転《じてん》と同《おな》じ速《はや》さで動《うご》く気象衛星《きしょうえいせい》ひまわり

気象《きしょう》を宇宙《うちゅう》から観測《かんそく》するのが衛星観測《えいせいかんそく》で、「気象衛星《きしょうえいせい》ひまわり」です。初代《しょだい》のひまわりは、1977年《ねん》に打《う》ち上《あ》げられました。現在活躍《げんざいかつやく》しているのはひまわり9号《ごう》で、その近《ちか》くには8号《ごう》が待機《たいき》しています（2024年《ねん》4月現在《がつげんざい》）。

ひまわりは、赤道《せきどう》の上空約《じょうくうやく》35,800㎞のところを、地球《ちきゅう》の自転《じてん》と同《おな》じ速《はや》さで周《まわ》っています。そのため、つねに地球上《ちきゅうじょう》の同《おな》じ範囲《はんい》を観測《かんそく》して、台風《たいふう》や低気圧《ていきあつ》、前線《ぜんせん》といった気象現象《きしょうげんしょう》を、長《なが》い間観測《あいだかんそく》することができます。

気象衛星《きしょうえいせい》を使《つか》えば、気象観測《きしょうかんそく》が難《むずか》しい海洋《かいよう》や砂漠《さばく》・山岳地帯《さんがくちたい》の雲《くも》や水蒸気《すいじょうき》などの分布《ぶんぷ》を観測《かんそく》できます。とくに、海《うみ》で発生《はっせい》する台風《たいふう》を監視《かんし》する有効《ゆうこう》な手段《しゅだん》になっています。

現場《げんば》の声《こえ》　観測《かんそく》を再開《さいかい》したとき、画像《がぞう》がちゃんと届《とど》くかどうかは、毎回《まいかい》ヒヤヒヤ…届《とど》いていれば衛星《えいせい》も動《うご》いていて、配信《はいしん》もうまくいっている証《あかし》。まるでゲームみたい！

私《わたし》たちのもとに衛星画像《えいせいがぞう》が届《とど》くまで

ひまわりが観測《かんそく》したデータは、加《か》工《こう》なしで私《わたし》たちのもとに届《とど》くわけではありません。気象衛星《きしょうえいせい》センターでは、※スーパーコンピュータを使《つか》って、テレビ・インターネットなどでみんなが見《み》ている雲《くも》の画像《がぞう》を作《つく》ったり、天気予《てんきよ》報《ほう》で使用《しよう》するためのデータに加《か》工《こう》することで、実際《じっさい》に利用《りよう》できるようにしています。また、通信《つうしん》の不具合《ふぐあい》で画像《がぞう》が乱《みだ》れたときに、原因《げんいん》を調《しら》べて解《かい》決《けつ》したりしています。私《わたし》たちが目《め》にする衛星画像《えいせいがぞう》は、このように多《おお》くの人《ひと》の手《て》を経《へ》て、届《とど》けられるのです。

ひまわりが観測《かんそく》したデータから作《つく》られた画像《がぞう》だよ。

大陸《たいりく》から飛《と》んでくる黄砂《こうさ》をとらえたひまわりの画像《がぞう》

台風《たいふう》が近《ちか》づいているときのひまわり画像《がぞう》

このときは台風《たいふう》付近《ふきん》では大雨《おおあめ》だったんだ！ひまわりからみると台風《たいふう》が２つも来《き》ていることがわかるね！

運用計画《うんようけいかく》をホームページに掲載《けいさい》するのも、大切《たいせつ》な仕事《しごと》です。

※スーパーコンピュータ…難《むずか》しい計算《けいさん》や速《はや》い計算《けいさん》が得意《とくい》なコンピュータのこと。

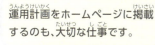

静止気象衛星《せいしきしょうえいせい》ひまわりから見《み》た地球《ちきゅう》

加工《かこう》されて利用《りよう》されるデータ

ひまわりで撮影《さうえい》した画像《がぞう》は、加工《かこう》されて、いろいろな目的《もくてき》で利用《りよう》されています。

可視画像《かしがぞう》

雲《くも》や気象現象《きしょうげんしょう》を詳《くわ》しく見《み》たいときなどに利用《りよう》されているよ。

太陽《たいよう》の光《ひかり》を使《つか》っているの！発達《はったつ》した厚《あつ》い雲《くも》ほど白《しろ》くて雲《くも》のでこぼこがわかりやすい画像《がぞう》なのね。

赤外画像《せきがいがぞう》

可視画像《かしがぞう》が使《つか》えない夜《よる》も含《ふく》めて、雲《くも》や気象現象《きしょうげんしょう》を見《み》たいときなどに使《つか》われているよ。

太陽《たいよう》の光《ひかり》を使《つか》っていないから、夜《よる》も観測《かんそく》ができるんだって。

水蒸気画像《すいじょうきがぞう》

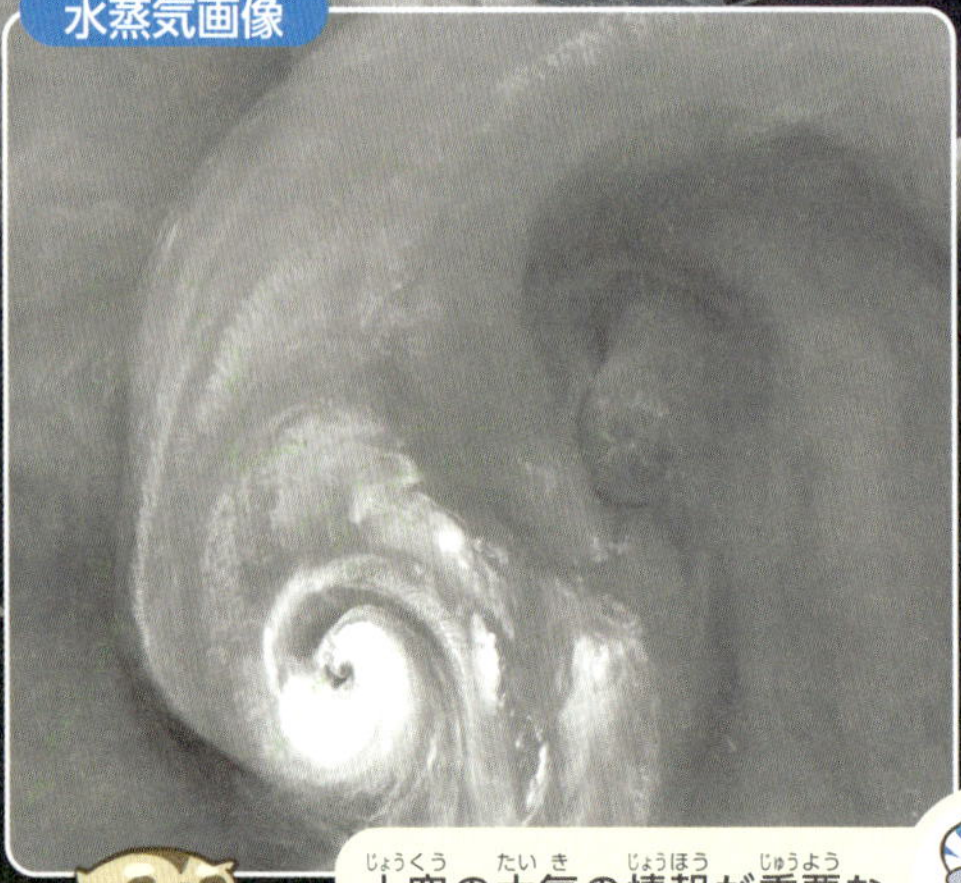

上空《じょうくう》の大気《たいき》の情報《じょうほう》が重要《じゅうよう》な予報《よほう》や飛行機《ひこうき》の運航《うんこう》などに利用《りよう》されているんだ。

発達《はったつ》した雲《くも》や（大気中《たいきちゅう》の）水蒸気《すいじょうき》が多《おお》いところは白《しろ》く、少《すく》ないところは黒《くろ》くなっているよ。

一般《いっぱん》の人《ひと》にもわかりやすいので、気象庁《きしょうちょう》ウェブサイトなどで使《つか》われているんだ。

トゥルーカラー再現画像《さいげんがぞう》

人間《にんげん》の目《め》で見《み》たような色《いろ》を再現《さいげん》した衛星画像《えいせいがぞう》なんだね。

衛星画像《えいせいがぞう》を加工《かこう》したものだよ。雲《くも》が高《たか》く発達《はったつ》したところから順《じゅん》に赤色《あかいろ》～黄色《きいろ》～青色《あおいろ》と色《いろ》をつけているよ。

雲頂強調画像《うんちょうきょうちょうがぞう》

発達《はったつ》した雲《くも》の発生《はっせい》や変化《へんか》を見《み》たいときなどに使《つか》われているよ。

全球画像《ぜんきゅうがぞう》

地球全体《ちきゅうぜんたい》の雲《くも》の様子《ようす》や、日食《にっしょく》など規模《きぼ》の大《おお》きな現象《げんしょう》を見《み》るときなどに使《つか》われているよ。

ひまわりから見《み》える地球全体《ちきゅうぜんたい》が撮影《さつえい》された全球画像《ぜんきゅうがぞう》だよ。

この人《ひと》に聞《き》いてみた！

地上気象観測《ちじょうきしょうかんそく》の現場《げんば》で働《はたら》く人《ひと》

観測値《かんそくち》に穴《あな》を開《あ》けない！

気象庁《きしょうちょう》の屋上《おくじょう》から日夜《にちや》、気象《きしょう》を観測《かんそく》！

地上気象観測《ちじょうきしょうかんそく》では、雨《あめ》や気温《きおん》、風《かぜ》など、天気《てんき》に関係《かんけい》するデータを測《はか》っています。機械《きかい》で測《はか》るものと人《ひと》の目《め》で観測《かんそく》する目視観測《もくしかんそく》があります。雨《あめ》や台風《たいふう》など災害《さいがい》が起《お》こるときに、データを見《み》ながら注意《ちゅうい》を呼《よ》びかけるのも仕事《しごと》の１つ。天気予報《てんきよほう》のもとになるデータを測《はか》るのが大《おお》きなミッションです。

また、10分《ぷん》ごとに観測値《かんそくち》を記録《きろく》して積《つ》み重《かさ》ねていくのも私《わたし》のミッション。これが正確《せいかく》な天気予報《てんきよほう》のもとになるからです。その思《おも》いを胸《むね》に刻《きざ》んで観測《かんそく》の仕事《しごと》にはげんでいますが、業務《ぎょうむ》の間《あいだ》は気《き》が抜《ぬ》けません。お腹《なか》が痛《いた》くてトイレに行《い》っている最中《さいちゅう》でも、何《なに》かあったら…と考《かんが》えるとドキドキします。

東京管区気象台《とうきょうかんくきしょうだい》
観測予報課《かんそくよほうか》
小林勇壮《こばやしゆうそう》さん

自然《しぜん》を身近《みぢか》に感《かん》じられる仕事《しごと》

私《わたし》は、３時間《じかん》に１回《かい》、気象庁《きしょうちょう》の屋上《おくじょう》で行《おこな》う目視観測《もくしかんそく》がお気《き》にいりでした。沈《しず》む夕日《ゆうひ》と入《い》れ替《か》わるようにして、キラキラした夜景《やけい》を独《ひと》り占《じ》めできたからです。天気《てんき》が良《よ》い場合《ばあい》は、「変《か》わった雲《くも》が出《で》ているな」「きれいな夕焼《ゆうや》けだな」など、自然《しぜん》に触《ふ》れ合《あ》いながら記録《きろく》するという仕事《しごと》が好《す》きですね。ただ、大雨《おおあめ》のときももちろん観測《かんそく》していました。そういえば、丈夫《じょうぶ》な傘《かさ》と、濡《ぬ》れてもOKなブーツ、持《も》ち運《はこ》びができる屋上観測用《おくじょうかんそくよう》の椅子《いす》を買《か》ってもらったときはうれしかったなあ！

もっと知《し》りたい！

雨《あめ》ニモマケズ、風《かぜ》ニモマケズ

目視観測《もくしかんそく》は、どんな悪天候《あくてんこう》でも休《やす》むことはできません。大雨《おおあめ》のときには、雨《あめ》にぬれてもいいような完全装備《かんぜんそうび》で観測《かんそく》にのぞみました。風《かぜ》に流《なが》されて変化《へんか》していく雲《くも》の様子《ようす》や雨《あめ》のむこうに見《み》える夜景《やけい》のすばらしさにいつも感動《かんどう》していました。

目視観測《もくしかんそく》で見《み》た夜《よる》の東京《とうきょう》の景色《けしき》

現場《げんば》の声《こえ》　観測《かんそく》の現場《げんば》は、雷《かみなり》が鳴《な》ると、どっちの方向《ほうこう》で雷《かみなり》が鳴《な》ったか、光《ひか》ったかを記録《きろく》しなくちゃならないので大変《たいへん》！

全国《ぜんこく》のレーダーを遠隔監視《えんかくかんし》

災害《さいがい》を研究《けんきゅう》する学部《がくぶ》のある大学《だいがく》の付属中学《ふぞくちゅうがく》に入学《にゅうがく》する年《とし》に、東日本大震災《ひがしにほんだいしんさい》が起《お》きたんです。そのころから災害《さいがい》に強《つよ》い社会《しゃかい》づくりに貢献《こうけん》したいと思《おも》うようになり、気象庁《きしょうちょう》に入《はい》りました。

みなさんが目《め》にする機会《きかい》が多《おお》い気象《きしょう》レーダーのデータをまとめる仕事《しごと》なので、やりがいがあります。ただ気象《きしょう》レーダー観測所《かんそくしょ》は無人《むじん》のため、遠隔監視《えんかくかんし》をしているのですが、故障《こしょう》のときはハラハラしますね。最初《さいしょ》のうちは、遠《とお》くにあるレーダーが故障《こしょう》したりすると、どの部品《ぶひん》に問題《もんだい》があるのかすぐに判断《はんだん》できないこともありました。

これがレーダーだ！

問題《もんだい》解決《かいけつ》のカギは「切《き》り分《わ》ける」こと

「切《き》り分《わ》けて考《かんが》える」ことを大切《たいせつ》に

大《おお》きなレーダーという機械《きかい》を24時間稼働《じかんかどう》させること、多《おお》くの人《ひと》が必要《ひつよう》としてくれている「気象《きしょう》レーダー」の観測《かんそく》に関《かか》われていることは、やりがいもあっておもしろい仕事《しごと》だなと思《おも》っていますが、わからないこともまだまだあります。ただ、わからないことに直面《ちょくめん》したときに、自分《じぶん》ができる段階《だんかい》まで細《こま》かく切《き》り分《わ》けることが大切《たいせつ》だということを学《まな》びました。ただがむしゃらに突《つ》き進《すす》んでも、わからないことはわからないままです。たとえ小《ちい》さなことでも、わかるところから順番《じゅんばん》に解決《かいけつ》していけば、前《まえ》に進《すす》むことができますからね。

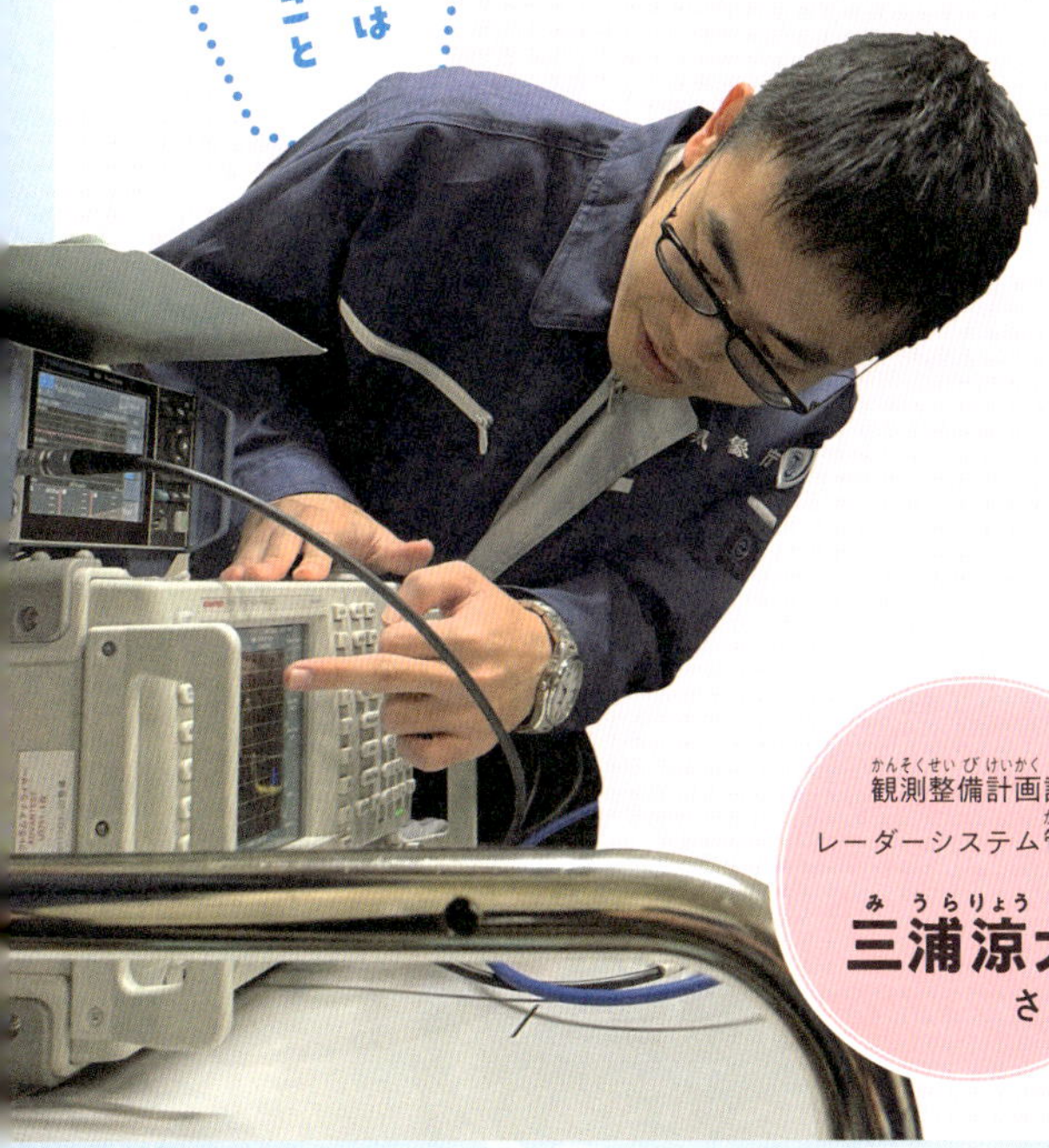

観測整備計画課《かんそくせいびけいかくか》
レーダーシステム管理班《かんりはん》
三浦涼大《みうらりょうた》さん

失敗《しっぱい》しちゃいました！ 金曜日《きんようび》にレーダーの故障《こしょう》がわかり、急《きゅう》きょ、日曜《にちよう》に修理《しゅうり》した。もし土曜日《どようび》に故障《こしょう》が悪化《あっか》していたら、週末《しゅうまつ》はデータがとれなかったかもしれません。

この人《ひと》に聞《き》いてみた！

高層気象観測《こうそうきしょうかんそく》の現場《げんば》で働《はたら》く人《ひと》

観測《かんそく》データは、自分《じぶん》がいなくなっても、後世《こうせい》に残《のこ》り続《つづ》ける

上空《じょうくう》の気象《きしょう》を観測《かんそく》する

私《わたし》は小学生《しょうがくせい》のころから気象《きしょう》が好《す》きで、1日《にち》の天気《てんき》の変化《へんか》を記録《きろく》したり、ラジオの漁業気象通報《ぎょぎょうきしょうつうほう》をもとに天気図《てんきず》を描《か》いたりしていました。ですから、気象《きしょう》に関《かん》する仕事《しごと》は夢《ゆめ》でしたね。

私《わたし》の勤務地《きんむち》は茨城県《いばらきけん》つくば市《し》にある高層気象台《こうそうきしょうだい》です。地上気象観測《ちじょうきしょうかんそく》、高層気象観測《こうそうきしょうかんそく》、オゾン観測《かんそく》をするのが主《おも》な仕事《しごと》です。ここでは主《おも》にラジオゾンデを使《つか》った観測《かんそく》をしているので、ラジオゾンデの事前点検《じぜんてんけん》や組《く》み立《た》てなどの仕事《しごと》をおこないます。ラジオゾンデは、気象衛星《きしょうえいせい》ひまわりと違《ちが》って、器械《きかい》を直接《ちょくせつ》、観測《かんそく》する場所《ばしょ》まで運《はこ》ぶので、いちばん正確《せいかく》に計測《けいそく》ができる重要《じゅうよう》な装置《そうち》です。朝《あさ》(8時半《じはん》) と夜《よる》(20時半《じはん》) に自動《じどう》で装置《そうち》が気球《ききゅう》を飛《と》ばしてくれますが、気球《ききゅう》とラジオゾンデをセッティングするのは私《わたし》の仕事《しごと》です。また高層気象観測《こうそうきしょうかんそく》やオゾン観測《かんそく》で気球《ききゅう》を飛《と》ばした後《あと》に、観測器《かんそくき》の異常《いじょう》に気付《きづ》いてももう手遅《ておく》れなので、観測器《かんそくき》が正《ただ》しく動《うご》くかどうかを点検《てんけん》する作業《さぎょう》がとても大切《たいせつ》です。オゾンゾンデの場合《ばあい》、事前《じぜん》の点検《てんけん》や準備《じゅんび》に1台約《だいやく》10時間《じかん》もかかります。

高層気象台《こうそうきしょうだい》は同《おな》じ場所《ばしょ》で100年以上《ねんいじょう》、観測《かんそく》データを積《つ》み重《かさ》ねてきました。観測器《かんそくき》に問題《もんだい》があると、まちがった結果《けっか》を導《みちび》き出《だ》してしまいますから、観測器《かんそくき》の点検《てんけん》には、とくに慎重《しんちょう》になります。私《わたし》たちには、正確《せいかく》な記録《きろく》を残《のこ》すことで、先人《せんじん》たちの積《つ》み上《あ》げてきた成果《せいか》を、未来《みらい》の人《ひと》たちに継承《けいしょう》していく責任《せきにん》があると思《おも》っています。

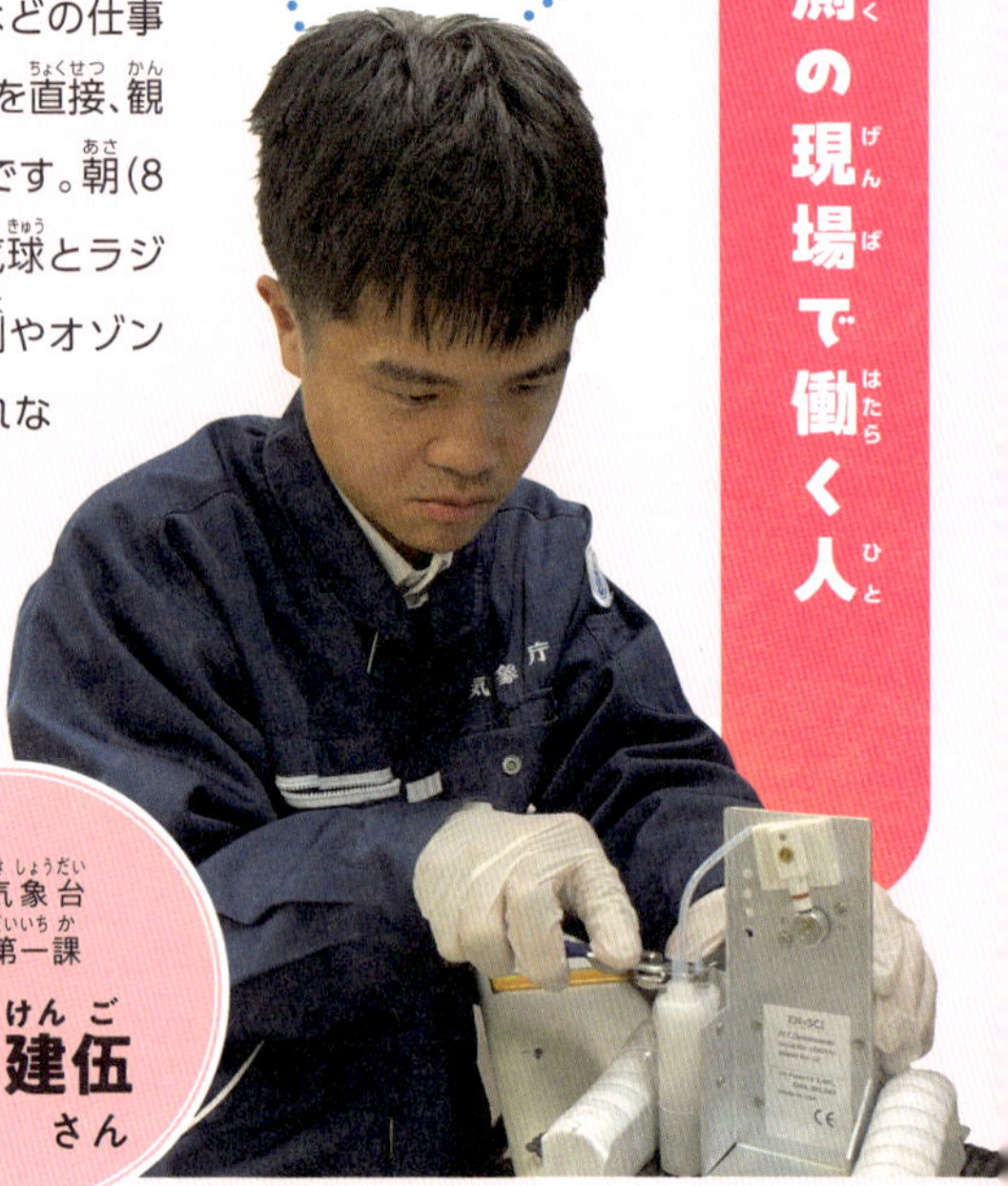

高層気象台《こうそうきしょうだい》
観測第一課《かんそくだいいちか》
荒井建伍《あらいけんご》さん

牛《うし》の乳《ちち》しぼりに見《み》える？違《ちが》います！気球《ききゅう》を飛《と》ばす準備《じゅんび》をしてるんです！

ラジオゾンデを見《み》つけたら！

ラジオソンデは観測終了後《かんそくしゅうりょうご》、風《かぜ》に運《はこ》ばれて海《うみ》に落《お》ちますが、夏《なつ》は風《かぜ》が弱《よわ》くて、陸上《りくじょう》に落《お》ちることも。そのため、夏《なつ》になると拾《ひろ》った方《かた》からよく電話《でんわ》がかかってきます。決《けっ》してあやしいものでありません！見《み》つけたら観測器《かんそくき》に書《か》いてある電話番号《でんわばんごう》まで知《し》らせてくださいね！

失敗《しっぱい》しちゃいました！ 作業《さぎょう》の手順《てじゅん》をまちがってしまい、あやうくデータにズレが出《で》てしまうところでした。それ以来《いらい》、まちがいが起《お》こりにくいしくみにすることを心《こころ》がけています。

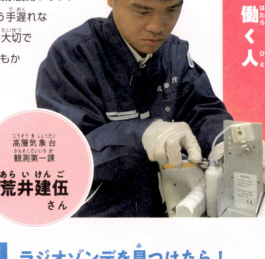

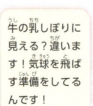

この人《ひと》に聞《き》いてみた！

衛星《えいせい》画像《がぞう》を届《とど》ける現場《げんば》で働《はたら》く人《ひと》

計画《けいかく》どおりに衛星《えいせい》が動《うご》くこと そして画像《がぞう》を届《とど》けるのがミッション

私《わたし》は宇宙《うちゅう》図鑑《ずかん》が大好《だいす》きな子《こ》どもでした。地球《ちきゅう》よりはるかに大《おお》きい木星《もくせい》の密度《みつど》って地球《ちきゅう》のたった1/4しかないなんて、衝撃《しょうげき》ですよね。

運用計画《うんようけいかく》どおりに衛星《えいせい》が動《うご》いて、画像《がぞう》がきちんと届《とど》いたときは、「よしっ！」と思《おも》います。宇《う》宙《ちゅう》に浮《う》かぶ大《おお》きな衛星《えいせい》を、小《ちい》さい人間《にんげん》が動《うご》かしているのを見《み》るのは感動的《かんどうてき》ですよ。

衛星《えいせい》画像《がぞう》を利用《りよう》する方《かた》はたくさんいます。ですので、ホームページで運用計画《うんようけいかく》を公表《こうひょう》するときには、どうして運用《うんよう》が休止《きゅうし》しているのか、いつ再開《さいかい》されるのかなどを、利用者《りようしゃ》の立場《たちば》になって、正《ただ》しく伝《つた》えるように心《こころ》がけています。

また、ふだん接《せっ》する機会《きかい》のない市民《しみん》のみなさんにお会《あ》いするのも楽《たの》しみです。気象衛星《きしょうえいせい》センターのある東京都清瀬市《とうきょうときよせし》の市民祭《しみんまつ》りにブースを出《だ》したときには、世界中《せかいじゅう》の気象衛星《きしょうえいせい》が撮影《さつえい》した衛星《えいせい》画像《がぞう》を集《あつ》めて作《つく》った地球《ちきゅう》のペーパークラフトが大評判《だいひょうばん》でした！

利用《りよう》する人《ひと》の立場《たちば》になって伝《つた》える

気象衛星《きしょうえいせい》センター
データ処理部《しょりぶ》　管理課《かんりか》
上塚奈々絵《うえつかななえ》さん

失敗《しっぱい》しちゃいました！

一時機能停止《いちじきのうていし》の情報《じょうほう》を、必要《ひつよう》ないと判断《はんだん》して伝《つた》えなかったことがありました。それ以降《いこう》、たとえ小《ちい》さなことでも、もれなく担当者《たんとうしゃ》へ伝《つた》えるようにしています。

03

正確《せいかく》な観測《かんそく》をささえる 超重要《ちょうじゅうよう》な「気象測器《きしょうそっき》の校正《こうせい》」

もし、観測《かんそく》するための機械《きかい》が故障《こしょう》していたら、正確《せいかく》な天気《てんき》の情報《じょうほう》が得《え》られませんよね。そうならないようにするための重要《じゅうよう》な仕事《しごと》があります。

すっごい雨《あめ》が降《ふ》っているのに
1㎜っておかしいな？
1時間降水量《じかんこうすいりょう》
1㎜

気象測器《きしょうそっき》を点検《てんけん》して確認《かくにん》する

観測《かんそく》をするための機器《きき》（気象測器《きしょうそっ》）が故障《こしょう》していたら、正《ただ》しいデータが得《え》られません。そのため気象庁《きしょうちょう》では、さまざまな気象測器《きしょうそっき》が正確《せいかく》に観測《かんそく》できているか「精度《せいど》」を定期的《ていきてき》に確認《かくにん》しています。このような仕事《しごと》を、気象測器《きしょうそっき》の校正《こうせい》といいます。気象測器《きしょうそっき》の校正《こうせい》は、すべての気象観測《きしょうかんそく》を支《ささ》える、とても大切《たいせつ》な仕事《しごと》です。

また5年《ねん》に一度《いちど》、茨城県《いばらきけん》つくば市《し》にある気象測器検定試験《きしょうそっきけんていしけん》センターに測器《そっき》を送《おく》って、大《おお》がかりな点検《てんけん》をします。細《こま》かい部品《ぶひん》になるまで分解《ぶんかい》して洗浄《せんじょう》・部品交換《ぶひんこうかん》、また組《く》み立《た》て直《なお》して検査《けんさ》するという大仕事《おおしごと》です。

風向風速計《ふうこうふうそくけい》の検査《けんさ》の様子《ようす》

風速計《ふうそくけい》が出力《しゅつりょく》するデータと、その基準《きじゅん》との誤差《ごさ》が定《さだ》められた範囲《はんい》に収《おさ》まっていることを確認《かくにん》します。

校正《こうせい》は国際貢献《こくさいこうけん》にも

コンピュータを操作《そうさ》することが多《おお》い気象庁《きしょうちょう》の中《なか》では、機械《きかい》の修理《しゅうり》はとても珍《めずら》しい仕事《しごと》です。私《わたし》はもともと情報《じょうほう》システムを担当《たんとう》していたので、修理《しゅうり》の仕事《しごと》に慣《な》れるまでは苦労《くろう》しました。

「測器《そっき》の校正《こうせい》」という考《かんが》え方《かた》は、発展途上《はってんとじょう》の国《くに》にはあまり浸透《しんとう》していません。そのため、校正《こうせい》を代《か》わりにしたり、海外《かいがい》へ行《い》って、校正《こうせい》の仕方《しかた》を教《おし》えたり、トレーニングをしたりすることもあります。国際貢献《こくさいこうけん》ですね。

アジアやアフリカ、太平洋《たいへいよう》の島国《しまぐに》などさまざまな国《くに》に行《い》くことがあり、私《わたし》も先日《せんじつ》、フィジーに行《い》ってきたところです。フィジーはいまではオセアニアの気象観測《きしょうかんそく》をになう国《くに》になりました。現地《げんち》の人《ひと》に指導《しどう》したことが、最終的《さいしゅうてき》にその国《くに》の防災《ぼうさい》につながっていきますから、誇《ほこ》りに感《かん》じます。

気象庁《きしょうちょう》では海外《かいがい》での仕事《しごと》もありますので、英語《えいご》の勉強《べんきょう》は必須《ひっす》。ただ、コミュニケーションの根幹《こんかん》には、国語力《こくごりょく》が必要《ひつよう》だなと思《おも》いますよ。

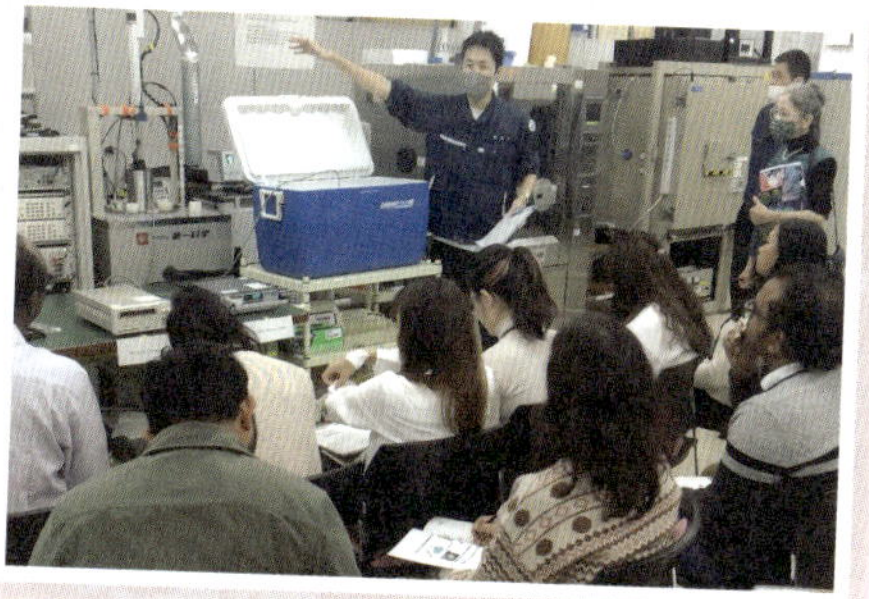

気象測器検定試験《きしょうそっきけんていしけん》センターで行《おこな》われたJICA《ジャイカ》(国際協力機構《こくさいきょうりょくきこう》)の研修《けんしゅう》で、温度計《おんどけい》の校正《こうせい》を説明《せつめい》している様子《ようす》。国際貢献《こくさいこうけん》は、JICA《ジャイカ》と協力《きょうりょく》して行《おこな》うことがあります。

フィジーでの現地研修《げんちけんしゅう》の開講式《かいこうしき》の様子《ようす》。

校正《こうせい》は、気象観測《きしょうかんそく》の精度《せいど》を支《ささ》えている

気象測器検定《きしょうそっきけんてい》
試験《しけん》センター
第一検定係《だいいちけんていがかり》
三谷侑己《みたにゆうき》さん

もっともっと!
知《し》りたい

データからわかる日本《にほん》の気象《きしょう》ランキング

「日本《にほん》の最高気温《さいこうきおん》が更新《こうしん》されました!」などのニュースを聞《き》いたことはありませんか? それは気象庁《きしょうちょう》が150年《ねん》という長《なが》い間《あいだ》、ずっと観測《かんそく》しつづけているからわかるデータです。このデータからは「最高気温《さいこうきおん》」が更新《こうしん》されているのは、近年《きんねん》であることがわかります。

冷凍庫《れいとうこ》より低《ひく》い!?

最低気温《さいていきおん》のトップは　-41.0℃

❶ 北海道《ほっかいどう》　上川《かみかわ》地《ち》方《ほう》旭川《あさひかわ》(1902年《ねん》1月《がつ》25日《にち》)

マイナス41℃はなんと冷凍庫《れいとうこ》よりも低《ひく》い温度《おんど》! また1月《がつ》25日《にち》は最低気温《さいていきおん》が記録《きろく》されたことから日本最低気温《にほんさいていきおん》の日《ひ》とされているよ。

観測史上最大《かんそくしじょうさいだい》の記録《きろく》

最大《さいだい》10分間《ぶんかん》の降水量《こうすいりょう》のトップは
55.0㎜

10分間《ぶんかん》に降《ふ》った雨《あめ》の量《りょう》の最大値《さいだいち》

❼ 北海道《ほっかいどう》　渡島《おしま》地《ち》方《ほう》木古内《きこない》(2021年《ねん》11月《がつ》2日《か》)

午後《ごご》1時《じ》34分《ふん》までの1時間《じかん》に降《ふ》った雨《あめ》の量《りょう》は136.5㎜。これは150年《ねん》に渡《わた》る北海道《ほっかいどう》の気象観測《きしょうかんそく》の歴史上最大《れきしじょうさいだい》の記録《きろく》。その日《ひ》は大粒《おおつぶ》の“ひょう”が降《ふ》り出《だ》し、これを合図《あいず》に雨《あめ》の勢《いきお》いが急激《きゅうげき》に強《つよ》まったんだ。

富士山《ふじさん》の気象《きしょう》で最《もっと》も特徴的《とくちょうてき》なのは風《かぜ》の強《つよ》さ

最大風速《さいだいふうそく》のトップは 72.5m/s

10分間《ぶんかん》の平均風速《へいきんふうそく》の最大値《さいだいち》

❾ 静岡県《しずおかけん》　富士山《ふじさん》(1942年《ねん》4月《がつ》5日《か》)

観測《かんそく》データ(1973年《ねん》から2000年《ねん》)の平均《へいきん》でみると、最《さい》大風速《だいふうそく》10m以上《いじょう》が年間《ねんかん》313.4日《にち》もあり、20mを超《こ》す台風並《たいふうな》みの日《ひ》はなんと121.0日《にち》。風速《ふうそく》がひと桁《けた》の日《ひ》は、わずか50日程度《にちていど》しかないんだ。

はやぶさと同《おな》じくらい!?

最大瞬間風速《さいだいしゅんかんふうそく》のトップは 91.0m/s

瞬間風速《しゅんかんふうそく》(3秒間《びょうかん》の平均風速《へいきんふうそく》)の最大値《さいだいち》

❾ 静岡県《しずおかけん》　富士山《ふじさん》(1966年《ねん》9月《がつ》25日《にち》)

台風第《たいふうだい》26号《ごう》によって富士山頂《ふじさんちょう》で観測《かんそく》した毎秒《まいびょう》91.0mは時速《じそく》に変換《へんかん》すれば328㎞。東北《とうほく》・秋田《あきた》新幹線《しんかんせん》の「はやぶさ」「こまち」は最高時速《さいこうじそく》320㎞なので、新幹線《しんかんせん》よりも速《はや》い風《かぜ》だったよ。

お風呂《ふろ》とかわらない？

最高気温《さいこうきおん》のトップは 41.1℃

❷ 埼玉県《さいたまけん》　熊谷《くまがや》（2018年《ねん》7月《がつ》23日《にち》）

❸ 静岡県《しずおかけん》　浜松《はままつ》（2020年《ねん》8月《がつ》17日《にち》）

浜松市《はままつし》ではこのとき、2日《ふつか》連続《れんぞく》で気温《きおん》が40℃を超《こ》えたんだって。16日《にち》には浜《はま》松市中央区《まつしちゅうおうく》で40.2℃、浜松《はままつ》市天竜区《してんりゅうく》で40.9℃を記録《きろく》しているよ。

4階建《かいだ》てのマンションと同《おな》じ!?

最深積雪《さいしんせきせつ》のトップは 11m82㎝

❹ 滋賀県《しがけん》　伊吹山《いぶきやま》（1927年《ねん》2月《がつ》14日《にち》）

伊吹山《いぶきやま》は滋賀県《しがけん》と岐阜県《ぎふけん》の県境《けんざかい》に位置《いち》し、山頂付近《さんちょうふきん》は標高《ひょうこう》1377mで日《に》本海《ほんかい》と琵琶湖《びわこ》を通《とお》って湿《しめ》った空気《くうき》がぶつかって大雪《おおゆき》を降《ふ》らせることから、この地域《ちいき》は豪雪地帯《ごうせつちたい》とされているよ。なんと日本一《にっぽんいち》だけでなく実《じつ》は世界《せかい》で一番《いちばん》の積雪量《せきせつりょう》としてギネスにも登録《とうろく》されているんだって！その高《たか》さは4階建《かいだ》てのマンションや、鎌《かま》倉大仏《くらだいぶつ》の座高《ざこう》に相当《そうとう》するほど！

相次《あいつ》いで更新《こうしん》！

日降水量《にちこうすいりょう》のトップは 922.5㎜

❽ 神奈川県《かながわけん》　箱根《はこね》（2019年《ねん》10月《がつ》12日《にち》）

この日《ひ》は令和元年東日本台風《れいわがんねんひがしにほんたいふう》により、関東地方《かんとうちほう》や静岡県《しずおかけん》ではこれまでに経験《けいけん》したことがないような大雨《おおあめ》となったよ。神奈《かな》川県箱根町《がわけんはこねまち》では、10月《がつ》のひと月《つき》に降《ふ》る雨《あめ》の2倍以上《ばいいじょう》の雨《あめ》が降《ふ》り、最終的《さいしゅうてき》には922.5㎜に！そのほかの地《ち》域《いき》でも各地《かくち》の観測史上《かんそくしじょう》1位《い》の記録《きろく》を相次《あいつ》いで更新《こうしん》、大雨《おおあめ》の記録《きろく》を塗《ぬ》り替《か》えたんだ。

恐怖《きょうふ》を感《かん》じる

最大《さいだい》1時間降水量《じかんこうすいりょう》のトップは 153㎜

❺ 千葉県《ちばけん》　香取《かとり》（1999年《ねん》10月《がつ》27日《にち》）

❻ 長崎県《ながさきけん》　長浦岳《ながうらだけ》（1982年《ねん》7月《がつ》23日《にち》）

1時間《じかん》に80㎜以上《いじょう》の雨《あめ》が降《ふ》ることを「猛烈《もうれつ》な雨《あめ》が降《ふ》る」と呼《よ》んでいるよ。人《ひと》のうけるイメージでは息苦《いきぐる》しくなる、圧迫感《あっぱくかん》がある、恐怖《きょうふ》を感《かん》じるレベルなんだって！

コラム 1

飛行機《ひこうき》が安全《あんぜん》に離着陸《りちゃくりく》できるように　航空気象観測《こうくうきしょうかんそく》

航空機《こうくうき》の安全《あんぜん》をサポートする仕事《しごと》

みなさんは、乗《の》る予定《よてい》だった航空《こうくう》機《き》が飛《と》ばなくなったり、飛行中《ひこうちゅう》の航《こう》空機《くうき》がなかなか着陸《ちゃくりく》できずにいたりという経験《けいけん》はありませんか？

上空《じょうくう》を飛《と》んでいるとき航空機《こうくうき》にとって、※乱気流《らんきりゅう》や雷《かみなり》は大敵《たいてき》です。また、霧《きり》や雪《ゆき》、低《ひく》い雲《くも》で滑走路《かっそうろ》がよく見《み》えないと、航空機《こうくうき》が安全《あんぜん》に離着陸《りちゃくりく》できません。

気象庁《きしょうちょう》では、航空機《こうくうき》が安全《あんぜん》で効率《こうりつ》的《てき》に運航《うんこう》できるように、気象情報《きしょうじょうほう》を国土交通省航空局《こくどこうつうしょうこうくうきょく》や航空会社《こうくうがいしゃ》などに提供《ていきょう》しています。これを航空気象《こうくうきしょう》サービスといいます。

航空気象《こうくうきしょう》サービスは、気象庁《きしょうちょう》が空《くう》港内《こうない》に設置《せっち》している航空地方気象台《こうくうちほうきしょうだい》などと、国土交通省航空局《こくどこうつうしょうこうくうきょく》や航空会《こうくうがい》社《しゃ》などを結《むす》ぶネットワークを通《とお》して提供《ていきょう》されています。

ここでは、空港《くうこう》に設置《せっち》されているおもな測器《そっき》を見《み》てみましょう！

滑走路視距離観測装置《かっそうろしきょりかんそくそうち》

滑走路上《かっそうろじょう》を見通《みとお》せる距離《きょり》を計測《けいそく》します。航空機《こうくうき》が安全《あんぜん》に離着陸《りちゃくりく》するためには、一定《いってい》の距離《きょり》が見通《みとお》せなければなりません。

風向風速計《ふうこうふうそくけい》

風向《ふうこう》や風速《ふうそく》を計測《けいそく》します。滑走路《かっそうろ》に強《つよ》い横《よこ》風《かぜ》や突風《とっぷう》が吹《ふ》くと、航《こう》空機《くうき》の離着陸《りちゃくりく》に大《おお》きく影響《えいきょう》します。

※**乱気流《らんきりゅう》**…航空機《こうくうき》を大《おお》きく揺《ゆ》らすような、大気《たいき》の乱《みだ》れのこと。

2章《しょう》

未来《みらい》のために地球《ちきゅう》を観測《かんそく》

暑《あつ》い～!!
学校《がっこう》に行《い》くだけでへとへとだよ～!
地球《ちきゅう》の未来《みらい》もわかる？
ん？だれ？
我《わ》が名《な》は二酸化炭素怪人《にさんかたんそかいじん》シーオーツー!!
ドドン…!
我《わ》が名《な》は紫外線怪人《しがいせんかいじん》ユーブイ!!
UV《ユーブイ》
CO2《シーオーツー》
ジリ
暑苦《あつくる》しさと日焼《ひや》けは俺《おれ》たちのせいさ!!
ジリ…
たすけてー!!
そこまでだ!
ザッ
だ…誰《だれ》だ!

バーーン!
我《わ》が名《な》は正体不明《しょうたいふめい》の正義《せいぎ》の味方《みかた》、レンジャーG《ジー》!!
どう見《み》てもおじいちゃん!?
くらえ!!グリーンそよ風《かぜ》アタック!!
ポカ‥!
おぼえてろー!!
技《わざ》の名前《なまえ》ダサい
さらばじゃ!
突《つ》っ込《こ》む間《ま》も無《な》く去《さ》っていった…
とりあえずうちらも学校《がっこう》行《い》く?
へえ~そんなことがあったのかい
しらじらしいな〜…
あの怪人《かいじん》は昔《むかし》からいるの?
昔《むかし》からいるし、最近《さいきん》特《とく》に強《つよ》くなったと言《い》われておる
Sustinable《サスティナブル》
Development《ディベロップメント》
Goals《ゴールズ》
温室効果《おんしつこうか》ガスやオゾンホールは知《し》っとるな?
SDGS《エスディージーズ》の授業《じゅぎょう》で習《なら》ったよ!

緑《みどり》(植物《しょくぶつ》)が減《へ》ったり
排気《はいき》ガスが増《ふ》えたりすることで
地球《ちきゅう》の温暖化《おんだんか》が進《すす》み――
二酸化炭素《にさんかたんそ》
(CO_2)《シーオーツー》
温室効果《おんしつこうか》ガス
フロンガス
太陽《たいよう》
オゾン層《そう》
オゾンホール
紫外線《しがいせん》(UV《ユーブイ》)
南極《なんきょく》ではフロンガスでオゾン層《そう》に穴《あな》があき、地球《ちきゅう》に届《とど》く紫外線量《しがいせんりょう》が多《おお》くなっておる
温《あたた》まってしまうのは陸《りく》だけでなく海《うみ》も同《おな》じじゃから
海水温《かいすいおん》の上昇《じょうしょう》が気候《きこう》を変化《へんか》させ
農作物《のうさくもつ》にまで影響《えいきょう》を及《およ》ぼすこともある
実《じつ》は日本《にほん》には東北地方《とうほくちほう》の農業《のうぎょう》の活用《かつよう》をきっかけに始《はじ》めた数《すう》ヶ月先《かげつさき》を予報《よほう》する「季節予報《きせつよほう》」というものがあって
今年《ことし》の夏《なつ》は冷えるべ
大変《たいへん》だべ!
海洋気象観測船《かいようきしょうかんそくせん》
近年《きんねん》は全国《ぜんこく》を対象《たいしょう》に大気《たいき》や海水《かいすい》の温度《おんど》、成分《せいぶん》などのデータも加《くわ》えより正確《せいかく》な予測《よそく》をしておるぞ

「天気《てんき》」というと今日《きょう》は晴《は》れとか明日《あした》は雨《あめ》とか身近《みぢか》な未来《みらい》のイメージだけど…
「気候《きこう》の予測《よそく》」では夏《なつ》の暑《あつ》さ、冬《ふゆ》の寒《さむ》さや地球全体《ちきゅうぜんたい》の未来《みらい》までわかるんだね！
さすがわしの孫《まご》たち！
SDGS《エスディージーズ》の精神《せいしん》で住《す》みやすい環境《かんきょう》を守《まも》っていくんじゃぞ！
パチパチ…
数日後《すうじつご》——
あれ？
メモだ！…おじいちゃんの字《じ》？
レンジャーG《ジー》
かっこいい技《わざ》アイデア
エコエコパンチ
SDGS《エスディージーズ》キック
オゾンバリア
孫娘《まごむすめ》のひそかに気《き》にする「ダサい」をおじいちゃんであった

01

日本《にほん》だけじゃない！
世界中《せかいじゅう》で異常気象《いじょうきしょう》が発生《はっせい》

雲《くも》の流《なが》れも台風《たいふう》も、地球《ちきゅう》のどこかで発生《はっせい》した状況《じょうきょう》が、他《ほか》のどこかの国《くに》に影響《えいきょう》しているため、日本《にほん》だけの問題《もんだい》ではありません。また世界中《せかいじゅう》で発生《はっせい》する異常気象《いじょうきしょう》は、他《ほか》の国《くに》の経済《けいざい》にも影響《えいきょう》を与《あた》えます。

森林火災《しんりんかさい》

山《やま》や森林《しんりん》で、乾燥《かんそう》や※フェーン現象《げんしょう》などが原因《げんいん》で発生《はっせい》する大《だい》規模《きぼ》な火事《かじ》。

ハワイ諸島《しょとう》のマウイ島《とう》で8月《がつ》に森林火災《しんりんかさい》が発生《はっせい》したんだ！

森林火災《しんりんかさい》・サイクロン・大雨《おおあめ》・高温《こうおん》は、2023年《ねん》の「世界《せかい》の異常気象《いじょうきしょう》」に掲載《けいさい》されている例《れい》だね。

エルニーニョ現象《げんしょう》

ペルー沖《おき》の海面水温《かいめんすいおん》が高《たか》くなり、その状態《じょうたい》が1年《ねん》ほど続《つづ》く現象《げんしょう》。

ラニーニャ現象《げんしょう》

ペルー沖《おき》の海面水温《かいめんすいおん》が低《ひく》くなり、その状態《じょうたい》が1年《ねん》ほど続《つづ》く現象《げんしょう》。

少雨《しょうう》

雨《あめ》が平年《へいねん》に比《くら》べて少《すく》ない状況《じょうきょう》が続《つづ》いた状態《じょうたい》。干《かん》ばつにつながる。

※**フェーン現象《げんしょう》**…湿《しめ》った空気《くうき》が山《やま》を越《こ》えるときに雨《あめ》を降《ふ》らせ、その後《ご》、山《やま》を吹《ふ》き降《お》りて、乾燥《かんそう》し気温《きおん》が高《たか》くなる現象《げんしょう》。

海外《かいがい》の異常気象《いじょうきしょう》は他人《ひと》ごとではない！

近年《きんねん》、世界《せかい》の国々《くにぐに》の交流《こうりゅう》がますますさかんになっています。その結果《けっか》、世界各国《せかいかっこく》で発生《はっせい》する異《い》常気象《じょうきしょう》が、その国《くに》だけでなく、ほかの国《くに》の社会《しゃかい》経済《けいざい》にも大《おお》きな影響《えいきょう》を与《あた》えるようになってきました。たとえば、農作物《のうさくぶつ》の多《おお》くを輸入《ゆにゅう》に頼《たよ》っている日本《にほん》の場合《ばあい》、以前《いぜん》、輸入元《ゆにゅうもと》の国《くに》で干《かん》ばつや大雨《おおあめ》などの異常気象《いじょうきしょう》が起《お》きたとき、穀物《こくもつ》の生産量《せいさんりょう》が減少《げんしょう》して価格《かかく》が高騰《こうとう》したことがありました。

気候変動《きこうへんどう》によって、世界中《せかいじゅう》で異《い》常気象《じょうきしょう》がさらに増加《ぞうか》する可能性《かのうせい》があります。そのため気象庁《きしょうちょう》では、世界《せかい》の異常気象《いじょうきしょう》などに関《かん》する情《じょう》報《ほう》を、ホームページで発表《はっぴょう》する取《と》り組《く》みもしています。

高温《こうおん》

記録的猛暑《きろくてきもうしょ》などと言《い》われる高温《こうおん》は世界各《せかいかく》地《ち》で観測《かんそく》されている。

「世界《せかい》の異常気象速報《いじょうきしょうそくほう》（臨時《りんじ》）」の例《れい》だよ。ヨーロッパ西部《せいぶ》を中心《ちゅうしん》とした高温《こうおん》を発表《はっぴょう》しているんだ。

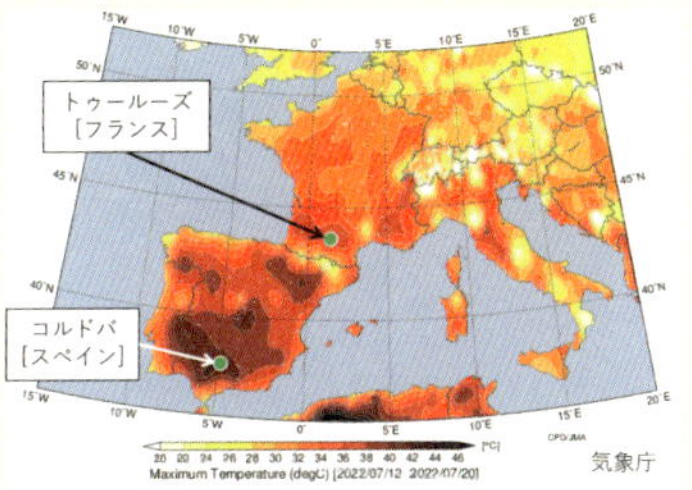

大雨《おおあめ》

川《かわ》の上流《じょうりゅう》で大量《たいりょう》の雨《あめ》が降《ふ》ると洪水《こうずい》が発生《はっせい》する。

アフリカ東部《とうぶ》にサイクロンが上陸《じょうりく》したんだね。

サイクロン

北《きた》インド洋《よう》の熱帯低気圧《ねったいていきあつ》のうち、最大風速《さいだいふうそく》が約《やく》17m/s以上《いじょう》になったもの。

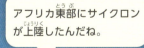

02

昔《むかし》と変《か》わった?! 自然環境《しぜんかんきょう》に影響《えいきょう》を与《あた》える気候変動《きこうへんどう》

ニュースでも「気候変動《きこうへんどう》」ということばを聞《き》いたことはあるかもしれません。
これは、気候《きこう》が長《なが》い時間《じかん》をかけて変化《へんか》することを指《さ》します。

長《なが》い時間《じかん》をかけて気候《きこう》が変化《へんか》している

気候変動《きこうへんどう》の原因《げんいん》とされているのが近年《きんねん》、地球全体《ちきゅうぜんたい》が暖《あたた》かくなってきている「地球温暖化《ちきゅうおんだんか》」です。太陽《たいよう》の光《ひかり》が地球《ちきゅう》の地上《ちじょう》まで届《とど》くと、地面《じめん》があたためられて熱《ねつ》を放射《ほうしゃ》します。この熱《ねつ》を吸収《きゅうしゅう》する役割《やくわり》をする温室効果《おんしつこうか》ガスの量《りょう》が、200年前《ねんまえ》と比《くら》べて増《ふ》えてしまいました。その結果《けっか》、地球《ちきゅう》の周《まわ》りには熱《ねつ》がこもるようになったため、地球温暖化《ちきゅうおんだんか》が発生《はっせい》しているのです。

気候変動《きこうへんどう》は地球全体《ちきゅうぜんたい》で起《お》こっていて、私《わたし》たちの生活《せいかつ》や自然環境《しぜんかんきょう》に影響《えいきょう》を及《およ》ぼしています。気象現象《きしょうげんしょう》の変化《へんか》を継続《けいぞく》して監視《かんし》することで気候変動《きこうへんどう》の実態《じったい》を探《さぐ》り、政府《せいふ》や研究機関《けんきゅうきかん》にデータを提供《ていきょう》することも、気象庁《きしょうちょう》の大切《たいせつ》な仕事《しごと》のひとつです。

今地球《いまちきゅう》では……

台風《たいふう》がその生涯《しょうがい》で最《もっと》も強《つよ》くなる場所《ばしょ》がやや北《きた》へ変化《へんか》する傾向《けいこう》がみられる

地球温暖化《ちきゅうおんだんか》による海水温《かいすいおん》の上昇《じょうしょう》は、台風《たいふう》が強《つよ》まるのにも関係《かんけい》していると も考《かんが》えられている。

今地球《いまちきゅう》では……

海水面《かいすいめん》が上昇《じょうしょう》している

地球温暖化《ちきゅうおんだんか》で海水《かいすい》が膨張《ぼうちょう》したり、高山《こうざん》や南極《なんきょく》・グリーンランドなどにある氷河《ひょうが》が解《と》けて海《うみ》に流《なが》れ込《こ》んだりしている。

もっと知《し》りたい!

牛《うし》のゲップも地球温暖化《ちきゅうおんだんか》に影響《えいきょう》を与《あた》える?!

温室効果《おんしつこうか》ガスには、二酸化炭素《にさんかたんそ》やメタン、一酸化二窒素《いっさんかにちっそ》、フロンガスなどがあります。このうちメタンは、牛《うし》のゲップから大量《たいりょう》に発生《はっせい》することがわかっています。人間《にんげん》が吐《は》き出《だ》す二酸化炭素《にさんかたんそ》も、牛《うし》のゲップも地球温暖化《ちきゅうおんだんか》に影響《えいきょう》を与《あた》えているのです!

約《やく》200年前《ねんまえ》の地球《ちきゅう》

03

気温《きおん》・海水温《かいすいおん》・二酸化炭素《にさんかたんそ》… 地球環境《ちきゅうかんきょう》を監視《かんし》して 情報《じょうほう》を共有《きょうゆう》

気候変動《きこうへんどう》によってさまざまな気象《きしょう》の変化《へんか》がニュースにも取《と》り上《あ》げられますが、そのニュースの元《もと》になる環境《かんきょう》を、観測《かんそく》したり監視《かんし》したりして解析《かいせき》し、情報《じょうほう》を発表《はっぴょう》するのは気象庁《きしょうちょう》の仕事《しごと》です。

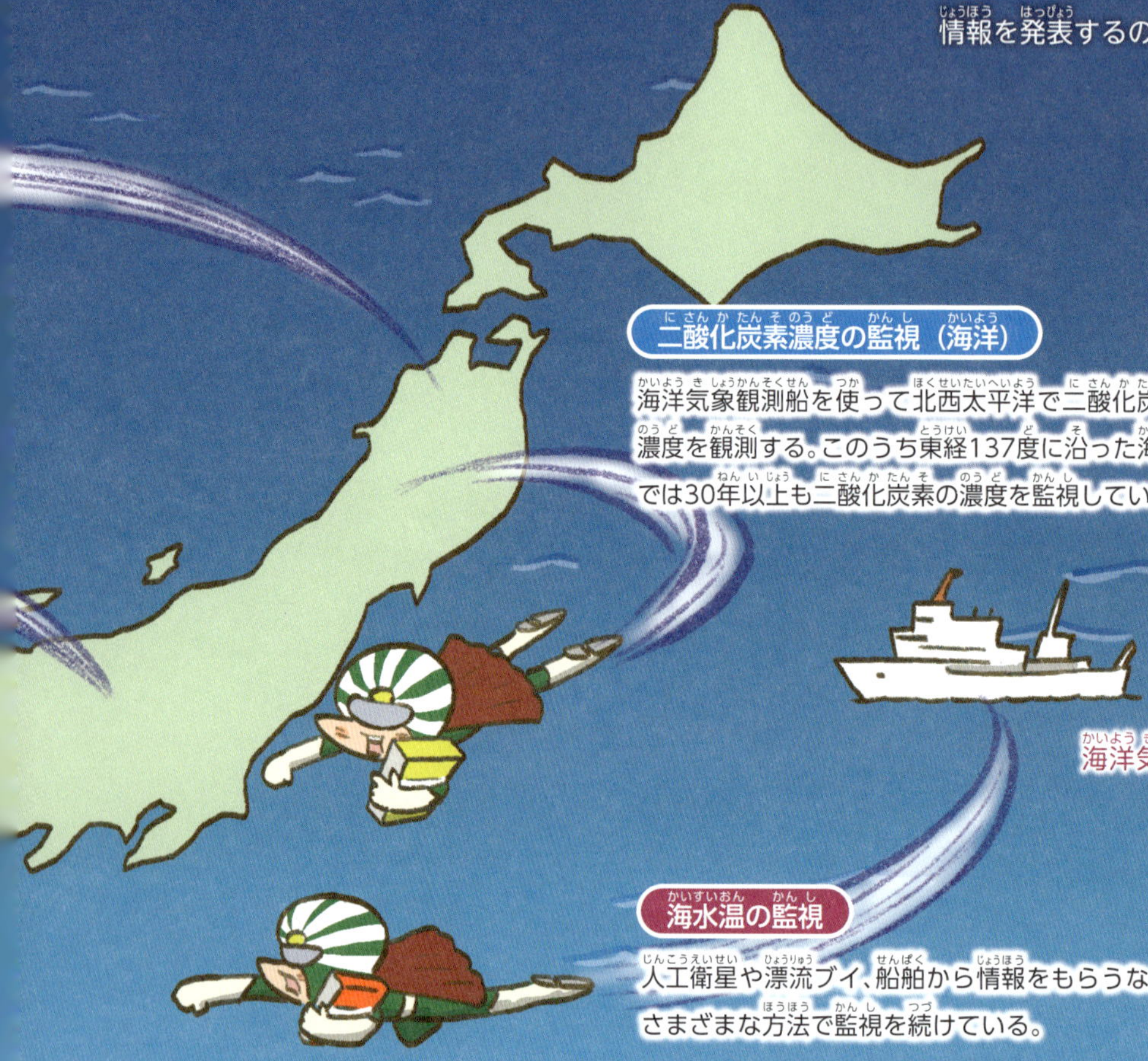

二酸化炭素濃度《にさんかたんそのうど》の監視《かんし》（海洋《かいよう》）

海洋気象観測船《かいようきしょうかんそくせん》を使《つか》って北西太平洋《ほくせいたいへいよう》で二酸化炭素《にさんかたんそ》濃度《のうど》を観測《かんそく》する。このうち東経《とうけい》137度《ど》に沿《そ》った海域《かいいき》では30年《ねん》以上《いじょう》も二酸化炭素《にさんかたんそ》の濃度《のうど》を監視《かんし》している。

海水温《かいすいおん》の監視《かんし》

人工衛星《じんこうえいせい》や漂流《ひょうりゅう》ブイ、船舶《せんぱく》から情報《じょうほう》をもらうなどさまざまな方法《ほうほう》で監視《かんし》を続《つづ》けている。

監視《かんし》のメインは気温《きおん》・海水温《かいすいおん》・二酸化炭素《にさんかたんそ》

年々《ねんねん》「気温《きおん》や海水温《かいすいおん》が上《あ》がってきている」「二酸化炭素《にさんかたんそ》の量《りょう》が増《ふ》えている」などというのは、長《なが》い期間《きかん》、監視《かんし》をし続《つづ》けていないと、その変化《へんか》はわからないもの。気象庁《きしょうちょう》は24時間《じかん》365日《にち》休《やす》まず、そして長《なが》い時間《じかん》ずっと監視《かんし》し続《つづ》けているから、データとして、それらの上昇《じょうしょう》を提示《ていじ》することができるのです。

その観測場所《かんそくばしょ》も日本全国《にほんぜんこく》はもちろん、太平洋《たいへいよう》や南極《なんきょく》にまでおよびます。そして気温《きおん》、海水温《かいすいおん》、二酸化炭素《にさんかたんそ》も日々《ひび》観測《かんそく》と監視《かんし》を続《つづ》け、データを積《つ》み重《かさ》ねて、気候変動《きこうへんどう》を研究《けんきゅう》する団体《だんたい》や研《けん》究者《きゅうしゃ》と共有《きょうゆう》する取《と》り組《く》みがされています。

このデータのひとつひとつに、ふか〜い愛《あい》が詰《つ》まっているんだわ。
データ
気温《きおん》
二酸化炭素《にさんかたんそ》
海水温《かいすいおん》
東経《とうけい》137度定線《どていせん》

気温《きおん》の監視《かんし》

全国約《ぜんこくやく》60か所《しょ》の気象台《きしょうだい》・測候所《そっこうじょ》で、気温《きおん》や降水量《こうすいりょう》などの気象観測《きしょうかんそく》を行《おこな》っている。それらのデータが気象庁《きしょうちょう》に送《おく》られ解析《かいせき》される。

二酸化炭素濃度《にさんかたんそのうど》の監視《かんし》（大気《たいき》）

岩手県大船渡市綾里《いわてけんおおふなとしりょうり》、東京都小笠原村南鳥島《とうきょうとおがさわらむらみなみとりしま》の2つの地点《ちてん》は、市街地《しがいち》から遠《とお》く、大気《たいき》が汚《よご》れていないことから監視《かんし》を行《おこな》っている。

世界《せかい》と日本《にほん》の気温《きおん》の変化《へんか》を監視《かんし》

気候変動対策《きこうへんどうたいさく》を日々《ひび》の監視《かんし》でサポート

地球《ちきゅう》が温暖化《おんだんか》している証拠《しょうこ》に、世界《せかい》の気温《きおん》が高《たか》くなっていることがあげられます。その結果《けっか》、南《なん》極大陸《きょくたいりく》などにある氷《こおり》が解《と》けて海《かい》水面《すいめん》が上昇《じょうしょう》する、大気中《たいきちゅう》の水蒸気《すいじょうき》の量《りょう》が増《ふ》えて大雨《おおあめ》の日《ひ》が増《ふ》えるなどの現象《げんしょう》が発生《はっせい》しています。

気象庁《きしょうちょう》は、世界《せかい》と日本《にほん》の気温《きおん》、降水量《こうすいりょう》の変化《へんか》や、大雨《おおあめ》、猛暑日《もうしょび》などの極端《きょくたん》な気象現象《きしょうげんしょう》がどれくらいの頻度《ひんど》で発生《はっせい》しているかを、長《ちょう》期間《きかん》にわたって監視《かんし》し続《つづ》けています。また、解析《かいせき》し、その結果《けっか》を公《こう》表《ひょう》しています。そして、ほかの省《しょう》庁《ちょう》や地方自治体《ちほうじちたい》、民間企業《みんかんきぎょう》が気候《きこう》変動対策《へんどうたいさく》を進《すす》めるのを支援《しえん》したり、研究機関《けんきゅうきかん》の研究《けんきゅう》をサポートしたりしています。

年々《ねんねん》、気温《きおん》が上昇《じょうしょう》しているかどうかは、長期間監視《ちょうきかんかんし》していないと分《わ》からないんだよね…

やばいよ！やばい！世界中《せかいじゅう》の気温《きおん》が上《あ》がってる…

年平均気温《ねんへいきんきおん》の長期変化傾向《ちょうきへんかけいこう》

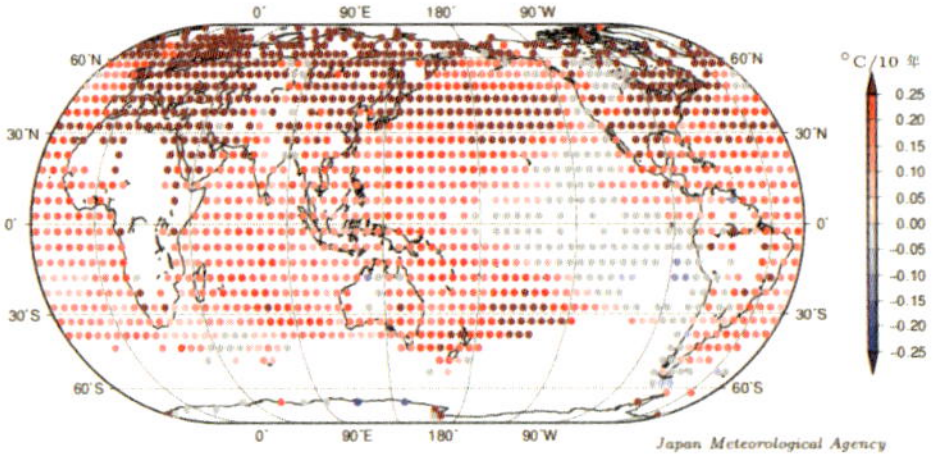

緯度《いど》と経度《けいど》で区切《くぎ》った領域《りょういき》ごとに気温《きおん》の変化《へんか》の示《しめ》したもの。1979年《ねん》から2023年《ねん》の長期変化傾向《ちょうきへんかけいこう》を示《しめ》している。

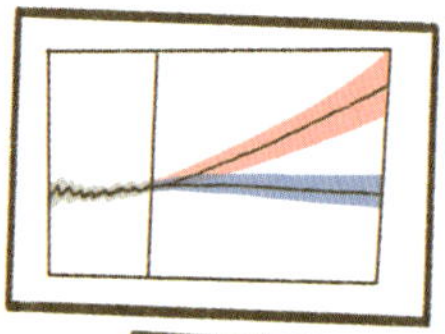

「世界《せかい》の年平均気温《ねんへいきんきおん》」

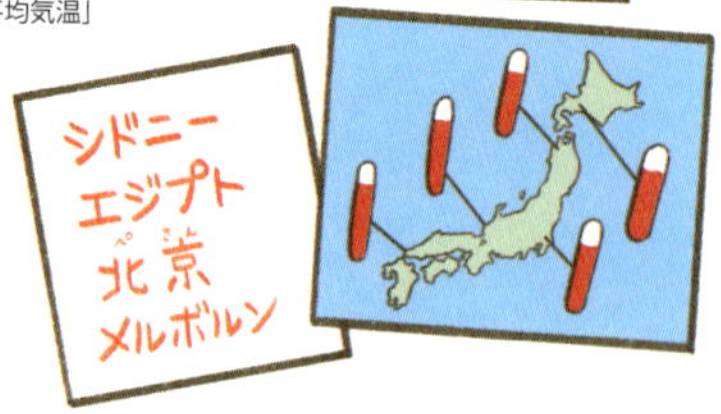

北半球《きたはんきゅう》の緯度《いど》の高《たか》い地域《ちいき》ほど平均《へいきん》気温《きおん》が高《たか》くなってるかなあ。

この人《ひと》に聞《き》いてみた！

気温《きおん》と降水量《こうすいりょう》を監視《かんし》する人《ひと》

小《ちい》さい頃《ころ》から描《えが》いてきた夢《ゆめ》を実現《じつげん》し 気温《きおん》と降水量《こうすいりょう》を監視《かんし》して解析《かいせき》する仕事《しごと》に

私《わたし》の生《う》まれ育《そだ》った高知県《こうちけん》は雨《あめ》がよく降《ふ》るんですね。また南海《なんかい》トラフ地震《じしん》で被害《ひがい》を受《う》けるリスクも高《たか》いと言《い》われていたので、防災意識《ぼうさいいしき》が比較的高《ひかくてきたか》い地域《ちいき》なんです。そのため小《ちい》さいころから、防災《ぼうさい》について学《まな》ぶ機会《きかい》がよくありました。だから、大《おお》きくなったら、防災《ぼうさい》のための仕事《しごと》につけたらいいなと思《おも》っていたこともあって、気象庁《きしょうちょう》を選《えら》びました。

今《いま》の私《わたし》の仕事《しごと》は「気温《きおん》と降水量《こうすいりょう》の監視《かんし》」です。地方《ちほう》の気象台《きしょうだい》から、観測《かんそく》したデータが私《わたし》のところに集《あつ》まってくるので、それをもとにして解析《かいせき》しています。ときには、必要《ひつよう》なプロダクト（観測《かんそく》から抽出《ちゅうしゅつ》される情報《じょうほう》・資料《しりょう》）をつくるために、もともとある解析《かいせき》プログラムを自分《じぶん》でプログラミングしなおすことも。まだまだ勉強中《べんきょうちゅう》なので、トライ＆エラーの繰《く》り返《かえ》しです。

それでも地球温暖化《ちきゅうおんだんか》に関《かん》するニュースや記事《きじ》で、自分《じぶん》たちが作成《さくせい》した資料《しりょう》が引用《いんよう》されているの見《み》ると、「活用《かつよう》してもらえたんだ！」という実感《じっかん》があってうれしくなります。一方《いっぽう》で、外部《がいぶ》のみなさんにわかりやすく伝《つた》えなければならないと、気《き》を引《ひ》き締《し》めています。

私《わたし》はこの監視《かんし》という仕事《しごと》の経験《けいけん》を活《い》かして、今度《こんど》は防災《ぼうさい》に直接《ちょくせつ》かかわる仕事《しごと》にもたずさわりたいと思《おも》っています。

監視《かんし》の経験《けいけん》を活《い》かして 防災《ぼうさい》の仕事《しごと》をしたい

気候情報課《きこうじょうほうか》
情報係《じょうほうかかり》
文野彩花《ぶんのあやか》さん

このようなグラフを毎日見《まいにちみ》ています。

日本《にほん》の夏平均気温偏差《なつへいきんきおんへんさ》

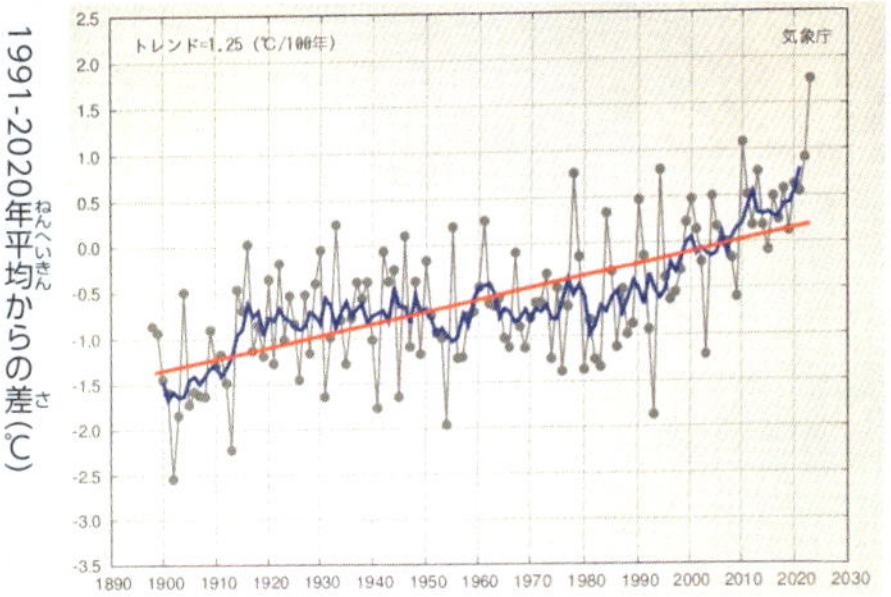

日本《にほん》の季節平均気温《きせつへいきんきおん》

失敗《しっぱい》しちゃいました！

「プログラムの修正《しゅうせい》をしますよ」という連絡《れんらく》を忘《わす》れたことが！課内《かない》の共同開発者《きょうどうかいはつしゃ》から「どうなってるの？」と問《と》い合《あ》わせを受《う》けたことがありました。それ以来《いらい》、小《ちい》さな修正《しゅうせい》でも伝《つた》えるように改善《かいぜん》しました。

膨大《ぼうだい》な量《りょう》の氷《こおり》が解《と》けて海水面《かいすいめん》が上昇《じょうしょう》する

海氷《かいひょう》に乗《の》ってエサをたべていたホッキョクグマが、北極《ほっきょく》の氷《こおり》が減《へ》って絶滅《ぜつめつ》危機《きき》にあるという話《はなし》を聞《き》いたことがありませんか？北極近《ほっきょくちか》くにあるグリーンランドや南極大陸《なんきょくたいりく》は、地球温暖化《ちきゅうおんだんか》の影響《えいきょう》が大《おお》きい地域《ちいき》。ここでは、大量《たいりょう》の氷《こおり》が解《と》けて水《みず》になり、その水《みず》が海《うみ》に流《なが》れることで、海水《かいすい》の量《りょう》が増《ふ》えて水位《すいい》が上《あ》がっています。また、水《みず》には温度《おんど》が上《あ》がると膨張《ぼうちょう》する（ふくらむ）という性質《せいしつ》があり、それも海水面《かいすいめん》を上昇《じょうしょう》させる原因《げんいん》になっています。

気候変動対策《きこうへんどうたいさく》に役立《やくだ》てるためには、海水面《かいすいめん》を長《なが》い期間監視《きかんかんし》し、傾向《けいこう》をつかむ必要《ひつよう》があります。気象庁《きしょうちょう》では電波式検潮儀《でんぱしきけんちょうぎ》を使《つか》った検潮所《けんちょうじょ》などで、海水面《かいすいめん》の高《たか》さ（潮位《ちょうい》）を観測《かんそく》しています。

潮位《ちょうい》を測《はか》る

世界的《せかいてき》に見《み》ると、1900年頃《ねんごろ》から海面水位《かいめんすいい》が上昇傾向《じょうしょうけいこう》にあり、日本《にほん》では1980年頃《ねんごろ》から、明《あき》らかに上昇《じょうしょう》しているんだよね。
多《おお》くの検潮所《けんちょうじょ》では井戸《いど》と海《うみ》が「導水管《どうすいかん》」でつながっているよ。井戸《いど》の中《なか》は波《なみ》が無《な》いので、水位《すいい》を計測《けいそく》しやすいんだ。
検潮所《けんちょうじょ》
導水管《どうすいかん》
検潮所《けんちょうじょ》は数人《すうにん》が入《はい》れる小《ちい》さな建物《たてもの》なんじゃ。
検潮所

この人《ひと》に聞《き》いてみた！

海面水位《かいめんすいい》の監視《かんし》をする人《ひと》

海水面《かいすいめん》を監視《かんし》して、予報《よほう》する

私《わたし》は、海上保安庁《かいじょうほあんちょう》への出向《しゅっこう》や海洋気象観測船《かいようきしょうかんそくせん》での勤務《きんむ》などを経《へ》て、現在《げんざい》の部署《ぶしょ》に配属《はいぞく》されました。長期的《ちょうきてき》な海水面《かいすいめん》の監視《かんし》の仕事《しごと》をしていますが、予報《よほう》の仕事《しごと》もします。

波《なみ》の高《たか》さは波浪計《はろうけい》など４つの方法《ほうほう》で計測《けいそく》していて、それぞれの数値《すうち》はデスクのモニターで確認《かくにん》できます。その数値《すうち》と、スーパーコンピューター（スパコン）が計算《けいさん》した予報数値《よほうすうち》、あとは波浪《はろう》の特性《とくせい》を熟知《じゅくち》した職員《しょくいん》の計算《けいさん》や経験《けいけん》をもとに解説資料《かいせつしりょう》をつくって、気象庁《きしょうちょう》の天気《てんき》予報担当《よほうたんとう》の職員《しょくいん》や民間《みんかん》の会社向《かいしゃむ》けに発表《はっぴょう》します。全国《ぜんこく》の気象台《きしょうだい》では、その解説資料《かいせつしりょう》をもとに、波浪注意報《はろうちゅういほう》・警報《けいほう》を出《だ》します。

台風《たいふう》は予想通《よそうどお》りのコースを進《すす》まなかったり、急《きゅう》に強《つよ》くなったりします。急《いそ》いで注意《ちゅうい》報《ほう》を出《だ》す必要《ひつよう》があるので、時間《じかん》との勝負《しょうぶ》です。じつは、台風《たいふう》がまだ遠《とお》くにあるときでも、うねりと呼《よ》ばれる高《たか》い波《なみ》が海岸《かいがん》に到達《とうたつ》します。波《なみ》にさらわれる危険《きけん》がありますので、油断《ゆだん》しないでほしいですね。

地球温暖化《ちきゅうおんだんか》が進《すす》むと、現在《げんざい》よりも強《つよ》い台風《たいふう》が接近《せっきん》すると予測《よそく》されています。将来《しょうらい》を担《にな》う若《わか》い人《ひと》たちが地球温暖化《ちきゅうおんだんか》について学《まな》んで、二酸化炭素《にさんかたんそ》の削減《さくげん》を実践《じっせん》してくれたりしているのを見《み》ると、私《わたし》たちの仕事《しごと》が役《やく》に立《た》っていると感《かん》じます。

海《うみ》の危険《きけん》をわかりやすく伝《つた》える

環境《かんきょう》・海洋気象課《かいようきしょうか》
海洋気象情報室《かいようきしょうじょうほうしつ》
長期海面水位監視係長《ちょうきかいめんすいいかんしかかりちょう》
笠石昌史《かさいしまさふみ》さん

二酸化炭素濃度《にさんかたんそのうど》の監視《かんし》～海洋《かいよう》・大気《たいき》～

陸《りく》から大気《たいき》、海《うみ》からは海中《かいちゅう》の二酸化炭素濃度《にさんかたんそのうど》を測《はか》る

人間《にんげん》が呼吸《こきゅう》するときに、酸素《さんそ》を吸《す》い込《こ》んで、出《だ》している「二酸化炭素《にさんかたんそ》」は、温室効果《おんしつこうか》ガスのなかでも特《とく》に影響力《えいきょうりょく》の大《おお》きいものです。この二酸化炭素《にさんかたんそ》の濃度《のうど》を観測《かんそく》して監視《かんし》するのも気象庁《きしょうちょう》の仕事《しごと》です。国内《こくない》では岩手県大船渡市《いわてけんおおふなとし》の綾里《りょうり》、東京都小笠原村《とうきょうとおがさわらむら》の南鳥島《みなみとりしま》の2カ所《しょ》で観測《かんそく》をしています。

また二酸化炭素《にさんかたんそ》は大気中《たいきちゅう》だけではなく、海中《かいちゅう》にもあります。しかもその量《りょう》は大気《たいき》の約《やく》50倍《ばい》！もともと海《うみ》は二酸化炭素《にさんかたんそ》を吸収《きゅうしゅう》する役割《やくわり》もあるのですが、海中《かいちゅう》の二酸化炭素《にさんかたんそ》の濃度《のうど》が上《あ》がって吸収《きゅうしゅう》する余裕《よゆう》がなくなると、大気中《たいきちゅう》の二酸化炭素《にさんかたんそ》の濃度《のうど》が増《ふ》えて地球温暖化《ちきゅうおんだんか》が加速《かそく》するのです。

そのため、気象庁《きしょうちょう》は観測船《かんそくせん》を使《つか》って海中《かいちゅう》の二酸化炭素《にさんかたんそ》の濃度《のうど》を観測《かんそく》しています。東経《とうけい》137度《ど》に沿《そ》った※観測定線《かんそくていせん》では30年以上《ねんいじょう》も観測《かんそく》を続《つづ》けています。その結果《けっか》、海水中《かいすいちゅう》の二酸化炭素《にさんかたんそ》の量《りょう》が増《ふ》えていることがわかりました。

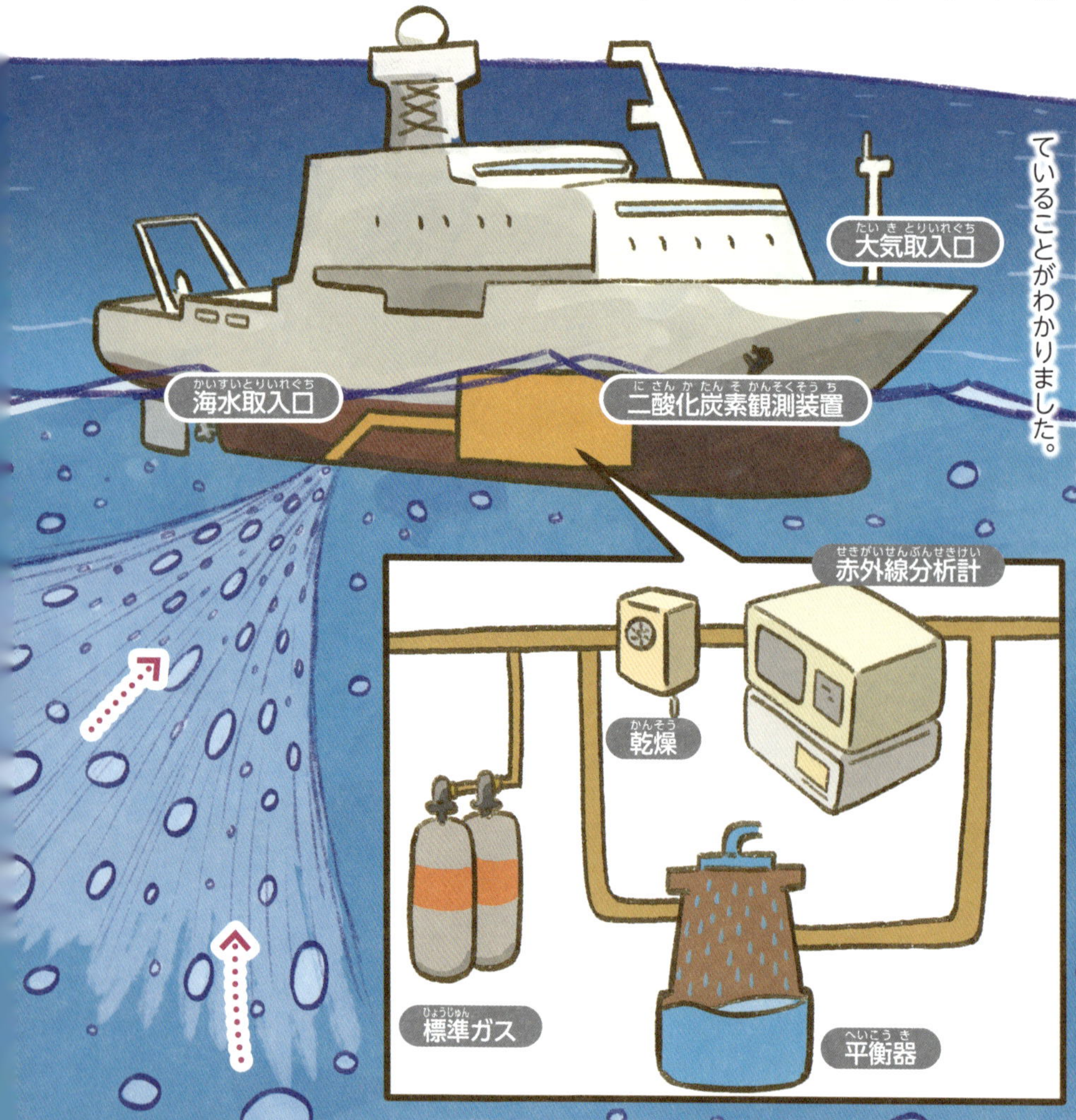
大気取入口《たいきとりいれぐち》
海水取入口《かいすいとりいれぐち》
二酸化炭素観測装置《にさんかたんそかんそくそうち》
赤外線分析計《せきがいせんぶんせきけい》
乾燥《かんそう》
標準《ひょうじゅん》ガス
平衡器《へいこうき》

※**観測定線《かんそくていせん》**…海洋観測《かいようかんそく》を行《おこな》うためにあらかじめ定《さだ》めておいた位置《いち》(地点《ちてん》)を並《なら》べた線《せん》。経線《けいせん》や緯線《いせん》に沿《そ》ったものが多《おお》い。

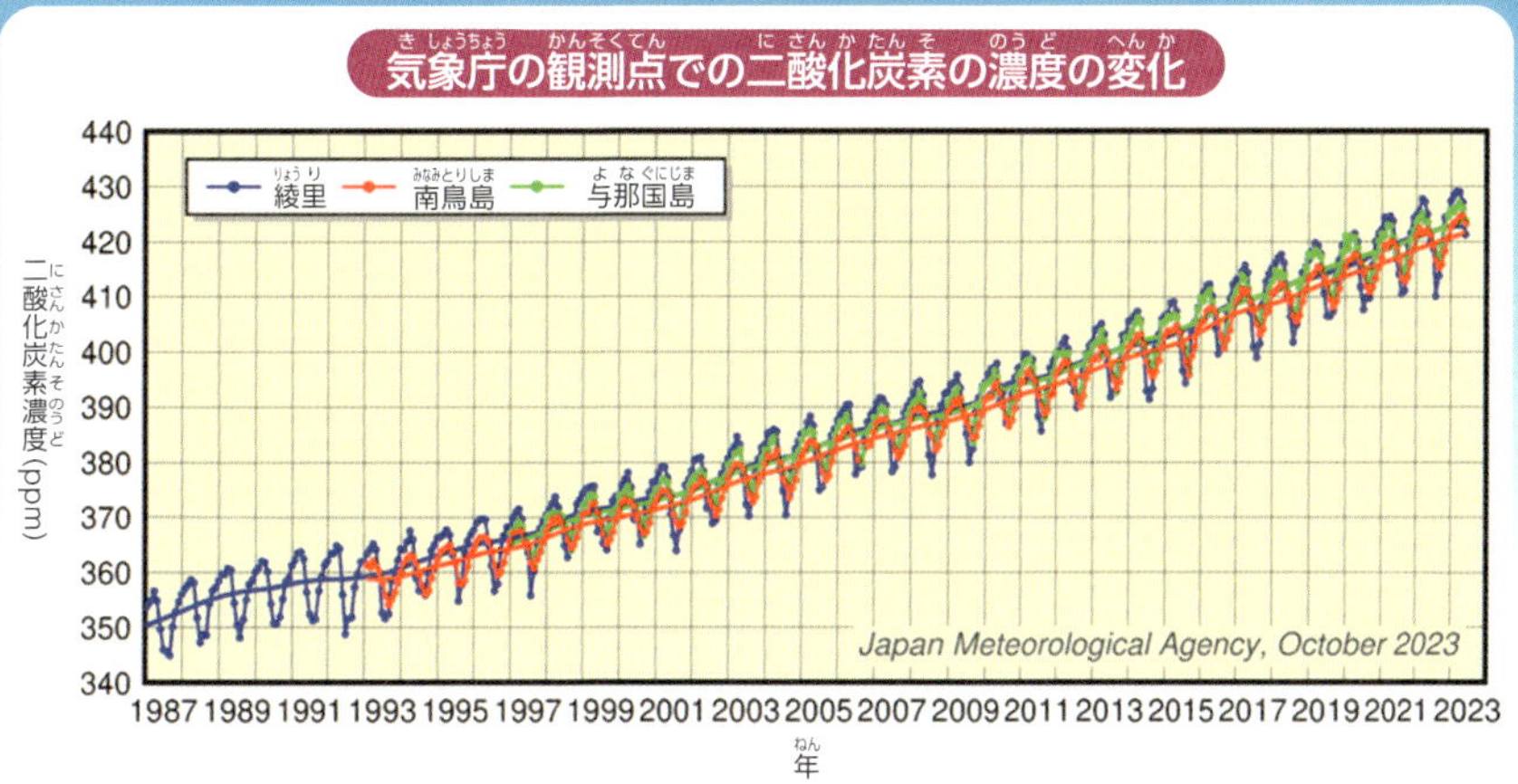

綾里《りょうり》、南鳥島《みなみとりしま》、与那国島《よなぐにじま》で観測《かんそく》された大気中《たいきちゅう》の二酸化炭素濃度《にさんかたんそのうど》の経年変化《けいねんへんか》を図《ず》に示《しめ》したもの。
(与那国島《よなぐにじま》での観測《かんそく》は令和《れいわ》６年《ねん》３月《がつ》をもって終了《しゅうりょう》しました)

はるか南《みなみ》の小《ちい》さな島《しま》「南鳥島《みなみとりしま》」で さまざまな気象《きしょう》を観測《かんそく》

04

日本《にほん》の最東端《さいとうたん》にある南鳥島《みなみとりしま》にも気象庁《きしょうちょう》の観測拠点《かんそくきょてん》があります。小《ちい》さい島《しま》に、気象庁《きしょうちょう》の職員《しょくいん》と海上自衛隊《かいじょうじえいたい》の隊員《たいいん》が常駐《じょうちゅう》していますが、いわゆる「島民《とうみん》」はいません。ここでは、おもに地上気象《ちじょうきしょう》観測《かんそく》、高層気象観測《こうそうきしょうかんそく》、大気《たいき》バックグランド汚染観測《おせんかんそく》、日射放射観測《にっしゃほうしゃかんそく》、遠地津波観測《えんちつなみかんそく》を行《おこな》っています。

孤島《ことう》だからこそ得《え》られる観測《かんそく》データ

絶海《ぜっかい》の孤島《ことう》である南鳥島《みなみとりしま》の近《ちか》くには、たくさんの人《ひと》が生活《せいかつ》する都会《とかい》はまったくありません。そのため、計測結果《けいそくけっか》に影響《えいきょう》を与《あた》える要《よう》素《そ》が少《すく》なく、地上気象観測《ちじょうきしょうかんそく》や高層《こうそう》気象観測《きしょうかんそく》、日射放射観測《にっしゃほうしゃかんそく》でも、純《じゅん》粋《すい》なデータを得《え》ることができます。とくに、温室効果《おんしつこうか》ガスの濃度《のうど》を測定《そくてい》する「大気《たいき》バックグランド汚染観測《おせんかんそく》」は重要《じゅうよう》で、精度《せいど》の高《たか》い結果《けっか》を国内外《こくないがい》の研究機関《けんきゅうきかん》向《む》けに発表《はっぴょう》することができています。

また、南《みなみ》アメリカのチリ沖《おき》など遠《とお》い地域《ちいき》で発生《はっせい》した地震《じしん》による津波《つなみ》を、日本沿岸《にほんえんがん》に到達《とうたつ》する前《まえ》にとらえる目的《もくてき》で、平成《へいせい》8(1996)年《ねん》に遠地津波観測《えんちつなみかんそく》計《けい》が南鳥島《みなみとりしま》に設置《せっち》されました。観《かん》測《そく》されたデータは気象庁《きしょうちょう》へ伝《つた》えられ、津波注意報《つなみちゅういほう》・警報《けいほう》などの防《ぼう》災情報《さいじょうほう》に反映《はんえい》されています。

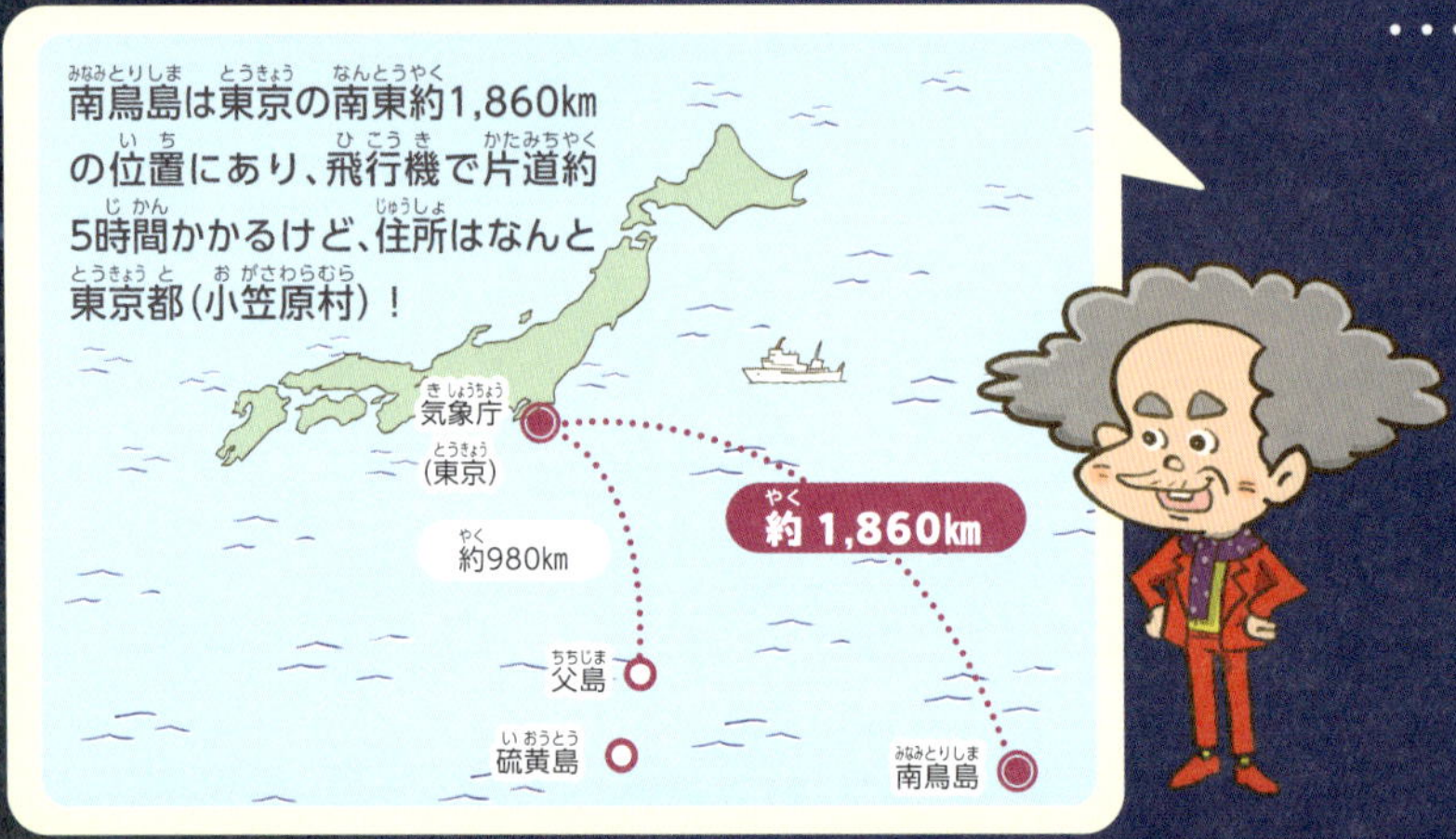
南鳥島《みなみとりしま》は東京《とうきょう》の南東約《なんとうやく》1,860kmの位置《いち》にあり、飛行機《ひこうき》で片道約《かたみちやく》5時間《じかん》かかるけど、住所《じゅうしょ》はなんと東京都《とうきょうと》(小笠原村《おがさわらむら》)!
気象庁《きしょうちょう》
(東京《とうきょう》)
約《やく》1,860km
約《やく》980km
父島《ちちじま》
硫黄島《いおうとう》
南鳥島《みなみとりしま》

気象庁《きしょうちょう》の庁舎《ちょうしゃ》は、1階《かい》が観測室《かんそくしつ》、2階《かい》が寝《ね》泊《と》まりする部屋《へや》。
気象庁《きしょうちょう》の職員《しょくいん》は10人程度《にんていど》が常駐《じょうちゅう》しています。

気象庁《きしょうちょう》の庁舎《ちょうしゃ》

地上気象観測《ちじょうきしょうかんそく》をするエリア

南鳥島《みなみとりしま》には自衛隊《じえいたい》の飛行機《ひこうき》で、
硫黄島《いおうとう》を経由《けいゆ》して行《い》くんだって。

島《しま》のまわりは、
きれいなサンゴ礁《しょう》。

この人《ひと》に聞《き》いてみた！

南鳥島気象観測所《みなみとりしまきしょうかんそくじょ》で働《はたら》く人《ひと》

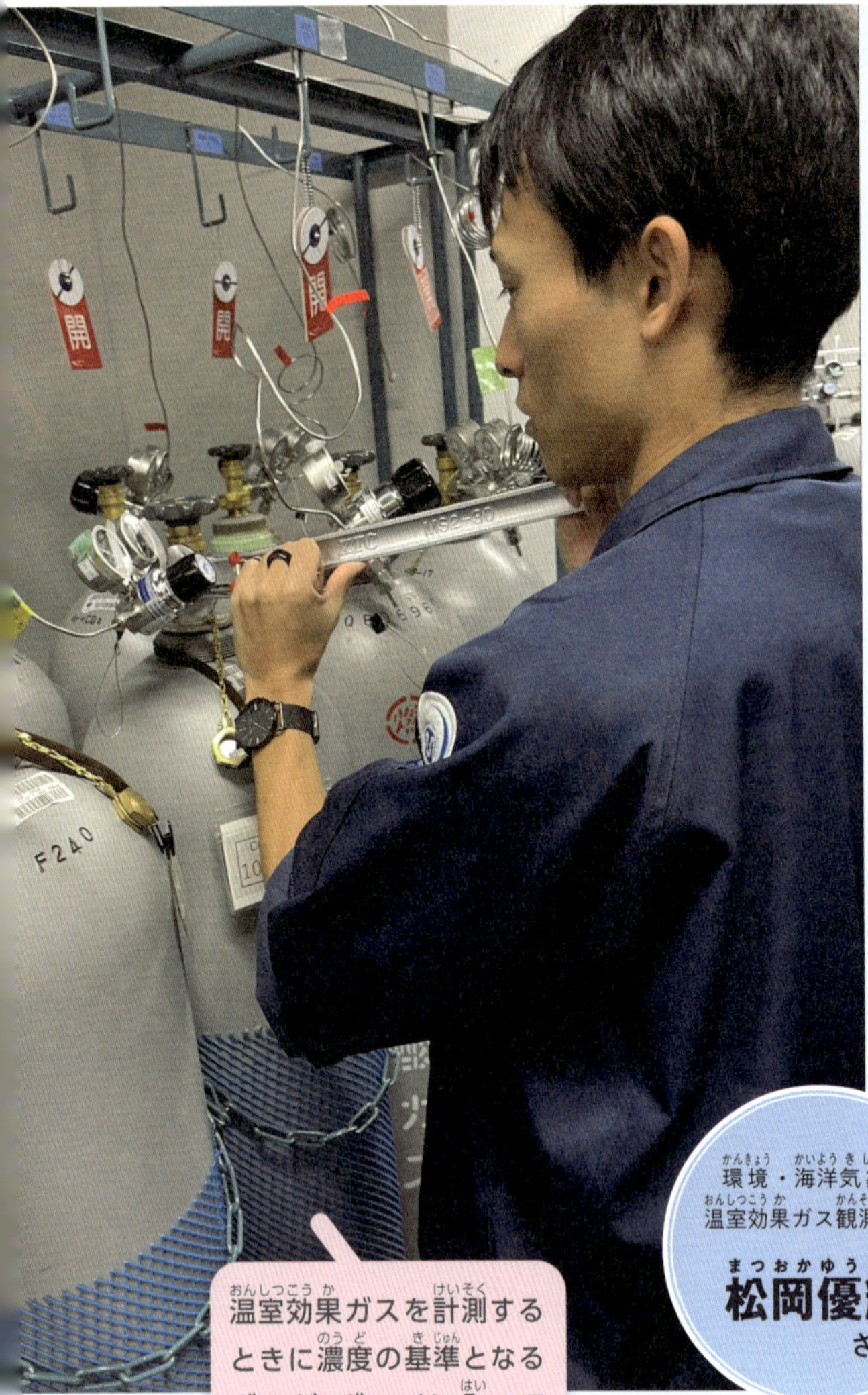

温室効果《おんしつこうか》ガスを計測《けいそく》するときに濃度《のうど》の基準《きじゅん》となるガスが、ボンベに入《はい》っています。これは、ガスが少《すく》なくなったボンベの交換《こうかん》をしている様子《ようす》。

環境《かんきょう》・海洋気象課《かいようきしょうか》
温室効果《おんしつこうか》ガス観測係員《かんそくかかりいん》
松岡優輝《まつおかゆうき》さん

お仕事《しごと》／その1

測器《そっき》をメンテナンスする

隔絶《かくぜつ》された環境《かんきょう》にあるため、測器《そっき》が故障《こしょう》をすると簡単《かんたん》に修理《しゅうり》をすることができません。そのため、測器《そっき》が正常《せいじょう》に動《うご》いているかをこまめにチェックする必要《ひつよう》があります。

お仕事《しごと》／その2

データを作成《さくせい》する

実際《じっさい》に発表《はっぴょう》できるデータになるまでには、「品質管理《ひんしつかんり》」という工程《こうてい》が入《はい》ります。温室効果《おんしつこうか》ガスの測定《そくてい》の例《れい》は、次《つぎ》の図《ず》のとおりです。

通常《つうじょう》では考《かんが》えられない「データの異常《いじょう》」が観測《かんそく》されることがあります。そのようなときは検証《けんしょう》をし、誤《あやま》りであれば「欠測《けっそく》」として計算《けいさん》の対象外《たいしょうがい》になります。このようなデータの異常《いじょう》があったとき、その原因《げんいん》を現地《げんち》で確認《かくにん》できるというメリットもあります。

データは月《つき》に1回《かい》、まとめて本庁《ほんちょう》に送《おく》り、そこから関係《かんけい》する各所《かくしょ》に報告《ほうこく》されます。

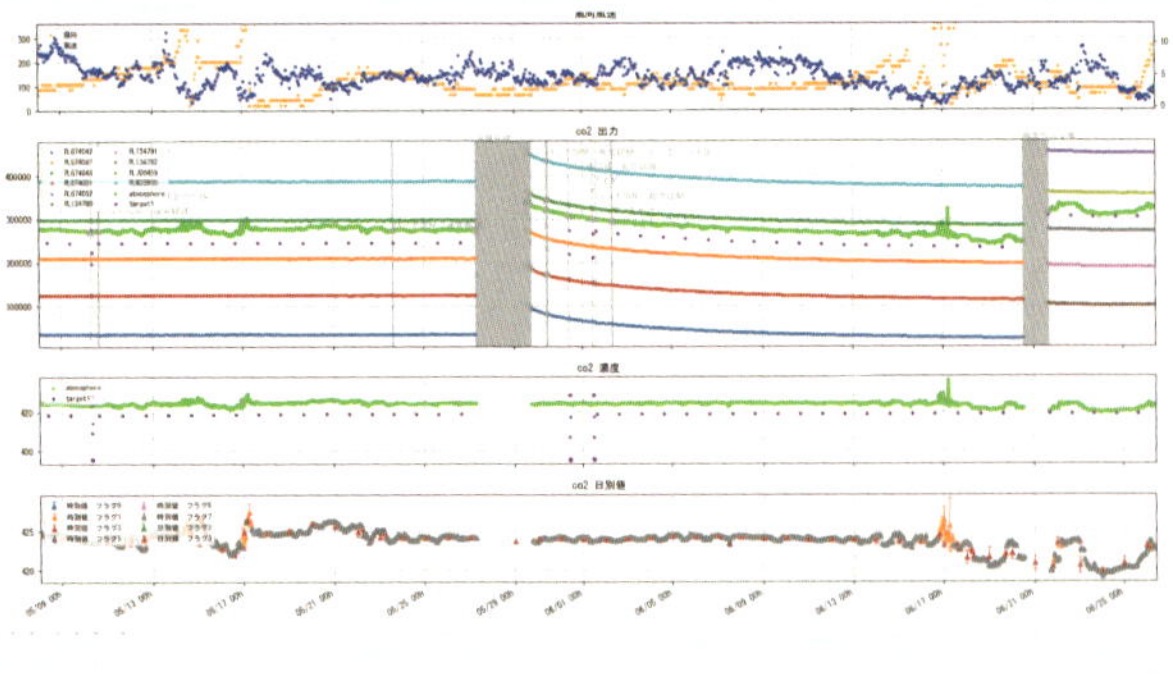

2023年《ねん》5～6月《がつ》にかけての生《なま》データ（観測《かんそく》したそのままのデータ）を確認《かくにん》する画面《がめん》。「CO_2出力《しゅつりょく》」では、現地《げんち》で計測《けいそく》したガス（黄緑《きみどり》）と基準《きじゅん》のガス（ほかの色《いろ》）を比較《ひかく》し、コンピュータで計算《けいさん》された大気《たいき》の濃度《のうど》が「CO_2濃度《のうど》」に表示《ひょうじ》されます。

失敗《しっぱい》しちゃいました！ 台所《だいどころ》で料理《りょうり》に夢中《むちゅう》になりすぎて、掃除当番《そうじとうばん》の邪魔《じゃま》に！共同生活《きょうどうせいかつ》であることを忘《わす》れちゃダメです。

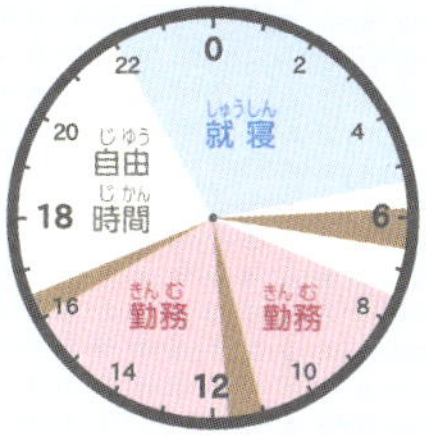

松岡《まつおか》さんのある日《ひ》のスケジュール

5:20 起床《きしょう》

5:50 朝食《ちょうしょく》

6:30 自由時間《じゆうじかん》

居室《きょしつ》で衛星放送《えいせいほうそう》を見《み》たり、涼《すず》しいうちにランニングをしたり。

7:30 勤務《きんむ》

〜

日常的《にちじょうてき》な点検《てんけん》やデータの品質管理《ひんしつかんり》など。研究所《けんきゅうじょ》や大学《だいがく》が設置《せっち》した機械《きかい》のチェックもします。

11:00 昼食《ちゅうしょく》

11:45 勤務《きんむ》

〜

観測施設《かんそくしせつ》のそうじや草《くさ》かりなども大事《だいじ》な仕事《しごと》のひとつ。

16:00 夕食《ゆうしょく》

16:30 自由時間《じゆうじかん》

〜

読書《どくしょ》をしたり、おつまみを調理《ちょうり》したり。

22:00 就寝《しゅうしん》

手《て》づくり麺《めん》とトビウオのあごダシを使《つか》ったスープ。

天気予報《てんきよほう》は、未来《みらい》を知《し》ることができるスゴい情報《じょうほう》！

オフの日《ひ》に釣《つ》りあげたオキサワラという魚《さかな》。

おしえて！ 松岡《まつおか》さん

小《ちい》さいころ、雪《ゆき》が降《ふ》るのが楽《たの》しみで、それが天気《てんき》に興味《きょうみ》をもったきっかけだったかもしれません。大学《だいがく》では気象学《きしょうがく》を専攻《せんこう》しました。物理《ぶつり》の法則《ほうそく》にのっとって予測《よそく》をたてることで、地球環境《ちきゅうかんきょう》をよくしたり、人《ひと》の生活《せいかつ》を豊《ゆた》かにしたり、経済活動《けいざいかつどう》を活発《かっぱつ》にしたりできるんです。天気予報《てんきよほう》は、「未来《みらい》を知《し》ることができるスゴい情報《じょうほう》」だと思《おも》っています。

島《しま》での生活《せいかつ》は、やはり不便《ふべん》なことが多《おお》いです。たとえば通信環境《つうしんかんきょう》がよくないのでネットで調《しら》べものをすることができません。医者《いしゃ》もいないので、「ケガをするな」が原則《げんそく》。暑《あつ》いので、熱中症《ねっちゅうしょう》にも注意《ちゅうい》が必要《ひつよう》です。

ただ、一般《いっぱん》の人《ひと》がかんたんに行《い》くことができない島《しま》ですから、ここでの生活《せいかつ》は、とても貴重《きちょう》な経験《けいけん》ですよね。それに仕事《しごと》の合間《あいま》には、釣《つ》りやシュノーケリングといった南国《なんごく》らしいリフレッシュもできます。釣《つ》った魚《さかな》は食《た》べない、海《うみ》へは2人以上《ふたりいじょう》で入《はい》るといった制約《せいやく》があるのも、島《しま》での生活《せいかつ》ならではと言《い》えます。

プライベートでダイビングもするのですが、あるとき、同《おな》じ海《うみ》に長年潜《ながねんもぐ》っている方《かた》から「海《うみ》の生態系《せいたいけい》が変《か》わった」という切実《せつじつ》なお話《はなし》をうかがいました。地球温暖化《ちきゅうおんだんか》は、確実《かくじつ》に迫《せま》ってきているんですね。私《わたし》たちは、そのような危機感《ききかん》を抱《いだ》いている人《ひと》の、代弁者《だいべんしゃ》のような存在《そんざい》だと思《おも》っています。

海《うみ》を観測《かんそく》して気候変動《きこうへんどう》や地球温暖化防止《ちきゅうおんだんかぼうし》に貢献《こうけん》する 海洋気象観測《かいようきしょうかんそく》

気象庁《きしょうちょう》には、海《うみ》での観測《かんそく》に特化《とっか》した海洋気象観測船《かいようきしょうかんそくせん》があります。海水中《かいすいちゅう》や大気中《たいきちゅう》の二酸化炭素《にさんかたんそ》の監視《かんし》、海洋《かいよう》の水温《すいおん》や塩分《えんぶん》、溶存酸素量《ようぞんさんそりょう》、海潮流《かいちょうりゅう》などの海洋観測《かいようかんそく》をすることで、気候変動《きこうへんどう》や地球温暖化《ちきゅうおんだんか》の防止《ぼうし》に貢献《こうけん》しています。

総合海上気象観測装置《そうごうかいじょうきしょうかんそくそうち》、※GNSS《ジーエヌエスエス》観測装置《かんそくそうち》

測《はか》るもの▶海上気象《かいじょうきしょう》（気温《きおん》、気圧《きあつ》、風《かぜ》、波浪《はろう》など）

GNSS《ジーエヌエスエス》（全球測位衛星《ぜんきゅうそくいえいせい》システム）を利用《りよう》して、線状降水帯《せんじょうこうすいたい》の予測《よそく》に役立《やくだ》てている。

凌風丸《りょうふうまる》

現在《げんざい》は、「凌風丸《りょうふうまる》」と「啓風丸《けいふうまる》」という2隻《せき》の観測船《かんそくせん》が活躍中《かつやくちゅう》で、日本周辺海域《にほんしゅうへんかいいき》と北西《ほくせい》太平洋《たいへいよう》で活動《かつどう》しているんじゃ。

浮遊《ふゆう》プラスチックなど、海洋汚《かいようお》染物質《せんぶっしつ》の観測《かんそく》も行《おこな》っているよ。

ニューストンネット

測《はか》るもの▶海面《かいめん》の油塊《ゆかい》

ネットを船《ふね》にひかせて、油《あぶら》のかたまり（タールボール）などを採取《さいしゅ》する。

※**GNSS《ジーエヌエスエス》観測装置《かんそくそうち》**…GNSS《ジーエヌエスエス》衛星《えいせい》の電波《でんぱ》を利用《りよう》して、線状降水帯《せんじょうこうすいたい》による豪雨《ごうう》の原因《げんいん》となる水蒸気《すいじょうき》の量《りょう》を観測《かんそく》する装置《そうち》のこと。

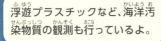

お風呂《ふろ》や洗濯《せんたく》、トイレには、海水《かいすい》を真水《まみず》に変《か》えて使《つか》っているんだって。

食堂《しょくどう》

食事《しょくじ》は、ごはん、味噌汁《みそしる》、漬物《つけもの》、おかずなどがバランスよく提供《ていきょう》される。

高層気象観測装置《こうそうきしょうかんそくそうち》

ラジオゾンデ

測《はか》るもの▶高層気象《こうそうきしょう》(気温《きおん》、気圧《きあつ》、風《かぜ》など)

観測所《かんそくしょ》でのラジオゾンデと同《おな》じように、自動《じどう》放球装置《ほうきゅうそうち》を使《つか》ってゴム気球《ききゅう》を上《あ》げている。

人間《にんげん》

測《はか》るもの▶海面《かいめん》の油膜《ゆまく》、浮遊物《ふゆうぶつ》

ブリッジ(操舵室《そうだしつ》)からの目視《もくし》で、海《うみ》の汚染《おせん》を監視《かんし》する。

居室《きょしつ》

個室《こしつ》になっています。プレイヤーでDVD《ディーブイディー》を見《み》ることができる。

電気伝導度水温水深計《でんきでんどうどすいおんすいしんけい》(CTD《シーティーディー》)

測《はか》るもの▶水温《すいおん》、塩分《えんぶん》

船《ふね》の上《うえ》からケーブルで海中《かいちゅう》に降《お》ろされ、深《ふか》さ約《やく》6,000メートルまでの水温《すいおん》や塩分《えんぶん》を測《はか》る。

船用流向流速計《はくようりゅうこうりゅうそくけい》

測《はか》るもの▶海潮流《かいちょうりゅう》(海水《かいすい》の流向《りゅうこう》、流速《りゅうそく》)

船《ふね》の底《そこ》から超音波《ちょうおんぱ》を発射《はっしゃ》して、海流《かいりゅう》の流《なが》れる速《はや》さや向《む》きを測《はか》る。

自記水温水深計《じきすいおんすいしんけい》

測《はか》るもの▶表層水温《ひょうそうすいおん》

船《ふね》が走《はし》りながら海中《かいちゅう》に投下《とうか》して、水温《すいおん》を自動的《じどうてき》に測《はか》る。

多筒採水器《たとうさいすいき》

測《はか》るもの▶全炭酸《ぜんたんさん》・アルカリ度《ど》、水素《すいそ》イオン濃度《のうど》(pH《ピーエイチ》)、溶存酸素量《ようぞんさんそりょう》、栄養塩《えいようえん》、植物色素《しょくぶつしきそ》

CTD《シーティーディー》と同《おな》じ枠《わく》に取《と》り付《つ》けられて、深《ふか》さの異《こと》なる場所《ばしょ》で分析用《ぶんせきよう》の海水《かいすい》を採取《さいしゅ》する。

この人《ひと》に聞《き》いてみた！

海洋気象観測船《かいようきしょうかんそくせん》で気候変動《きこうへんどう》を観測《かんそく》する人《ひと》

海洋気象観測船《かいようきしょうかんそくせん》で観測《かんそく》する人《ひと》

お仕事《しごと》／その1

ちょっとゲーム感覚《かんかく》？気候変動《きこうへんどう》の監視《かんし》

海洋《かいよう》気象《きしょう》観測船《かんそくせん》には10人前後《にんぜんご》の観測員《かんそくいん》が乗《の》り込《こ》み、測器《そっき》を駆使《くし》して、たくさんのデータを収集《しゅうしゅう》しています。たとえば、各層《かくそう》で海水《かいすい》を採取《さいしゅ》する多筒採水器《たとうさいすいき》にはCTD《シーティーディー》というセンサーが取《と》りつけられています。採水器《さいすいき》とCTD《シーティーディー》はウィンチとクレーンを操作《そうさ》して海中《かいちゅう》に投下《とうか》し、動作《どうさ》の監視《かんし》と採水《さいすい》の指示《しじ》はパソコン上《じょう》で行《おこな》います。この作業《さぎょう》は、まるでゲームをやっている感覚《かんかく》です。

観測《かんそく》を続《つづ》けていると、思《おも》わぬデータがとれることがあります。以前《いぜん》、黒潮《くろしお》(太平洋沿岸《たいへいようえんがん》を北上《ほくじょう》する暖流《だんりゅう》)が北緯《ほくい》40度《ど》近《ちか》くまで到達《とうたつ》し、その海域《かいいき》の海水温《かいすいおん》が高《たか》くなったことがありました。このデータは、研究者《けんきゅうしゃ》にとって貴重《きちょう》なデータだったようです。サンマの不漁《ふりょう》とも関連《かんれん》があるかもしれません。

CTD《シーティーディー》の操作《そうさ》は、第《だい》2観測《かんそく》室《しつ》のパソコンで行《おこな》います。

お仕事《しごと》／その2

ストップ！地球温暖化《ちきゅうおんだんか》の対策《たいさく》にも正確《せいかく》なデータを提供《ていきょう》する

観測《かんそく》したデータは、そのまま発表《はっぴょう》されるわけではありません。観測結果《かんそくけっか》を定期的《ていきてき》に本庁《ほんちょう》に報告《ほうこく》はしていますが、本格的《ほんかくてき》にデータをまとめるのは下船後《げせんご》。本庁《ほんちょう》で何度《なんど》も検討《けんとう》を重《かさ》ねて、データに矛盾《むじゅん》があれば補正《ほせい》をし、ゴーサインが出《で》てからホームページで公開《こうかい》します。これらのデータは、気候変動《きこうへんどう》の研究機関《けんきゅうきかん》などが参照《さんしょう》し、地球温暖化《ちきゅうおんだんか》に歯止《はど》めをかける対策《たいさく》に役立《やくだ》てられています。

環境《かんきょう》・海洋《かいよう》気象《きしょう》課《か》
乗船《じょうせん》観測《かんそく》グループ
物理班《ぶつりはん》
坂本龍哉《さかもとたつや》 さん

失敗《しっぱい》しちゃいました！ 航海初日《こうかいしょにち》の船酔《ふなよ》いは本当《ほんとう》にひどく、「おはようございます」と言《い》いながら倒《たお》れてしまいました。

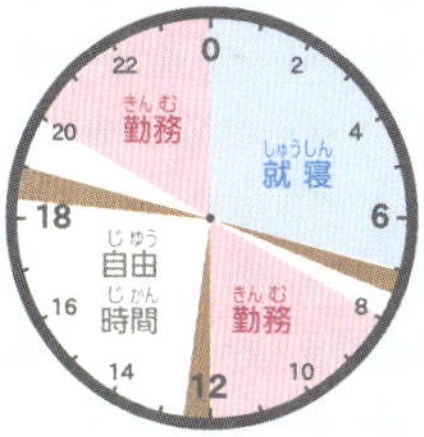

坂本《さかもと》さんのある日《ひ》のスケジュール

※8～12時《じ》・20～24時《じ》勤務《きんむ》の場合《ばあい》

7:00 起床《きしょう》

7:15 朝食《ちょうしょく》

勤務《きんむ》の1時間前《じかんまえ》に起《お》きて、ストレッチ。

7:30 ミーティングルームに集合《しゅうごう》、準備《じゅんび》

8:00 勤務《きんむ》

～

量《りょう》は多《おお》め。ステーキが出《で》るラッキーデーも！

12:00 昼食《ちゅうしょく》

～ 入浴《にゅうよく》

この時間《じかん》は浴室《よくしつ》がすいている。海水《かいすい》を使《つか》う仕事《しごと》は汚《よご》れるので、1日《にち》2回《かいはい》入《はい》る人《ひと》もいます。

自由時間《じゆうじかん》

夕食《ゆうしょく》

音楽《おんがく》を聴《き》いたり、DVD《ディーブイディー》を見《み》たり、夕食《ゆうしょく》を食《た》べたりします。過《す》ごし方《かた》は人《ひと》それぞれです。

20:00 勤務《きんむ》

～

夜《よる》の部《ぶ》も同《おな》じように4時間《じかん》、仕事《しごと》をします。

24:00 その後《ご》、就寝《しゅうしん》

お仕事《しごと》／その3

線状降水帯《せんじょうこうすいたい》の原因《げんいん》を観測《かんそく》する

線上《せんじょう》に伸《の》びた地域《ちいき》に長時間《ちょうじかん》にわたって強《つよ》い雨《あめ》を降《ふ》らせる線状降水帯《せんじょうこうすいたい》。海上《かいじょう》で発生《はっせい》することもあり、予想《よそう》がとてもむずかしいのですが、GNSS《ジーエヌエスエス》観測装置《かんそくそうち》のおかげで、予測《よそく》の精度《せいど》があがってきています。大量《たいりょう》の水蒸気《すいじょうき》は風上《かざかみ》側《がわ》の海洋域《かいよういき》からもたらされることから、観測船《かんそくせん》で風上側《かざかみがわ》の海上《かいじょう》の水蒸気量《すいじょうきりょう》を直接観測《ちょくせつかんそく》し、その観測《かんそく》データをスーパーコンピュータによる線状降水帯《せんじょうこうすいたい》の予測《よそく》精度《せいど》向上《こうじょう》に役立《やくだ》てています。

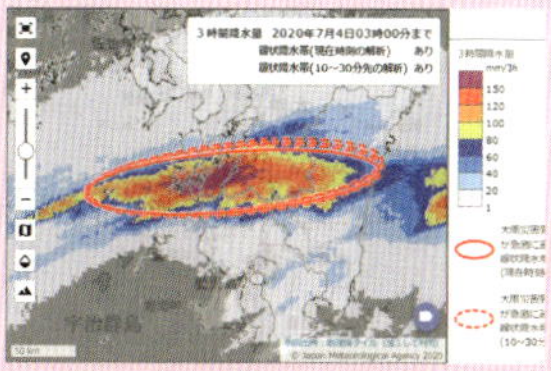

楕円《だえん》のところは、線状降水帯《せんじょうこうすいたい》により大雨《おおあめ》となっている地域《ちいき》です。

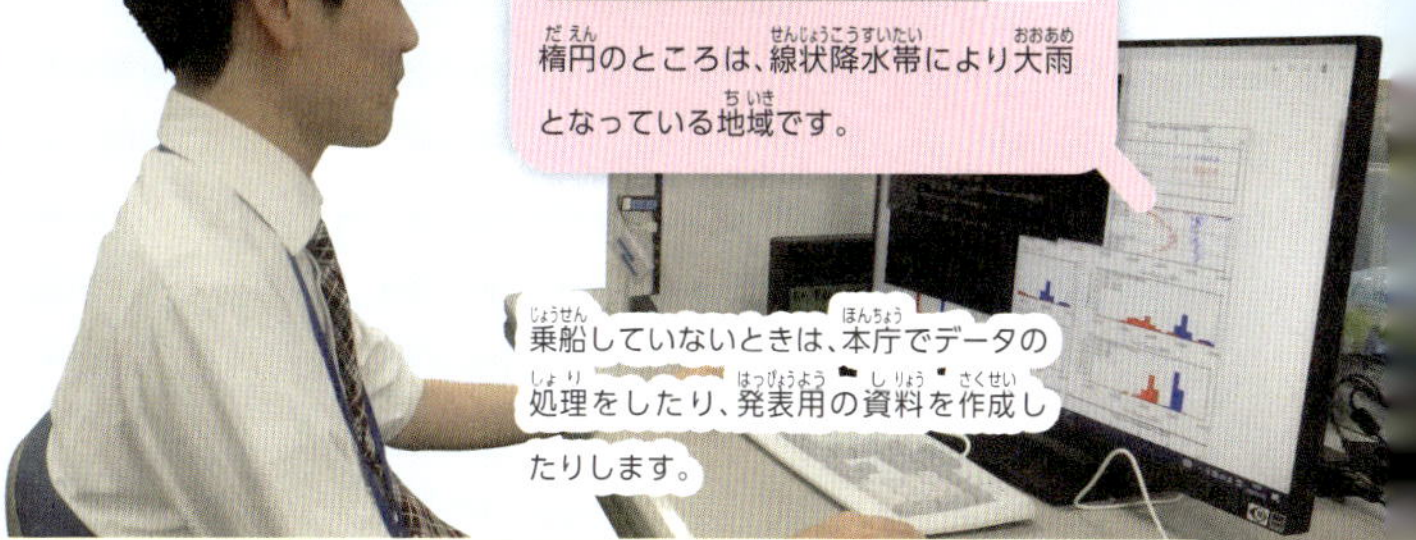

乗船《じょうせん》していないときは、本庁《ほんちょう》でデータの処理《しょり》をしたり、発表用《はっぴょうよう》の資料《しりょう》を作成《さくせい》したりします。

海洋気象観測船《かいようきしょうかんそくせん》にのるきっかけは？

私《わたし》は大学時代《だいがくじだい》、海底堆積物《かいていたいせきぶつ》のプランクトンの化石《かせき》を調《しら》べて、当時《とうじ》の海《うみ》の環境《かんきょう》を調《しら》べる研究《けんきゅう》をしていました。在学時《ざいがくじ》に南極海《なんきょくかい》に行《い》く船《ふね》に乗《の》ったことがあり、そのとき、貴重《きちょう》な試料《しりょう》を採取《さいしゅ》することができた教授《きょうじゅ》が、ものすごくうれしそうな顔《かお》をしていたんです。それが忘《わす》れられなくて。

気象庁《きしょうちょう》に入《はい》ってから、海洋《かいよう》に関《かん》する仕事《しごと》がしたいと希望《きぼう》を出《だ》していました。念願《ねんがん》かなって海洋気象観測船《かいようきしょうかんそくせん》で働《はたら》いていますが、初乗船《はつじょうせん》では強烈《きょうれつ》な揺《ゆ》れを経験《けいけん》。船酔《ふなよ》いもあって、まともに仕事《しごと》ができませんでした。いま4回目《かいめ》の乗船《じょうせん》を終《お》えたところですが、やっと慣《な》れてきています。

楽《たの》しみにしているのは、国内外《こくないがい》の港《みなと》に寄港《きこう》したときに下船《げせん》しておいしいものを食《た》べること。また、航海後《こうかいご》にまとめてとれる休暇《きゅうか》にのんびりするのもいいですね。

気象庁《きしょうちょう》の海洋気象観測《かいようきしょうかんそく》には長《なが》い歴史《れきし》があります。過酷《かこく》な環境《かんきょう》の中《なか》でさまざまな観測《かんそく》をしていますし、地球《ちきゅう》温暖化対策《おんだんかたいさく》に役立《やくだ》つ大切《たいせつ》なデータを扱《あつか》っているというプレッシャーもありますが、先輩《せんぱい》たちが築《きず》いてきた観測《かんそく》の歴史《れきし》を紡《つむ》いでいくつもりで、がんばっています。

06

「基地《きち》」で暮《く》らして地球環境《ちきゅうかんきょう》を監視《かんし》する「南極観測隊《なんきょくかんそくたい》」

昭和《しょうわ》32(1957)年《ねん》から始《はじ》まった「南極観測隊《なんきょくかんそくたい》」は途中《とちゅう》、中断《ちゅうだん》がありながらも現在《げんざい》まで継続《けいぞく》しています。気象庁《きしょうちょう》は毎年《まいとし》、職員《しょくいん》を派遣《はけん》し、地上気象観測《ちじょうきしょうかんそく》やラジオゾンデを使用《しよう》した高層気象観測《こうそうきしょうかんそく》、南極上空《なんきょくじょうくう》のオゾンホールの発見《はっけん》 77ページ につながるオゾン観測《かんそく》などの気象観測《きしょうかんそく》を実施《じっし》しています。

食堂《しょくどう》

2人《ふたり》の調理担当隊員《ちょうりたんとうたいいん》が交代《こうたい》で食事《しょくじ》をつくる。食材《しょくざい》はほとんどが冷凍《れいとう》や乾物《かんぶつ》だが、野菜栽培室《やさいさいばいしつ》で育《そだ》てた野菜《やさい》もある。

浴室《よくしつ》

発電機《はつでんき》の熱《ねつ》を利用《りよう》して水《みず》を温《あたた》め、循環《じゅんかん》させて使《つか》っている。節水《せっすい》、省《しょう》エネの意識《いしき》が欠《か》かせない！

野菜栽培室《やさいさいばいしつ》

キュウリやトマトなどの野菜《やさい》を育《そだ》てている。

野菜《やさい》も育《そだ》てているんだね！

居住棟《きょじゅうとう》

基地《きち》で1年間《ねんかん》暮《く》らす隊員《たいいん》(越冬隊員《えっとうたいいん》)には、約《やく》4畳半《じょうはん》の個室《こしつ》が割《わ》り当《あ》てられている。

たくさんの隊員《たいいん》が、共同《きょうどう》生活《せいかつ》をしているんだね。

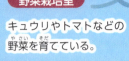

南極昭和基地《なんきょくしょうわきち》を大解剖《だいかいぼう》！

気象庁《きしょうちょう》の職員《しょくいん》を含《ふく》めた南極観測隊員《なんきょくかんそくたいいん》がそれぞれ仕事《しごと》をし、一緒《いっしょ》に生活《せいかつ》しています。

昭和基地《しょうわきち》は東《ひがし》オングル島《とう》という島《しま》にあるよ！海《うみ》が１年《ねん》を通《とお》して氷《こおり》に覆《おお》われているので、海氷《かいひょう》の薄《うす》い夏《なつ》をのぞけば、大陸《たいりく》に雪上車《せつじょうしゃ》で上陸《じょうりく》できるんだ！

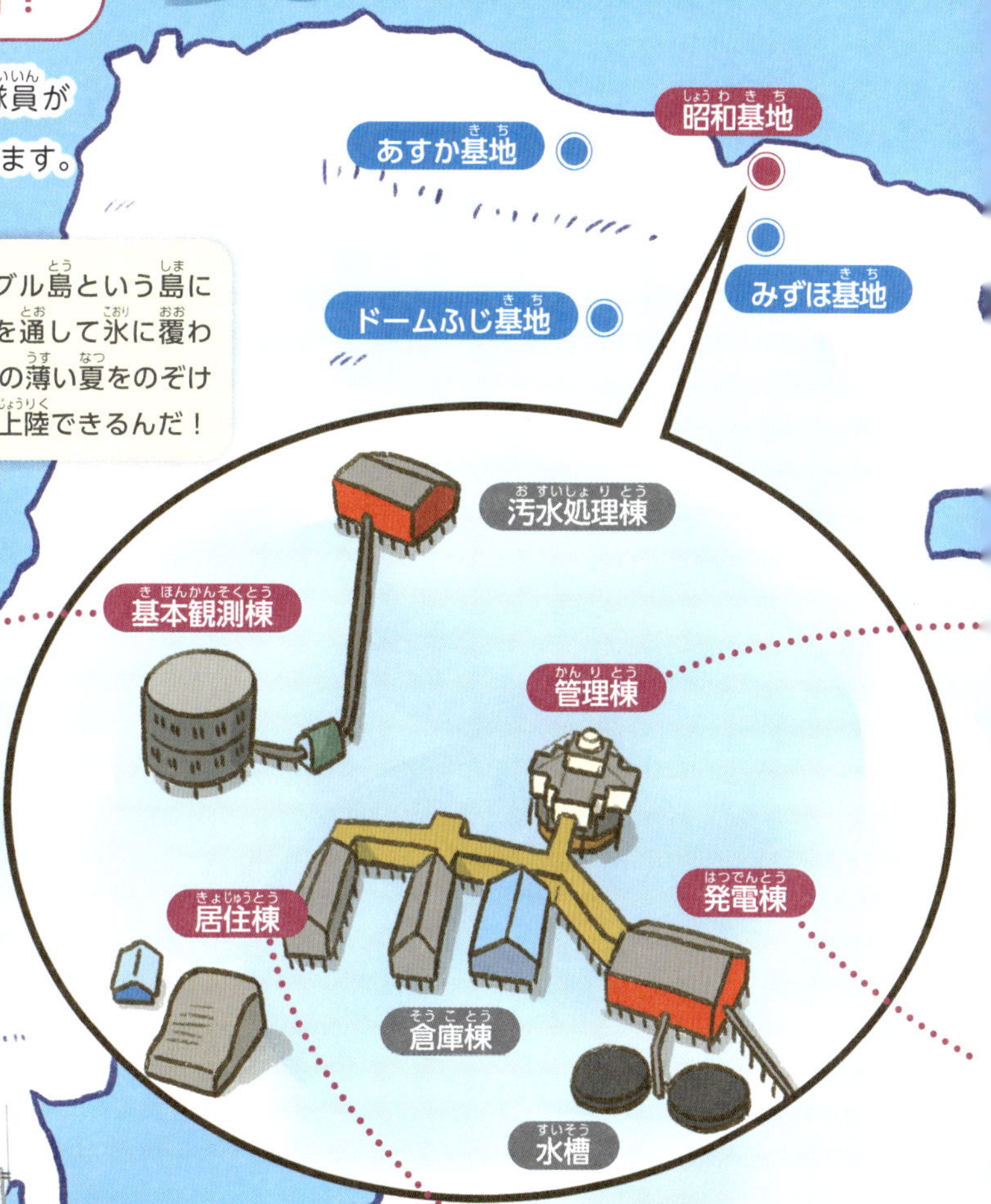

基本観測棟《きほんかんそくとう》

気象庁職員《きしょうちょうしょくいん》が観測《かんそく》をする建物《たてもの》。基本《きほん》観測棟《かんそくとう》には、ラジオゾンデを上《あ》げるための放球《ほうきゅう》デッキがある。

基本観測棟《きほんかんそくとう》の外観《がいかん》はこちら。ロボットの基地《きち》みたいだね。

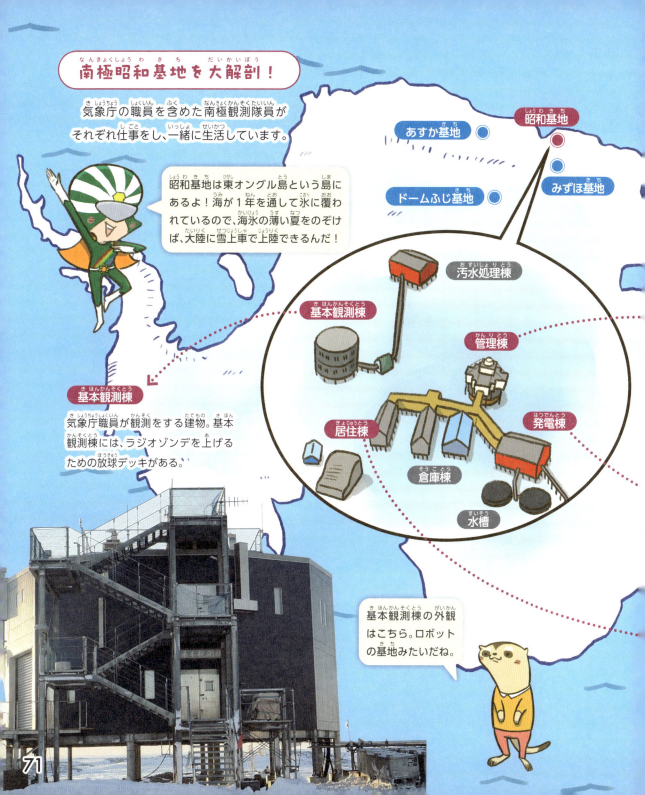

この人《ひと》に聞《き》いてみた！

南極昭和基地《なんきょくしょうわきち》で気象観測《きしょうかんそく》をする人《ひと》

消火訓練《しょうかくんれん》の風景《ふうけい》。基地《きち》が火事《かじ》で燃《も》えてしまったら、たいへんなことになります。

お仕事《しごと》／その1

雪《ゆき》かきも健康管理《けんこうかんり》も！基地《きち》を守《まも》ることにつながる

南極観測隊《なんきょくかんそくたい》は、1年《ねん》ごとに交替《こうたい》します。南極《なんきょく》に到着《とうちゃく》するのは12月中《がつちゅう》～下旬《げじゅん》。南半球《みなみはんきゅう》にある南極《なんきょく》は夏《なつ》です。この時期《じき》には前《まえ》の隊《たい》の隊員《たいいん》がまだいるので、引《ひ》き継《つ》ぎや、人手《ひとで》が必要《ひつよう》な施設《しせつ》の修繕《しゅうぜん》、新《あたら》しい建物《たてもの》の建設《けんせつ》などをします。基地《きち》を守《まも》ってきた隊員《たいいん》たちとのバトンタッチです。

また、雪《ゆき》で施設《しせつ》に入《はい》れなかったり、測器《そっき》が埋《う》もれてしまったりすると仕事《しごと》になりません。そのため、除雪《じょせつ》（雪《ゆき》かき）も大切《たいせつ》な仕事《しごと》といえます。

そして、忘《わす》れてはいけないのが健康管理《けんこうかんり》。いったん基地《きち》での仕事《しごと》に入《はい》ると、1年間《ねんかん》は交替《こうたい》できません。屋外《おくがい》ではマイナス40℃近《ちか》くになることもあるので、凍傷《とうしょう》や低体温症《ていたいおんしょう》、転倒《てんとう》によるケガなどには細心《さいしん》の注意《ちゅうい》を払《はら》います。

仕事《しごと》はひとりで抱《かか》え込《こ》まない！

環境《かんきょう》・海洋気象課《かいようきしょうか》
南極観測事務室《なんきょくかんそくじむしつ》
第《だい》63次《じ》南極地域観測隊員《なんきょくちいきかんそくたいいん》
佐藤幸隆《さとうゆきたか》さん

お仕事《しごと》／その2

観測《かんそく》には南極《なんきょく》ならではの苦戦《くせん》も！

昭和基地《しょうわきち》では、地上気象観測《ちじょうきしょうかんそく》、高層気象観測《こうそうきしょうかんそく》、オゾン観測《かんそく》、※日射放射観測《にっしゃほうしゃかんそく》などを行《おこな》っています。日本《にほん》でも同《おな》じ観測《かんそく》をしていますが、厳《きび》しい気候《きこう》の南極《なんきょく》ならではの工夫《くふう》や苦労《くろう》があります。たとえば、高層《こうそう》・オゾン観測《かんそく》の場合《ばあい》、放球時《ほうきゅうじ》にゴム気球《ききゅう》が強風《きょうふう》で吹《ふ》き飛《と》ばされないようにするために、複数人《ふくすうにん》で作業《さぎょう》にのぞみます。

上空《じょうくう》にオゾンホールが現《あらわ》れる8～11月《がつ》には、オゾンゾンデを上《あ》げる回数《かいすう》を増《ふ》やして、重点的《じゅうてんてき》に監視《かんし》をしています。

※**日射放射観測《にっしゃほうしゃかんそく》**……地球《ちきゅう》の大気《たいき》や地表《ちひょう》は太陽《たいよう》からの放射《ほうしゃ》（日射《にっしゃ》）によって暖《あたた》められ、大気外《たいきがい》への地球放射《ちきゅうほうしゃ》（赤外放射《せきがいほうしゃ》）によって冷《ひ》やされる。このときに発生《はっせい》するエネルギーは大気現象《たいきげんしょう》に大《おお》きく影響《えいきょう》を与《あた》えるため、気象庁《きしょうちょう》の観測対象《かんそくたいしょう》になっている。

美《うつく》しいオーロラを見《み》られる
というごほうびも。

南極観測隊員《なんきょくかんそくたいいん》になるきっかけは？

高校生《こうこうせい》のときにサイエンスキャンプという体験《たいけん》プログラムに参加《さんか》し、南極《なんきょく》に行《い》った方々《かたがた》の経験談《けいけんだん》を聞《き》いたとき、「ペンギンが見《み》たい！氷山《ひょうざん》が見《み》たい！」と強《つよ》く思《おも》いました。気象庁《きしょうちょう》に入《はい》ったのは、ズバリ、南極観測隊員《なんきょくかんそくたいいん》になりたかったからです。南極観測《なんきょくかんそく》は気象庁《きしょうちょう》の中《なか》でも人気《にんき》が高《たか》く、選考《せんこう》があるんです。私《わたし》は、夢《ゆめ》がかないました！

南極《なんきょく》には、ここでしか観測《かんそく》できない気象現象《きしょうげんしょう》などがあります。そして、まだわからないことだらけでもあります。だからこそ、観測《かんそく》を継続《けいぞく》してきた結果《けっか》、気候変動《きこうへんどう》や極地《きょくち》の研究《けんきゅう》に貢献《こうけん》することができ、新《あたら》しい事実《じじつ》がだんだんわかってくる経緯《けいい》を見《み》ていると、わくわくしますね。

昭和基地《しょうわきち》は隊員《たいいん》の人数《にんずう》が限《かぎ》られているので、やることはたくさんあります。ただ、専門家《せんもんか》もいますので、私《わたし》の場合《ばあい》、ひとりで抱《かか》えず、わからないことは人《ひと》にどんどん頼《たよ》ることをモットーにしています。そして、なにより楽《たの》しむこと。じつは南極《なんきょく》では、ミッドウィンター祭《まつ》りというイベントを開催《かいさい》しています。私《わたし》のときには、ソリレースやカーリングなどを企画《きかく》しました。海外《かいがい》の基地《きち》と回線《かいせん》をつないで映画《えいが》祭《さい》を開催《かいさい》することもあります。自分《じぶん》たちで撮影《さつえい》や編集《へんしゅう》をするのも楽《たの》しいです。

お仕事《しごと》／その3

大事《だいじ》なミッション！ 機械《きかい》を守《まも》る

観測測器《かんそくそっき》のメンテナンスも、欠《か》かせない仕事《しごと》のひとつです。あまりの寒《さむ》さのために、測器《そっき》が故障《こしょう》することもあります。予備《よび》の測器《そっき》がない場合《ばあい》は、観測隊員《かんそくたいいん》の電気技師《でんきぎし》に協力《きょうりょく》してもらったりして、自分《じぶん》たちで修理《しゅうり》をすることもあります。

ブリザード（激《はげ》しい吹雪《ふぶき》）から測器《そっき》を守《まも》るため、保護《ほご》カバーをかけている様子《ようす》です。

昭和基地《しょうわきち》では、ラジオゾンデを人《ひと》の手《て》で上《あ》げています。

失敗《しっぱい》しちゃいました！
南極《なんきょく》の天気予報《てんきよほう》は観測点《かんそくてん》が少《すく》ないので、当《あ》たりにくいんです。他《ほか》の隊員《たいいん》から「全然当《ぜんぜんあ》たらないじゃん」と言《い》われ、みんなが勝手《かって》に天気予報《てんきよほう》をはじめてしまいました。

南極大陸《なんきょくたいりく》への道《みち》

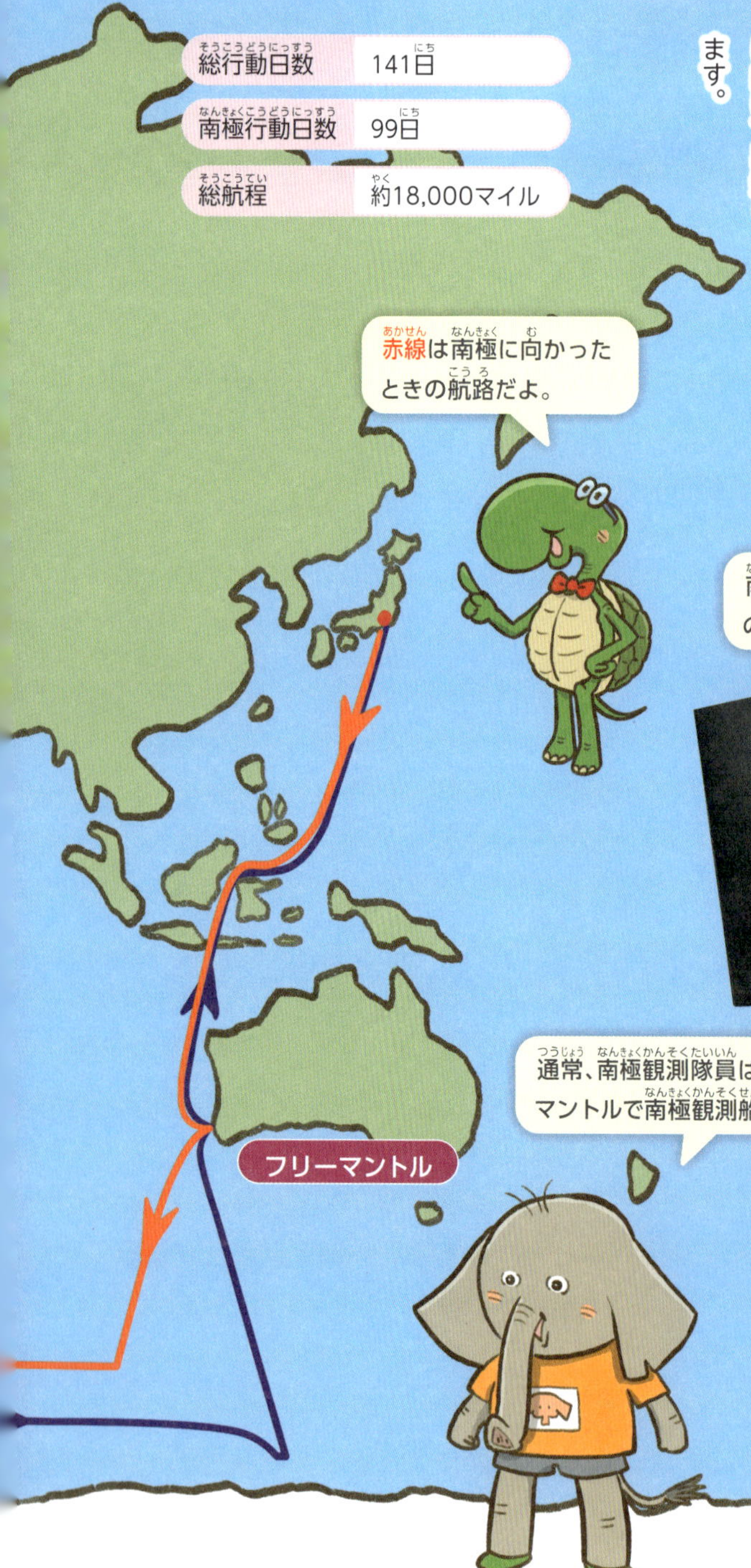

総行動日数《そうこうどうにっすう》	141日《にち》
南極行動日数《なんきょくこうどうにっすう》	99日《にち》
総航程《そうこうてい》	約《やく》18,000マイル

赤線《あかせん》は南極《なんきょく》に向《む》かったときの航路《こうろ》だよ。

観測隊《かんそくたい》の仕事《しごと》は準備《じゅんび》からはじまる

南極観測隊《なんきょくかんそくたい》の仕事《しごと》は、南極《なんきょく》に行《い》く前《まえ》からはじまっています。南極《なんきょく》に向《む》かう年《とし》の4月《がつ》に南極観測事務室《なんきょくかんそくじむしつ》に入《はい》り、帰《かえ》ってきたばかりの隊《たい》の機械《きかい》を修理《しゅうり》したり、1年《ねん》分《ぶん》の測器《そっき》や観測《かんそく》に使《つか》うヘリウムガスを購入《こうにゅう》したりといった準備《じゅんび》をします。その後《ご》、南極観測船《なんきょくかんそくせん》「しらせ」に準備《じゅんび》した物《ぶっ》資《し》を積《つ》み込《こ》み、一足先《ひとあしさき》にオーストラリアに向《む》けて出発《しゅっぱつ》します。

南極《なんきょく》は日本国外《にほんこくがい》なので、パスポートが必要《ひつよう》なんだけど、国《くに》の業務《ぎょうむ》で出国《しゅっこく》する場合《ばあい》は、特別《とくべつ》なパスポートになるんじゃ。

通常《つうじょう》、南極観測隊員《なんきょくかんそくたいいん》はオーストラリア西部《せいぶ》の都市《とし》、フリーマントルで南極観測船《なんきょくかんそくせん》「しらせ」に合流《ごうりゅう》して乗船《じょうせん》しているよ。

南極観測船《なんきょくかんそくせん》「しらせ」

観測隊《かんそくたい》も影響《えいきょう》を受《う》けたコロナウイルスの猛威《もうい》

さて、南極《なんきょく》と日本《にほん》を直線《ちょくせん》で結《むす》ぶと、約《やく》14,000km。オーストラリアまでが約《やく》6,800kmですから、さらに離《はな》れていますね。

通常《つうじょう》は、飛行機《ひこうき》でオーストラリアまで行《い》き、そこから自衛隊《じえいたい》の南《なん》極《きょく》観測船《かんそくせん》「しらせ」に合流《ごうりゅう》します。しかし、コロナ禍《か》に派遣《はけん》される観《かん》測隊《そくたい》のときは、感染《かんせん》リスクを避《さ》けるために飛行機《ひこうき》は使《つか》わず、日本《にほん》から「しらせ」に乗船《じょうせん》しました。船《ふね》の場合《ばあい》、オーストラリアまで約《やく》2週《しゅう》間《かん》かかりますが、飛行機《ひこうき》より広《ひろ》いので、むしろ快適《かいてき》だったようです。

もっと知《し》りたい！

佐藤《さとう》さんの経験談《けいけんだん》

観測隊《かんそくたい》は、気象庁《きしょうちょう》の職員《しょくいん》、極地《きょくち》研究所《けんきゅうしょ》の研究者《けんきゅうしゃ》、民間《みんかん》企業《きぎょう》の社員《しゃいん》などで構成《こうせい》されていて、医者《いしゃ》やコックもいます。大荒《おおあ》れの海《うみ》を南極観測船《なんきょくかんそくせん》「しらせ」で航海《こうかい》して、昭和基地《しょうわきち》に移動《いどう》し、1年間《ねんかん》、閉《と》ざされた場所《ばしょ》で隊員《たいいん》みんなで共同《きょうどう》で作業《さぎょう》をして生活《せいかつ》します。昭和基地《しょうわきち》では力仕事《ちからしごと》も多《おお》いです。

よく、「どうしたら行《い》けるの？」と聞《き》かれるのですが、そんなときは「とにかく健康《けんこう》！！」と答《こた》えています。

青線《あおせん》は第《だい》63次《じ》南極《なんきょく》地域《ちいき》観測隊《かんそくたい》が日本《にほん》に帰《かえ》ったときの航路《こうろ》だよ。
昭和基地《しょうわきち》

有害《ゆうがい》な紫外線《しがいせん》を吸収《きゅうしゅう》する「オゾン層《そう》」の観測《かんそく》

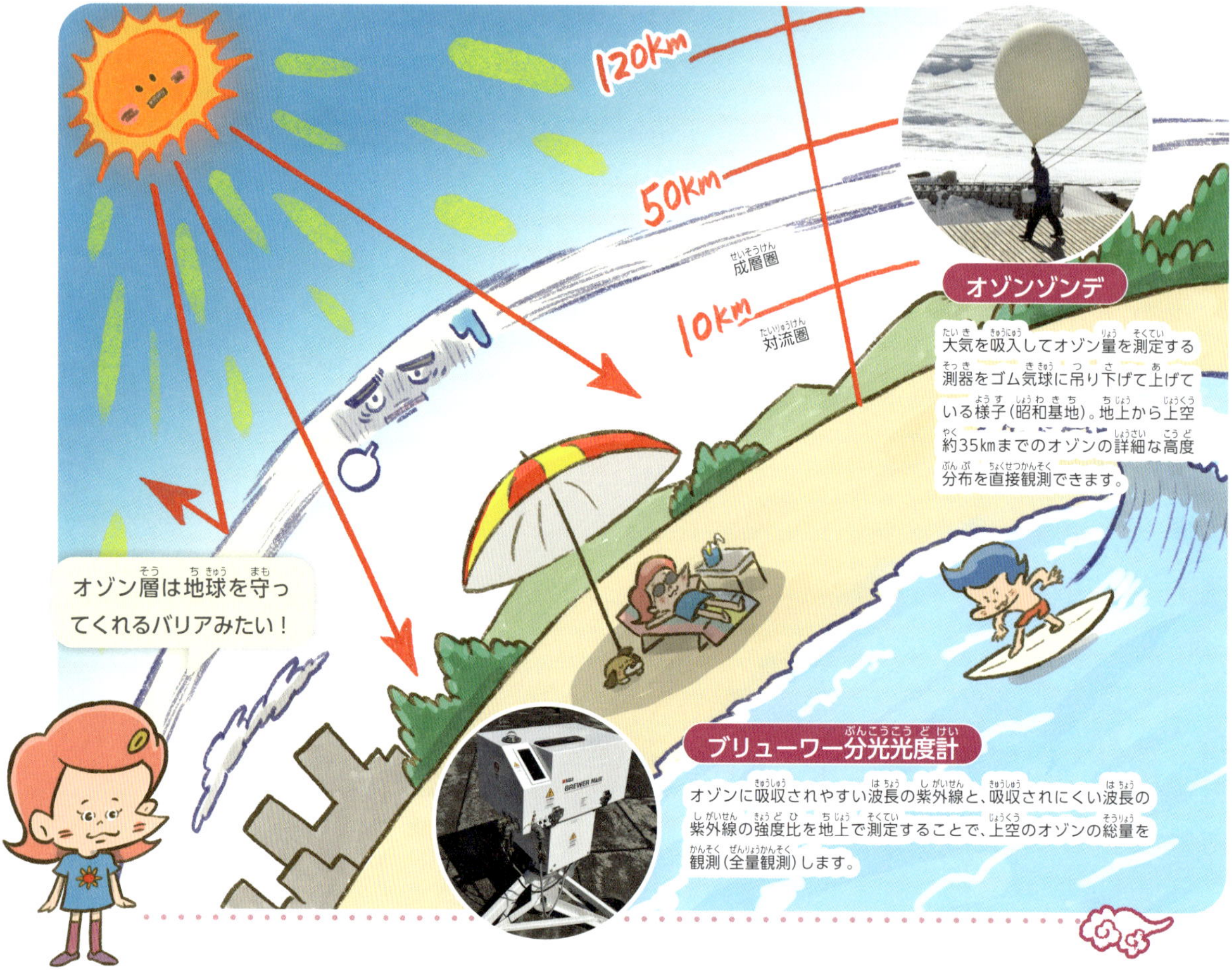

オゾンゾンデ

大気《たいき》を吸入《きゅうにゅう》してオゾン量《りょう》を測定《そくてい》する測器《そっき》をゴム気球《ききゅう》に吊《つ》り下《さ》げて上《あ》げている様子《ようす》（昭和基地《しょうわきち》）。地上《ちじょう》から上空《じょうくう》約《やく》35kmまでのオゾンの詳細《しょうさい》な高度《こうど》分布《ぶんぷ》を直接観測《ちょくせつかんそく》できます。

ブリューワー分光光度計《ぶんこうこうどけい》

オゾンに吸収《きゅうしゅう》されやすい波長《はちょう》の紫外線《しがいせん》と、吸収《きゅうしゅう》されにくい波長《はちょう》の紫外線《しがいせん》の強度比《きょうどひ》を地上《ちじょう》で測定《そくてい》することで、上空《じょうくう》のオゾンの総量《そうりょう》を観測《かんそく》（全量観測《ぜんりょうかんそく》）します。

地球《ちきゅう》をやさしく包《つつ》んで有害《ゆうがい》な紫外線《しがいせん》から守《まも》る

地球《ちきゅう》は、まるで数枚《すうまい》のパイ生地《きじ》に包《つつ》まれているかのように、いくつかの「層《そう》」で包《つつ》まれています。地上《ちじょう》から上空《じょうくう》10kmまでを対流圏《たいりゅうけん》、50kmまでを成層圏《せいそうけん》、120kmまでを超高層大気《ちょうこうそうたいき》といい、さらに外側《そとがわ》が大気圏外《たいきけんがい》になります。そして、成層圏《せいそうけん》のなかにはオゾンという気体《きたい》が集《あつ》まっていて、オゾン層《そう》を形成《けいせい》しています。オゾン（分子式《ぶんししき》はO_3）は独特《どくとく》のにおいのある有毒《ゆうどく》の気体《きたい》ですが、私《わたし》たちを守《まも》ってくれる存在《そんざい》でもあります。というのも、オゾン層《そう》は太陽《たいよう》からの紫外線《しがいせん》を吸収《きゅうしゅう》してくれているからです。紫外線《しがいせん》の中《なか》には有害《ゆうがい》なものもあるため、オゾン層《そう》がなかったら、生物《せいぶつ》は大《おお》きなダメージを受《う》けることになってしまうのです。

ミニ情報《じょうほう》　紫外線《しがいせん》は大《おお》きく3つに分類《ぶんるい》されます。そのうち、地上《ちじょう》に届《とど》く有害《ゆうがい》なB領域紫外線《りょういきしがいせん》（UV《ユーブイ》-B《ビー》）はオゾン層《そう》で大部分《だいぶぶん》が吸収《きゅうしゅう》されます。

南極上空《なんきょくじょうくう》に空《あ》いた巨大《きょだい》な穴《あな》とは?!

1970年代《ねんだい》なかば、エアコンや冷蔵庫《れいぞうこ》などに使《つか》われているフロンが大気中《たいきちゅう》に大量《たいりょう》に放出《ほうしゅつ》されて成層圏《せいそうけん》まで届《とど》き、オゾン層《そう》を破壊《はかい》することがわかりました。

また、南極上空《なんきょくじょうくう》のオゾンの量《りょう》が極端《きょくたん》に少《すく》なくなっていることも判明《はんめい》しました。衛星《えいせい》データを見《み》ると、まるで穴《あな》が開《ひら》いているように見《み》えるため、この現象《げんしょう》をオゾンホールと呼《よ》んでいます。

フロンの使用《しよう》が制限《せいげん》されたため、オゾンの量《りょう》は回復《かいふく》してきていますが、1980年以前《ねんいぜん》と比《くら》べると、現在《げんざい》も少《すく》ない状態《じょうたい》が続《つづ》いています。そのため気象庁《きしょうちょう》では、南極《なんきょく》の昭和基地《しょうわきち》でオゾン層《そう》の監視《かんし》を続《つづ》け、オゾン層保護《そうほご》のための研究《けんきゅう》に貢献《こうけん》しています。

月平均《つきへいきん》オゾン全量《ぜんりょう》の南半球分布《みなみはんきゅうぶんぷ》

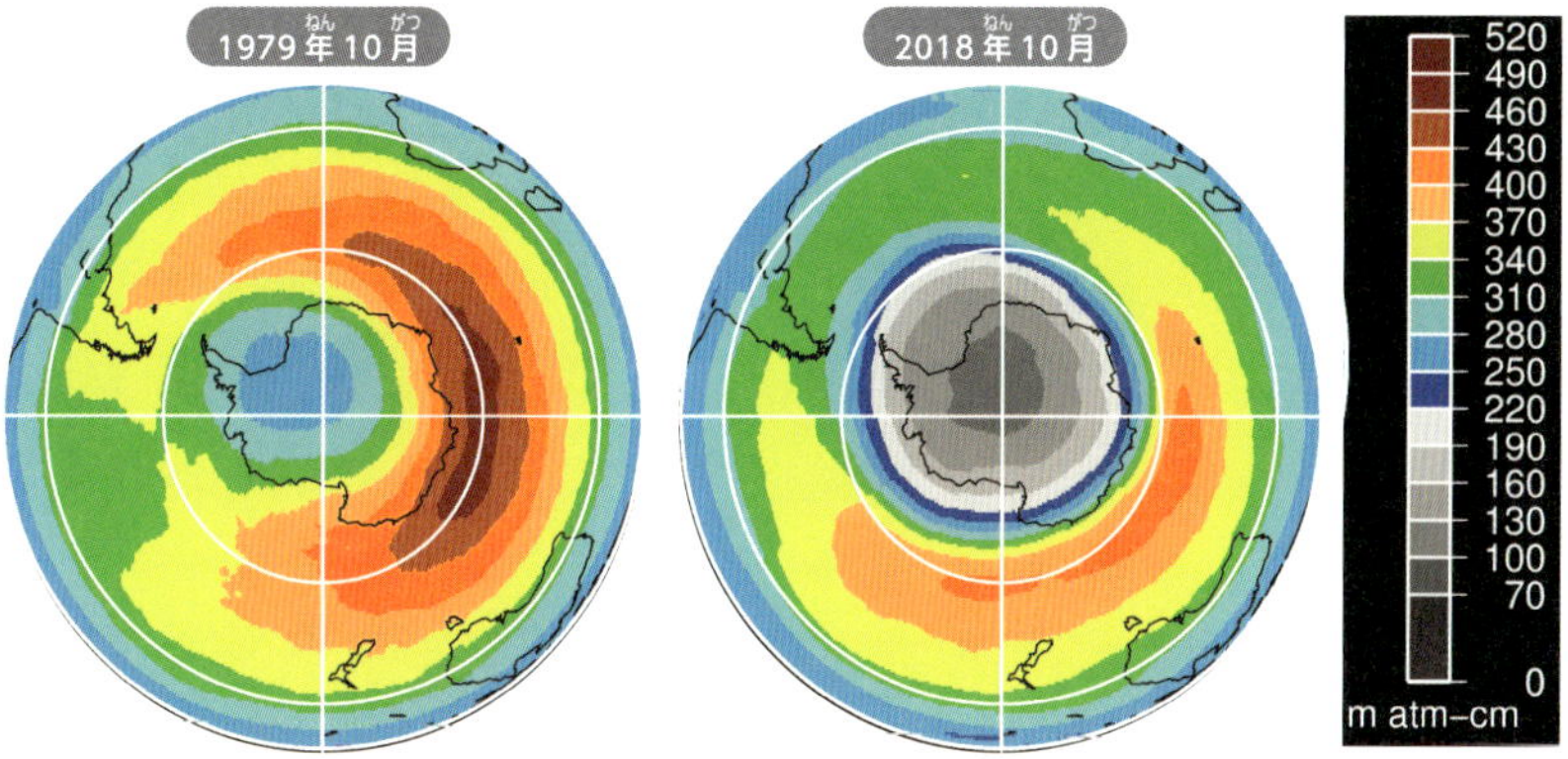

1979年《ねん》、2018年《ねん》それぞれの10月《がつ》の月平均《つきへいきん》オゾン全量《ぜんりょう》の南半球分布《みなみはんきゅうぶんぷ》。2018年《ねん》では南極《なんきょく》上空《じょうくう》のオゾンの量《りょう》がきわめて少《すく》なく、大《おお》きなオゾンホールができています。

もっと知《し》りたい!

世界《せかい》で初《はじ》めてオゾンホールを発見《はっけん》したのは気象庁《きしょうちょう》の研究官《けんきゅうかん》!

南極上空《なんきょくじょうくう》にオゾン量《りょう》の少《すく》ない「オゾンホール 」という部分《ぶぶん》があることを発見《はっけん》したのは、気象庁気象《きしょうちょうきしょう》研究所《けんきゅうじょ》の研究官《けんきゅうかん》です。1982(昭和《しょうわ》57)年《ねん》9月《がつ》、当時《とうじ》、昭和基地《しょうわきち》でオゾン層《そう》の観測《かんそく》をしていた予報研究《よほうけんきゅう》部《ぶ》の忠鉢繁研究官《ちゅうばちしげるけんきゅうかん》は、南極上空《なんきょくじょうくう》のオゾン量《りょう》が減少《げんしょう》していることをつきとめました。このときの観測《かんそく》結果《けっか》をまとめたものが、世界最初《せかいさいしょ》の報告《ほうこく》となりました。

これも、気象庁《きしょうちょう》が長期間《ちょうきかん》にわたって観測《かんそく》し続《つづ》けているからこその発見《はっけん》だったと言《い》えます。

生物《せいぶつ》に悪影響《あくえいきょう》を及《およ》ぼす「紫外線《しがいせん》」の観測《かんそく》

紫外線《しがいせん》といえば日焼《ひや》け浴《あ》びすぎるとコワい!!

「紫外線《しがいせん》はお肌《はだ》の敵《てき》!」化粧品《けしょうひん》のコマーシャルなどで耳《みみ》にする紫外線《しがいせん》。この紫外線《しがいせん》は太陽《たいよう》からの日射《にっしゃ》にあるもので、大部分《だいぶぶん》はオゾン層《そう》がブロックしてくれています。しかしフロンなどによってオゾン層《そう》が破壊《はかい》されると、生物《せいぶつ》に有害《ゆうがい》な紫外線《しがいせん》が増《ふ》えて、悪影響《あくえいきょう》を及《およ》ぼします。

そのため、気象庁《きしょうちょう》では紫外線《しがいせん》の強《つよ》さを観測《かんそく》・監視《かんし》しています。つくばと南極昭和基地《なんきょくしょうわきち》にある分光光度計《ぶんこうこうどけい》が示《しめ》す紫外線《しがいせん》の強《つよ》さは、特《とく》につくばでは年々増加《ねんねんぞうか》しています。

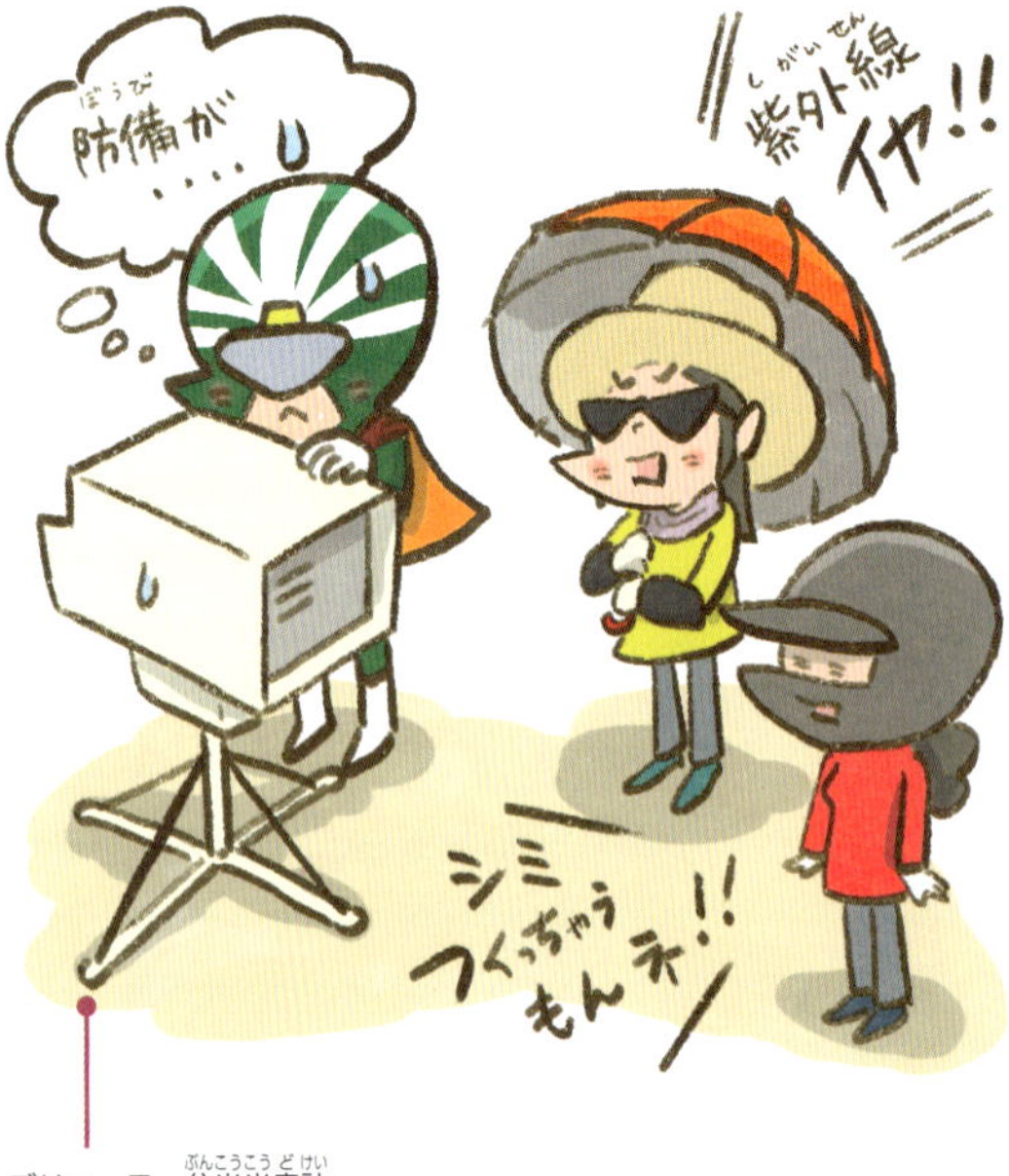
防備《ぼうび》が・・・・
紫外線《しがいせん》イヤ!!
シミつくっちゃうもんネ!!

ブリューワー分光光度計《ぶんこうこうどけい》

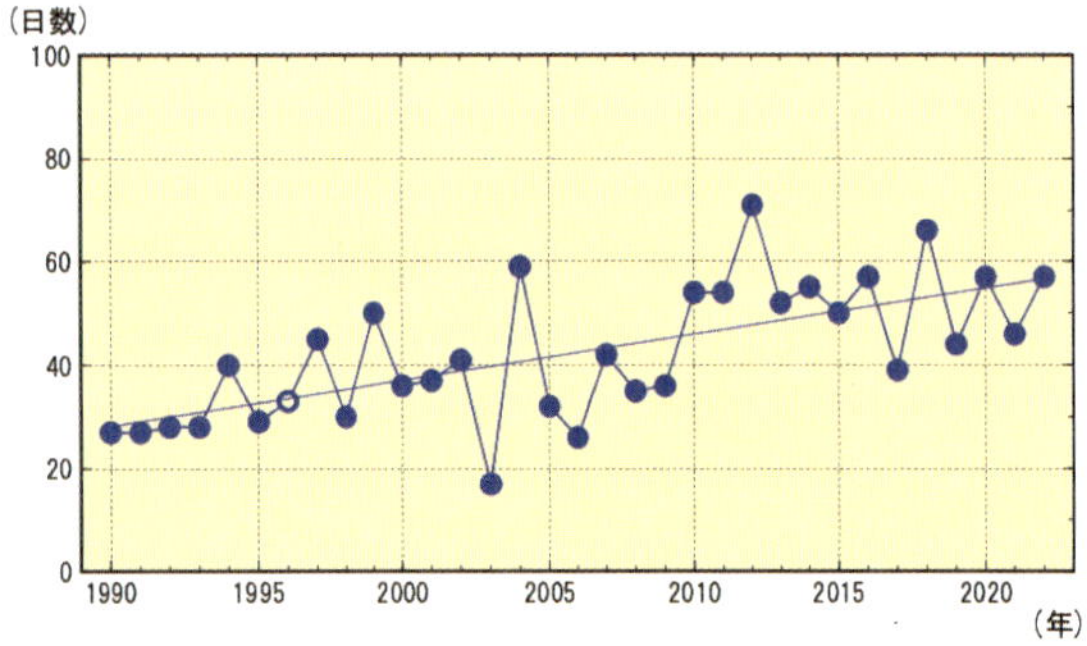
(日数)
100
80
60
40
20
0
1990
1995
2000
2005
2010
2015
2020
(年)

つくばで観測《かんそく》したその日最大《ひさいだい》のUV《ユーブイ》インデックスが「8」以上《いじょう》の年間日数《ねんかんにっすう》の経年変化《けいねんへんか》。

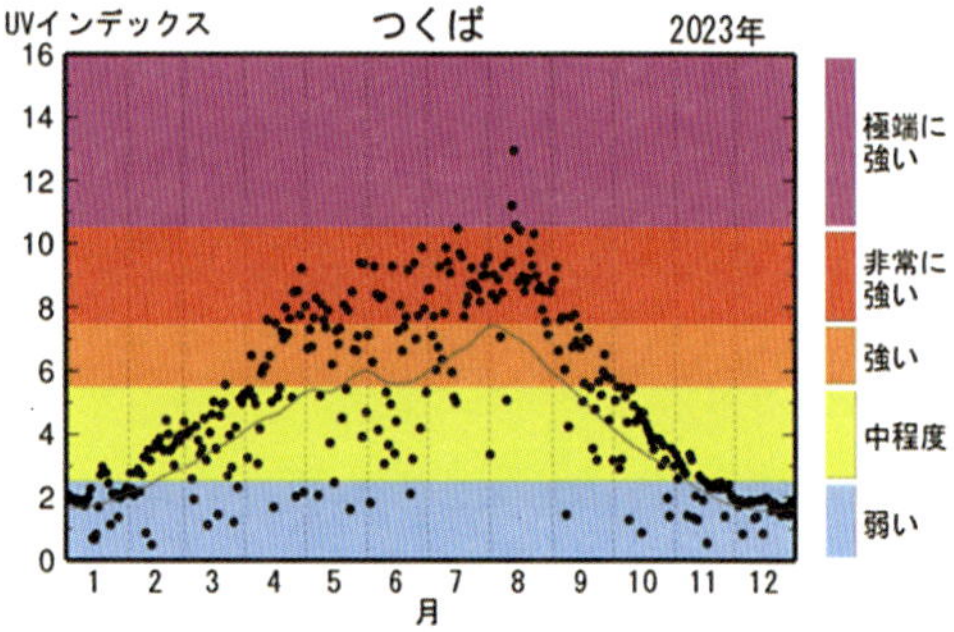
UVインデックス
つくば
2023年
16
14
12
10
8
6
4
2
0
1 2 3 4 5 6 7 8 9 10 11 12
月
極端に強い
非常に強い
強い
中程度
弱い

つくばで観測《かんそく》した、その日《ひ》の最大《さいだい》のUV《ユーブイ》インデックス年間推移《ねんかんすいい》グラフ。

年々増加《ねんねんぞうか》しているのがわかるね。

4月《がつ》～9月《がつ》は非常《ひじょう》に強《つよ》いという「8」以上《いじょう》の日《ひ》が多《おお》いね。

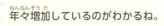

紫外線《しがいせん》の情報《じょうほう》をホームページに公開《こうかい》

長期間《ちょうきかん》紫外線《しがいせん》を浴《あ》びる環境《かんきょう》にいると、皮膚《ひふ》ガンなどの病気《びょうき》になるリスクが高《たか》まるといわれています。そのため、気象庁《きしょうちょう》では人間《にんげん》の健康《けんこう》への影響度《えいきょうど》を考《かんが》えた、紫外線《しがいせん》の強《つよ》さを表《あらわ》す指《し》標《ひょう》であるUV《ユーブイ》インデックスを使《つか》って情報《じょうほう》を公開《こうかい》しています。

天気《てんき》の分布予報《ぶんぷよほう》を使《つか》って公開《こうかい》しているUV《ユーブイ》インデックスなんじゃ。

紫外線《しがいせん》の予測分布図《よそくぶんぷず》

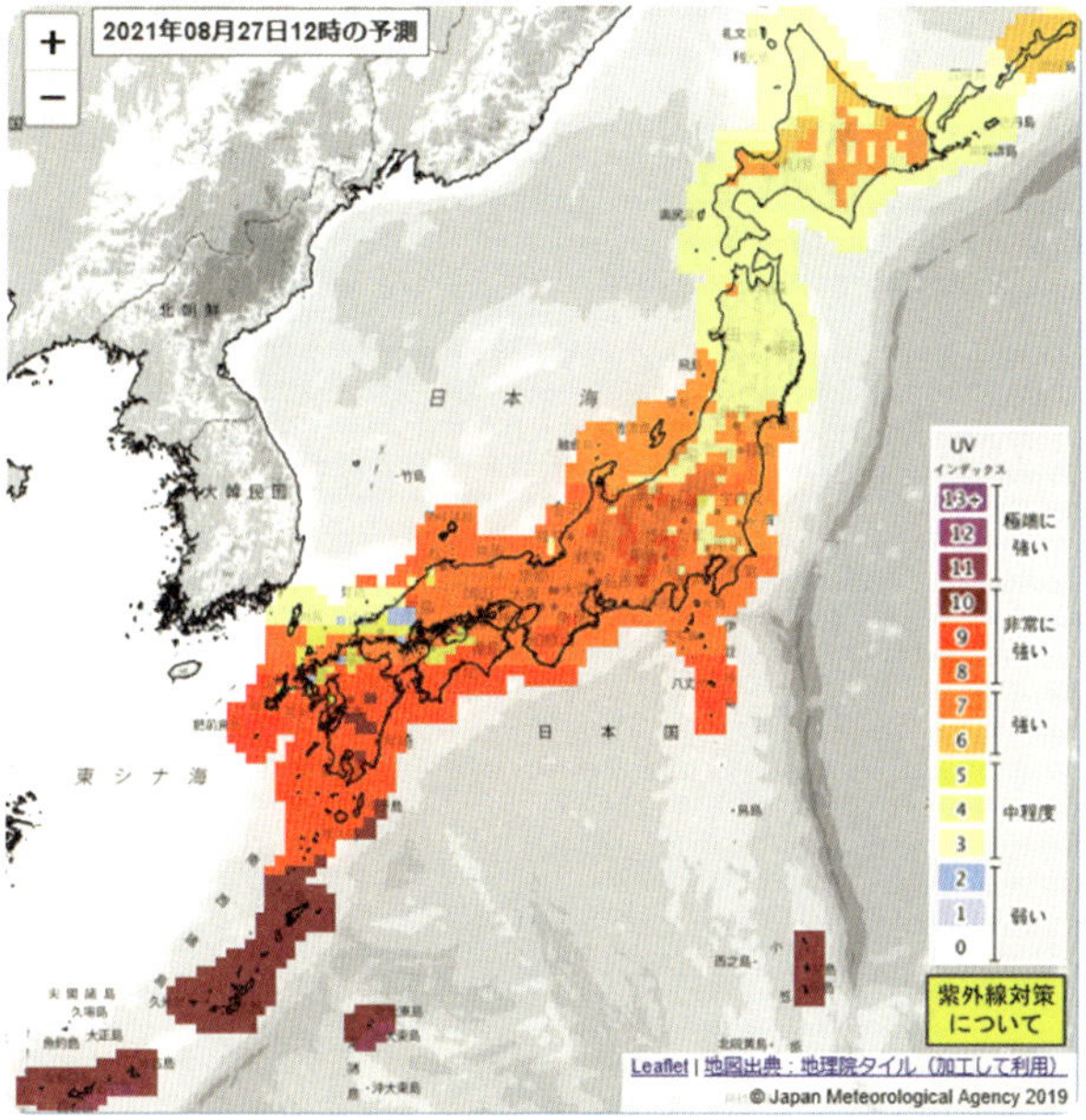

黄色《きいろ》の地域《ちいき》も日《ひ》かげを利用《りよう》するなどの注意《ちゅうい》が必《ひつ》要《よう》だね！

九州《きゅうしゅう》は紫外線《しがいせん》が「非常《ひじょう》に強《つよ》い」ってなっているね。

11+	極端《きょくたん》に強《つよ》い	日中《にっちゅう》の外出《がいしゅつ》はなるべくひかえよう。必《かなら》ず長《なが》ソデシャツ、日焼《ひや》け止《ど》め、帽子《ぼうし》を利用《りよう》しよう。
8〜10	非常《ひじょう》に強《つよ》い	
6〜7	強《つよ》い	日中《にっちゅう》はできるだけ日《ひ》かげを利用《りよう》しよう。できるだけ長《なが》ソデシャツ、日焼《ひや》け止《ど》め、帽子《ぼうし》を利用《りよう》しよう。
3〜5	中程度《ちゅうていど》	
1〜2	弱《よわ》い	安心《あんしん》して戸外《こがい》で過《す》ごせる。

出典《しゅってん》：『WMO: Global solar UV index - A practical guide - 2002』環境省《かんきょうしょう》「紫外線環境保健《しがいせんかんきょうほけん》マニュアル」

紫外線《しがいせん》・黄砂《こうさ》・ヒートアイランド…監視《かんし》している気象《きしょう》

異常気象《いじょうきしょう》だ！最高気温《さいこうきおん》の記録更新《きろくこうしん》！…などさまざまな気象《きしょう》のニュースを耳《みみ》にします。
それもさまざまな気象《きしょう》を測《はか》っているからわかることなのです。

アツアツの島《しま》みたい！

ヒートアイランド

東京《とうきょう》、名古屋《なごや》、大阪《おおさか》などの大都市《だいとし》の観測《かんそく》データからヒートアイランド現象《げんしょう》の監視《かんし》を続《つづ》け、結果《けっか》をホームページで発表《はっぴょう》している。

飛行機《ひこうき》の運航《うんこう》や農作物《のうさくぶつ》への影響《えいきょう》も！

黄砂《こうさ》の監視《かんし》

気象衛星《きしょうえいせい》などを使《つか》った観測《かんそく》や、数値《すうち》モデルを使《つか》って黄砂《こうさ》の飛散《ひさん》を予測《よそく》し、ホームページで発表《はっぴょう》している。

気候変動《きこうへんどう》の監視《かんし》や
メカニズムの解明《かいめい》に必要《ひつよう》になる

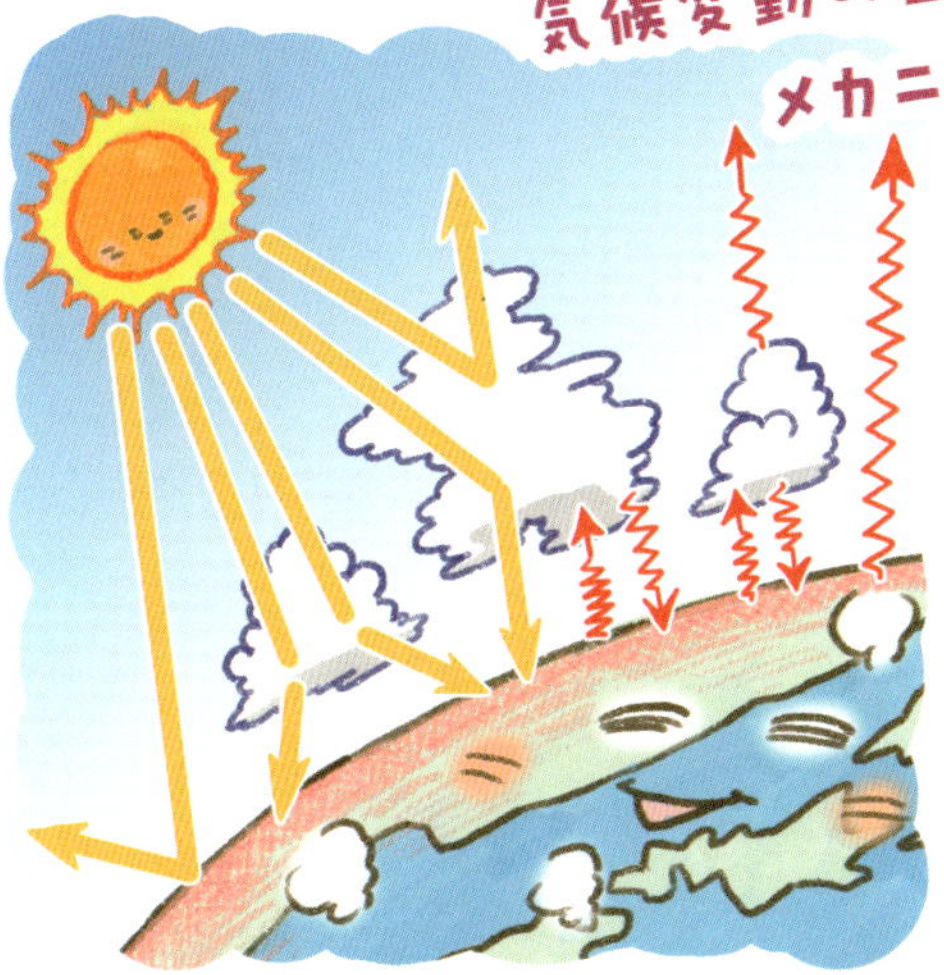

日射《にっしゃ》・赤外放射《せきがいほうしゃ》

太陽《たいよう》と地球《ちきゅう》の大気《たいき》から地表《ちひょう》が受《う》け取《と》るエネルギーを観測《かんそく》している。

皮膚《ひふ》ガンのリスクが高《たか》まる?!

紫外線《しがいせん》の監視《かんし》

人間《にんげん》の健康《けんこう》への影響度《えいきょうど》を考《かんが》えた紫外《しがい》線《せん》の強《つよ》さを表《あらわ》す指標《しひょう》、UV《ユーブイ》インデックスを使《つか》って情報公開《じょうほうこうかい》している。

監視《かんし》を続けているからこそ、異常《いじょう》を知《し》らせることができるんだ！！

ヒートアイランド現象《げんしょう》の監視《かんし》

アツアツの島《しま》が浮《う》かぶように見《み》える?!

ヒートアイランド現象《げんしょう》とは、都《と》市《し》の気温《きおん》が周囲《しゅうい》よりも高《たか》くなる現象《げんしょう》のことです。気温《きおん》の分布図《ぶんぷず》を描《えが》いたとき、高温《こうおん》の区域《くいき》が都市《とし》を中心《ちゅうしん》にした島《しま》のような形状《けいじょう》に分布《ぶんぷ》することから、※ヒートアイランド（熱《ねつ》の島《しま》）と呼《よ》ばれるようになりました。「都市《とし》がなかったと仮《か》定《てい》した場合《ばあい》に観測《かんそく》されるはずの気温《きおん》に比《くら》べ、都市《とし》の気温《きおん》が高《たか》い状態《じょうたい》」ということになります。

地球全体《ちきゅうぜんたい》の現象《げんしょう》である地球温暖化《ちきゅうおんだんか》に対《たい》して、ヒートアイランド現象《げんしょう》は都市部《としぶ》に限《かぎ》られた問題《もんだい》ですが、熱中症《ねっちゅうしょう》などの健康《けんこう》への被害《ひがい》や、感染症《かんせんしょう》を媒介《ばいかい》する蚊《か》の越冬《えっとう》による生息域《せいそくいき》の変化《へんか》など、地球温暖化《ちきゅうおんだんか》と共通《きょうつう》した影響《えいきょう》も見逃《みのが》せません。

気象庁《きしょうちょう》は東京《とうきょう》、名古屋《なごや》、大阪《おおさか》などの大都《だいと》市《し》の観測《かんそく》データからヒートアイランド現《げん》象《しょう》の監視《かんし》を続《つづ》け、その結果《けっか》を発表《はっぴょう》しています。

色《いろ》が濃《こ》いほど気温《きおん》が高《たか》い地域《ちいき》ということだよ。
2013年《ねん》8月《がつ》11日《にち》15時《じ》の関東地方《かんとうちほう》の気温《きおん》の分布図《ぶんぷず》
2013/08/11-15JST
(℃)
この日《ひ》は東京《とうきょう》、埼玉《さいたま》、千葉《ちば》、茨城《いばらき》、群馬《ぐんま》の広範囲《こうはんい》で36℃を超《こ》える気温《きおん》になったということじゃな。

※ヒートアイランド：heat island（熱《ねつ》の島《しま》）

黄砂《こうさ》の観測《かんそく》

大陸《たいりく》からやってくる黄色《きいろ》い砂《すな》の粒《つぶ》

東《ひがし》アジアの砂漠《さばく》や中国《ちゅうごく》の黄土《おうど》地帯《ちたい》から、強風《きょうふう》によって吹《ふ》き上《あ》げられた多量《たりょう》の砂《すな》や「ちり」を黄砂《こうさ》といいます。黄砂《こうさ》は上空《じょうくう》に吹《ふ》く風《かぜ》で日本《にほん》まで運《はこ》ばれます。春《はる》に観《かん》測《そく》されることが多《おお》く、ときには空《そら》が黄褐色《おうかっしょく》に煙《けむ》ることがあります。

黄砂《こうさ》はエーロゾル 84ページ のひとつです。雲《くも》のもとになって気候《きこう》に影響《えいきょう》を及《およ》ぼすほか、農作物《のうさくぶつ》の成《せい》長《ちょう》や航空機《こうくうき》の運航《うんこう》をさまたげたり、病気《びょうき》の原因《げんいん》になったりします。

気象庁《きしょうちょう》では、職員《しょくいん》が、黄砂《こうさ》で大気《たいき》が濁《にご》った状態《じょうたい》を目視《もくし》で確認《かくにん》したり、気象衛星《きしょうえいせい》やスカイラジオメーター 84ページ などを使《つか》って、黄砂《こうさ》などのエーロゾルの量《りょう》や分布《ぶんぷ》を観測《かんそく》したりしています。また、数値《すうち》モデルを使《つか》って黄砂《こうさ》の飛散《ひさん》を予測《よそく》し、ホームページで発表《はっぴょう》をしています。

気象衛星《きしょうえいせい》ひまわりの黄砂《こうさ》監視画像《かんしがぞう》も見《み》られるよ！

気象庁《きしょうちょう》のホームページで黄砂解析《こうさかいせき》予測図《よそくず》が公開《こうかい》されているのよ。

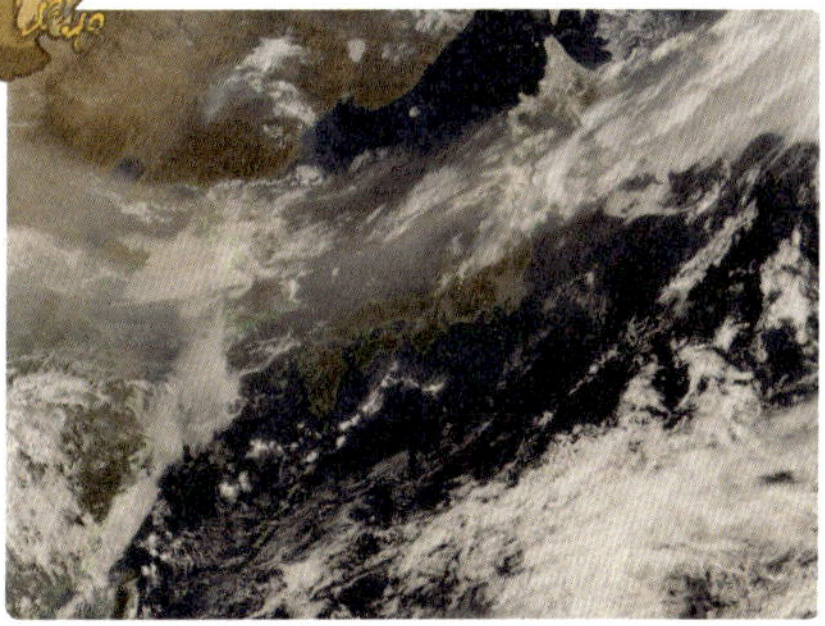

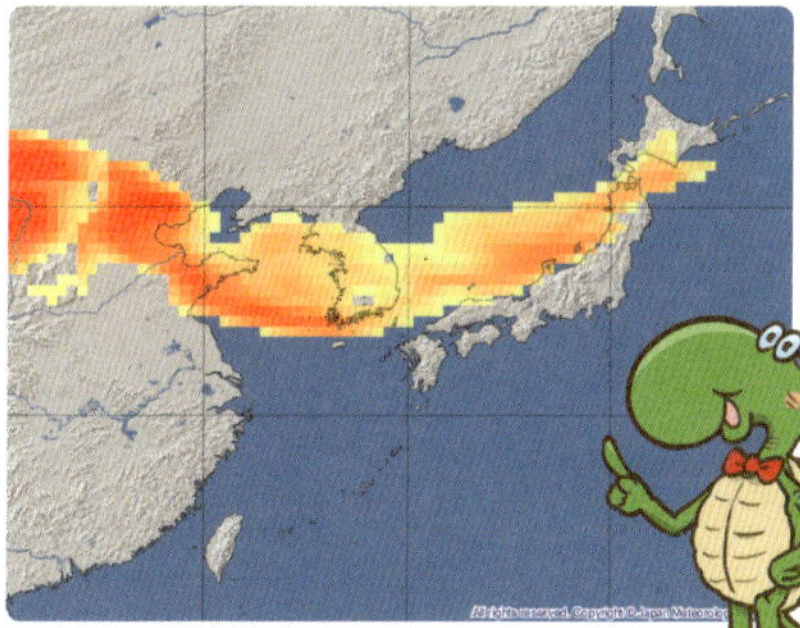

黄砂《こうさ》は、上空《じょうくう》の強《つよ》い風《かぜ》に吹《ふ》かれて、東《ひがし》アジアからはるばる飛来《ひらい》するんだよ。

もっと知《し》りたい！

黄砂《こうさ》とPM2.5って、なにがちがうの？

大気中《たいきちゅう》に浮遊《ふゆう》している直径《ちょっけい》2.5マイクロメートル以下《いか》の非《ひ》常《じょう》に小《ちい》さな粒子《りゅうし》がPM2.5です。PM2.5は、おもにボイラーや焼却炉《しょうきゃくろ》、火力発電所《かりょくはつでんしょ》、工場《こうじょう》から排出《はいしゅつ》される煙《けむり》に含《ふく》まれています。一方《いっぽう》、黄砂《こうさ》の正体《しょうたい》は土《つち》や鉱物《こうぶつ》の粒子《りゅうし》です。しかし、直径《ちょっけい》2.5マイクロメートル以下《いか》の黄砂《こうさ》はPM2.5に含《ふく》まれます。

黄砂《こうさ》やPM2.5は
スギ花粉《かふん》よりもかなり小《ちい》さい

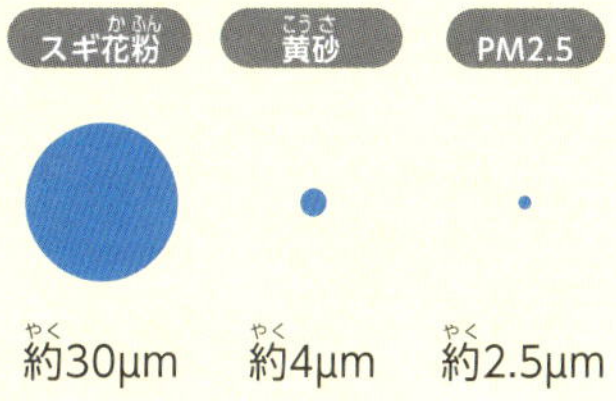

スギ花粉《かふん》
黄砂《こうさ》
PM2.5
約《やく》30μm
約《やく》4μm
約《やく》2.5μm

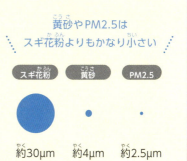

エーロゾルの観測《かんそく》

小《ち》さいけれど影響力《えいきょうりょく》は大《おお》きい

エーロゾルとは、空気中《くうきちゅう》に浮《う》かんでいる固体《こたい》や液体《えきたい》の粒《りゅう》子《し》です。多《おお》くの場合《ばあい》、ひとつひとつは目《め》に見《み》えないほど小《ち》さいです。エーロゾルには、風《かぜ》で巻《ま》き上《あ》げられる火山灰《かざんばい》や海《うみ》の塩《しお》の粒子《りゅうし》、黄砂《こうさ》、化石燃料《かせきねんりょう》を燃《も》やしたときに放出《ほうしゅつ》される「すす」などがあります。

エーロゾルが多《おお》いと太陽《たいよう》の光《ひかり》を吸収《きゅうしゅう》・散乱《さんらん》し、日傘《ひがさ》のように日差《ひざ》しをブロックしたり、雲《くも》の素《もと》になって気候《きこう》に影響《えいきょう》を与《あた》えたりします。また、温室《おんしつ》効果《こうか》の原因《げんいん》にもなります。

気象庁《きしょうちょう》では、スカイラジオメーターや気象衛星《きしょうえいせい》を使《つか》ってエーロゾルを監視《かんし》し、その結《けっ》果《か》をホームページなどで公表《こうひょう》しています。

太陽光《たいようこう》を測定《そくてい》して、エーロゾルの状況《じょうきょう》（大気中《たいきちゅう》の量《りょう》や性質《せいしつ》）や分布《ぶんぷ》などを計測《けいそく》するスカイラジオメーター。網走《あばしり》（北海道《ほっかいどう》）、石垣島《いしがきじま》（沖縄県《おきなわけん》）、南鳥島《みなみとりしま》（東京都《とうきょうと》）の３地点《ちてん》に設置《せっち》しているんだ。

日射《にっしゃ》・赤外放射《せきがいほうしゃ》の観測《かんそく》

気候《きこう》変動《へんどう》の監視《かんし》・メカニズムの解明《かいめい》のために必要《ひつよう》

太陽《たいよう》からの「日射《にっしゃ》」は、地球《ちきゅう》を暖《あたた》めるただ一《ひと》つのエネルギー源《げん》であり、地球《ちきゅう》の大気《たいき》現象《げんしょう》を起《お》こす源《みなもと》です。

日射《にっしゃ》の一部《いちぶ》は、地球大気《ちきゅうだいき》に入《い》ったときに、雲《くも》や大気中《たいきちゅう》のごく小《ちい》さなちり（エーロゾル）などによって宇宙空間《うちゅうくうかん》に反射《はんしゃ》されます。地表《ちひょう》面《めん》に届《とど》いた日射《にっしゃ》の一部《いちぶ》も雪《ゆき》・氷《こおり》・砂漠《さばく》などの地表面《ちひょうめん》の明《あか》るい部分《ぶぶん》で反射《はんしゃ》され宇宙空間《うちゅうくうかん》に戻《もど》ります。それ以外《いがい》の日射《にっしゃ》は、地表面《ちひょうめん》（陸面《りくめん》、海面《かいめん》、湖水面《こすいめん》など）や大気《たいき》に吸収《きゅうしゅう》され、地表面《ちひょうめん》や大気《たいき》を暖《あたた》めます。

このようにして暖《あたた》められた地《ち》表面《ひょうめん》や大気《たいき》からは、その温度《おんど》に応《おう》じた「赤外放射《せきがいほうしゃ》」と呼《よ》ばれる赤外《せきがい》線《せん》が放出《ほうしゅつ》されます。地球《ちきゅう》の大気《たいき》にわずかに含《ふく》まれる二酸化炭素《にさんかたんそ》やメタンなどは、上向《うわむ》き赤外放射《せきがいほうしゃ》を吸収《きゅうしゅう》して、再度《さいど》あらゆる方向《ほうこう》に赤《せき》外放射《がいほうしゃ》を放出《ほうしゅつ》します。この赤外放《せきがいほう》射《しゃ》の中《なか》には、地表面《ちひょうめん》に向《む》かう下向《したむ》き赤外放射《せきがいほうしゃ》も含《ふく》まれているので、地表面《ちひょうめん》や大気《たいき》の気温《きおん》は高《たか》くなっています。この仕組《しく》みを『温室効果《おんしつこうか》』といい、温室効果《おんしつこうか》を引《ひ》き起《お》こす二《に》酸化炭素《さんかたんそ》やメタンなどのガスを『温室効果《おんしつこうか》ガス』といいます。

気候《きこう》には多《おお》くのことが関《かか》わっていて、まだ解明《かいめい》されていないものも多《おお》くあります。この日射《にっしゃ》や赤《せき》外放射《がいほうしゃ》の変化《へんか》の観測《かんそく》は、気候変動《きこうへんどう》を監視《かんし》したり、メカニズムを解明《かいめい》したりすることにつながります。また精度《せいど》の高《たか》い気候《きこう》の予測《よそく》のためにもこれらの精密《せいみつ》な観測《かんそく》が必《ひつ》要《よう》になっています。

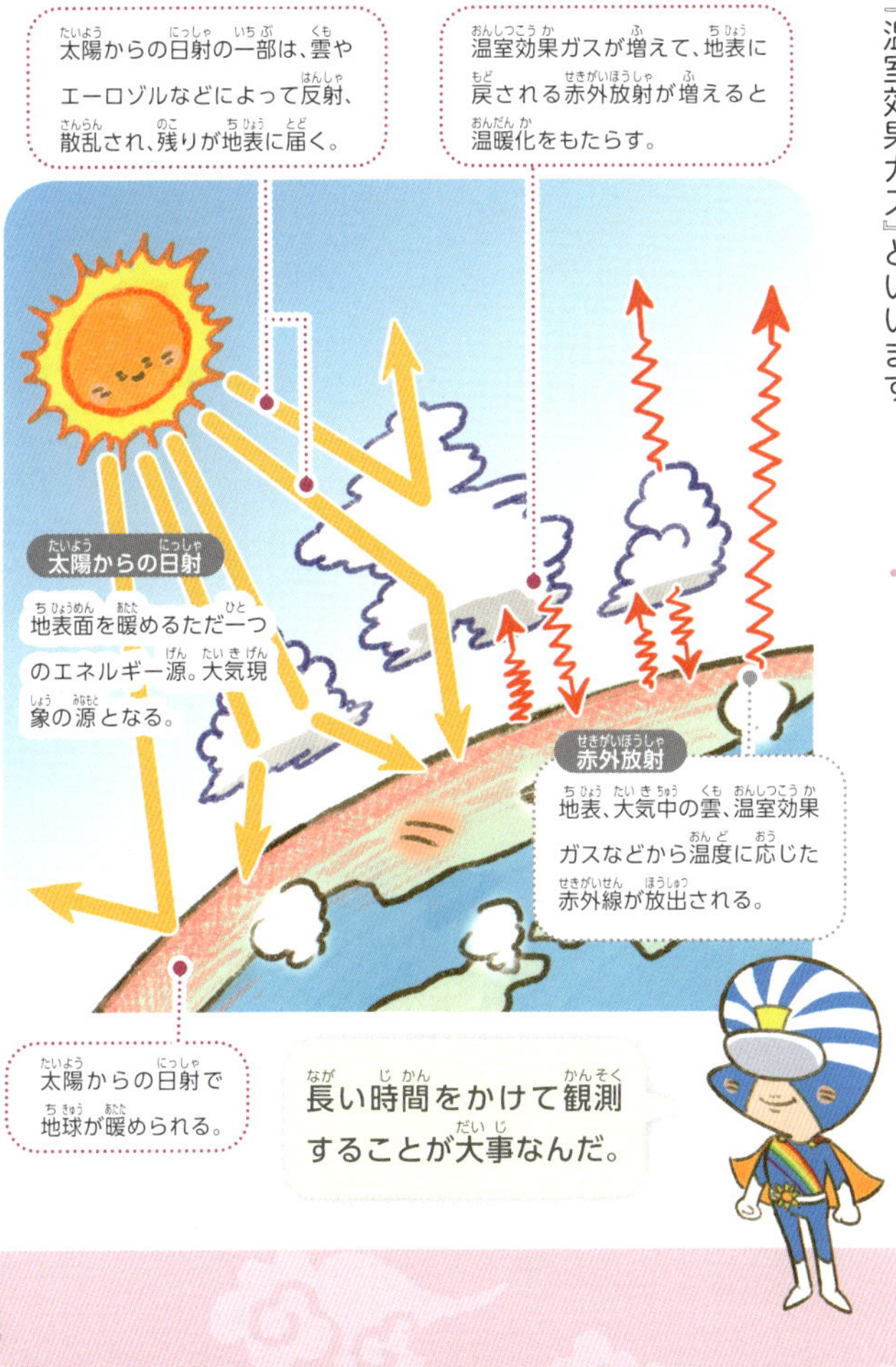

太陽《たいよう》からの日射《にっしゃ》の一部《いちぶ》は、雲《くも》やエーロゾルなどによって反射《はんしゃ》、散乱《さんらん》され、残《のこ》りが地表《ちひょう》に届《とど》く。

温室効果《おんしつこうか》ガスが増《ふ》えて、地表《ちひょう》に戻《もど》される赤外放射《せきがいほうしゃ》が増《ふ》えると温暖化《おんだんか》をもたらす。

太陽《たいよう》からの日射《にっしゃ》
地表面《ちひょうめん》を暖《あたた》めるただ一《ひと》つのエネルギー源《げん》。大気現《たいきげん》象《しょう》の源《みなもと》となる。

赤外放射《せきがいほうしゃ》
地表《ちひょう》、大気中《たいきちゅう》の雲《くも》、温室効果《おんしつこうか》ガスなどから温度《おんど》に応《おう》じた赤外線《せきがいせん》が放出《ほうしゅつ》される。

太陽《たいよう》からの日射《にっしゃ》で地球《ちきゅう》が暖《あたた》められる。

長《なが》い時間《じかん》をかけて観測《かんそく》することが大事《だいじ》なんだ。

もっと もっと! 知《し》りたい

天気《てんき》を予測《よそく》するコンピュータプログラム「数値予報《すうちよほう》／気候《きこう》モデル」

大好《だいす》きなゲームと天気予報《てんきよほう》は似《に》ている?!

自分《じぶん》の分身《ぶんしん》が主人公《しゅじんこう》になり、まるで自分自身《じぶんじしん》が画面《がめん》の中《なか》の世界《せかい》で成《せい》長《ちょう》していくタイプのゲームが人気《にんき》を集《あつ》めています。このようなタイプのゲームを、シミュレーションゲームとよぶことがあります。「シミュレーション」は、「ゲームのプレイヤー」に置《お》き換《か》えてみると、「プレイヤーの動《うご》きをコンピュータで模擬《もぎ》する(再現《さいげん》する)こと」となり、イメージしやすいかもしれません。

じつは、天気予報《てんきよほう》もシミュレーションのひとつです。気象《きしょう》や海面《かいめん》の水温《すいおん》などの要素《ようそ》を物理的《ぶつりてき》・化学《かがく》的《てき》な法則《ほうそく》にもとづいてコンピュータで計算《けいさん》し、未来《みらい》の天気《てんき》を予測《よそく》する(再現《さいげん》する)というわけです。このように、天気《てんき》や気候《きこう》を模倣《もほう》するためのコンピュータプログラムを、数値予報《すうちよほう》モデル、気候《きこう》モデルといいます。

地球温暖化《ちきゅうおんだんか》を予測《よそく》する夢《ゆめ》のプログラム

数値予報《すうちよほう》モデルが日々《ひび》の天気予報《てんきよほう》のために使《つか》われるのに対《たい》し、気候《きこう》モデルは、何年《なんねん》にもわたる、より長期的《ちょうきてき》な気候《きこう》の状態《じょうたい》を再現《さいげん》するプログラムです。

2021年《ねん》、その気候《きこう》モデルが一躍脚光《いちやくきゃっこう》を浴《あ》びるできごとがありました。日本出身《にほんしゅっしん》の地球科学者《ちきゅうかがくしゃ》・眞鍋淑郎博士《まなべしゅくろうはかせ》が、2人《ふたり》の研究者《けんきゅうしゃ》とともにノーベル物理学賞《ぶつりがくしょう》を受賞《じゅしょう》したのです。受賞理由《じゅしょうりゆう》は「地球温暖化《ちきゅうおんだんか》を確実《かくじつ》に予測《よそく》する気候《きこう》モデルの開発《かいはつ》」。博士《はかせ》の長年《ながねん》の気候《きこう》モデル研究《けんきゅう》の成果《せいか》が認《みと》められました。

地球温暖化《ちきゅうおんだんか》に関係《かんけい》する眞鍋博士《まなべはかせ》の気候《きこう》モデル

1 地球上《ちきゅうじょう》にもし大気《たいき》がなかったら

地球《ちきゅう》の平均気温《へいきんきおん》はマイナス19℃になるといわれている。実際《じっさい》に地球《ちきゅう》がこれほど寒《さむ》くないのは温室効果《おんしつこうか》ガスがあるから。

2 モデルを使《つか》って温室効果《おんしつこうか》ガスの効果《こうか》を加《くわ》えて計算《けいさん》したら

地表付近《ちひょうふきん》の気温《きおん》は実際《じっさい》よりかなり高《たか》く(59℃)なり、逆《ぎゃく》に※対流圏付近《たいりゅうけんふきん》では現実《げんじつ》より気温《きおん》が低《ひく》くなった。

3 対流《たいりゅう》の効果《こうか》を気候《きこう》モデルに加《くわ》えたら

現実《げんじつ》の大気《たいき》の気温分布《きおんぶんぷ》を再現《さいげん》することができた。

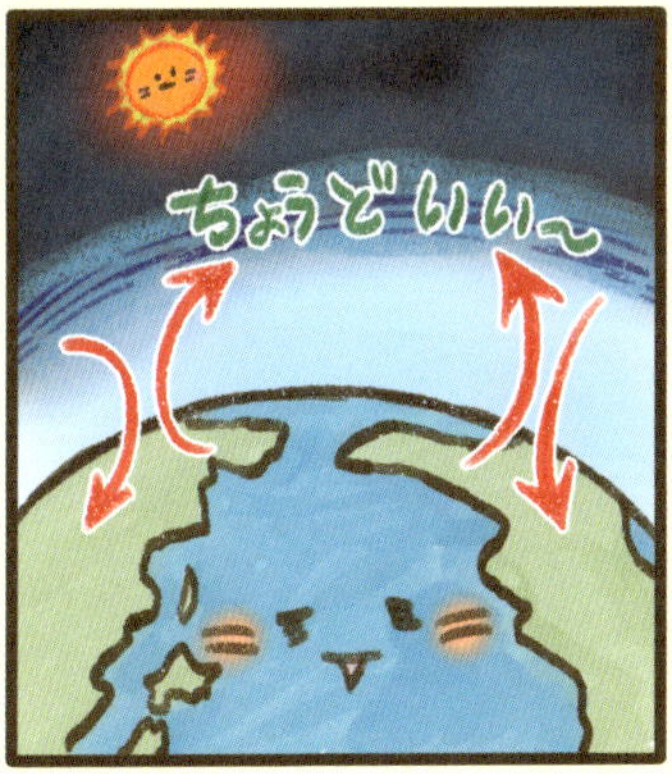

※**対流圏《たいりゅうけん》**…地表面《ちひょうめん》に近《ちか》い層《そう》から温《あたた》められて上層《じょうそう》と下層《かそう》の大気《たいき》が交換《こうかん》する「対流《たいりゅう》」が活発《かっぱつ》で、地上《ちじょう》から高《たか》さ10〜16㎞までの大気《たいき》の層《そう》のこと。

コラム 2

季節《きせつ》の訪《おとず》れを観測《かんそく》する生物季節観測《せいぶつきせつかんそく》

植物《しょくぶつ》たちで季節《きせつ》の移《うつ》り変《か》わりを感《かん》じる

高精度《こうせいど》のデータを収集《しゅうしゅう》するためには、できるだけ最新鋭《さいしんえい》の測器《そっき》にアップデートをする必要《ひつよう》があります。一方《いっぽう》で科学《かがく》の法則《ほうそく》を活用《かつよう》した観測測器《かんそくそっき》だけではなく、気象庁《きしょうちょう》には、人間《にんげん》の「目《め》」を使《つか》った観測《かんそく》も残《のこ》っています。そのひとつが、生《せい》物季節観測《ぶつきせつかんそく》です。

代表的《だいひょうてき》な「生物《せいぶつ》」は、桜《さくら》やカエデといった植物《しょくぶつ》です。「桜《さくら》の開花《かいか》」「紅葉前線《こうようぜんせん》」ということばを聞《き》いたことがあるのではないでしょうか。植物《しょくぶつ》の季節観測《きせつかんそく》では、観測《かんそく》する対象《たいしょう》の木《き》（標本木《ひょうほんぼく》）を決《き》めて実施《じっし》しています。

地上気象観測《ちじょうきしょうかんそく》や海洋気象観《かいようきしょうかん》測《そく》にも、「目視《もくし》」があったね。

どんな生物《せいぶつ》を観測《かんそく》しているの？

春《はる》の訪《おとず》れを知《し》らせる桜《さくら》、秋《あき》を教《おし》えてくれるカエデなど、学校《がっこう》や近所《きんじょ》にある植物《しょくぶつ》で季節《きせつ》を感《かん》じることに挑戦《ちょうせん》してみませんか。

桜《さくら》の開花《かいか》

梅《うめ》の開花《かいか》

生物季節観測《せいぶつきせつかんそく》の結果《けっか》から、季《き》節《せつ》の遅《おく》れ進《すす》みや、総合的《そうごうてき》な気《き》象状況《しょうじょうきょう》の推移《すいい》がわかるんじゃ。

カエデの紅葉《こうよう》

アジサイの開花《かいか》

3章《しょう》

毎日《まいにち》の天気《てんき》と危険《きけん》な現象《げんしょう》

おじいちゃんと釣《つ》りに来《き》た
釣《つ》れないねえ
何《なに》を狙《ねら》っとるんじゃ？
今《いま》はスパコン 昔《むかし》は電報《でんぽう》？
秋《あき》の味覚《みかく》～
サンマ！
うーん この辺《あた》りじゃ厳《きび》しいのう
ちょっと遠《とお》いけど トナリノ港《こう》なら サンマも釣《つ》れるんだって
トナリノ港《こう》
今《いま》ココ
そうなんだ！ 移動《いどう》してみようよ
その前《まえ》に 天気《てんき》チェックじゃ
ちょうどその辺《あたり》に 波浪注意報《はろうちゅういほう》が出《で》とるから 今日《きょう》はやめておこうか
ハロー？
急《きゅう》に あいさつ？
いや波浪《はろう》というのは 波《なみ》のことで…
ハロー！ チューイホーだよ★
なんか出《で》てきた

なんかうるさいし ほっとくか…
あっいいのかな そんなことして？
コソ…
ぼくは目《め》を離《はな》したすきに どんどん強《つよ》く なっちゃうんだぞ！
特別《とくべつ》警報《けいほう》
警報《けいほう》
注意報《ちゅういほう》
まさかの 進化《しんか》システム！
おじいちゃん あの変《へん》なやつ 追《お》っ払《ぱら》ってよ！
待《ま》て待《ま》て 待《ま》てい
この子《こ》はむしろ 天気《てんき》のことを 伝《つた》えてくれる わしらの 味方《みかた》なんじゃ！
ひ
しっっっ
天気予報《てんきよほう》が 長年《ながねん》の気象観測《きしょうかんそく》データの 積《つ》み重《かさ》ねで できているのは 1章《しょう》で話《はな》した 通《とお》りじゃが…
コホン…
データをそのまま伝《つた》えても みんなに役立《やくだ》つ情報《じょうほう》には なりにくいじゃろ
〇〇ヘクトパスカルが…
？
？
？

観測《かんそく》
気温《きおん》○度《ど》
降水量《こうすいりょう》△ミリ
気温《きおん》○度《ど》
降水量《こうすいりょう》△ミリ
気温《きおん》○度《ど》
降水量《こうすいりょう》△ミリ
気温《きおん》△度《ど》
降水量《こうすいりょう》□ミリ
伝達《でんたつ》
分析《ぶんせき》
予報《よほう》
たくさんの地点《ちてん》で観測《かんそく》した数値《すうち》を
ひとつの天気図《てんきず》にまとめて…
全体像《ぜんたいぞう》を分《わ》かりやすく表現《ひょうげん》できてはじめて
みんなに役立《やくだ》つ「天気予報《てんきよほう》」になるんじゃ！
明治時代《めいじじだい》にはすでに外国《がいこく》とつながる海底《かいてい》ケーブルがあって
モールス信号《しんごう》での通信《つうしん》や、電報《でんぽう》での天気予報《てんきよほう》があったし…
ー・・・
ーーー
モールス信号《しんごう》
天気晴朗
ナレドモ
波高シ
電報《でんぽう》
昭和《しょうわ》の半《なか》ばごろには電子計算機《でんしけいさんき》…
コンピューターが導入《どうにゅう》されたぞ
IBM《アイビーエム》 704
ただし一枚《いちまい》の図《ず》を描《か》くプログラムに
何千枚《なんぜんまい》ものパンチカードが必要《ひつよう》で
大変《たいへん》じゃった…

大量《たいりょう》のデータ
今《いま》はスパコンが複雑《ふくざつ》な大気《たいき》や海流《かいりゅう》の流《なが》れをリアルタイムで計算《けいさん》してくれたり
きれいな天気図《てんきず》を描《えが》けたりもするが…
カサをもってでかけましょう
それを言葉《ことば》でわかりやすく伝《つた》えるのは人間《にんげん》の仕事《しごと》じゃ
「波浪注意報《はろうちゅういほう》」のような言葉《ことば》もそのために生《う》み出《だ》された
大切《たいせつ》な味方《みかた》なんじゃよ
ハローー!
注意報《ちゅういほう》だよー!!
波《なみ》が高《たか》くなるのか!
ぼくが敵《てき》じゃないってわかった?
わかったらぜひぼくも遊《あそ》びに連《つ》れてっ…
いや…
波浪注意報《はろうちゅういほう》と釣《つ》りに行《い》くのはちょっと…
なんでー!!
あたりまえじゃろ
注意報《ちゅういほう》や警報《けいほう》が出《で》た日《ひ》は災害《さいがい》の恐《おそ》れがある場所《ばしょ》には行《い》かないようにしましょう

01

すごいぞ！天気予報《てんきよほう》のしくみ

天気予報《てんきよほう》はテレビやスマートフォンですぐにわかりますよね。でも私《わたし》たちが目《め》にするまで、多《おお》くの人《ひと》や機器《きき》が関《かか》わっています。この流《なが》れを1年《ねん》365日《にち》、24時間休《じかんやす》まずに続《つづ》けているのです。

天気図《てんきず》の作成《さくせい》

96ページ

観測《かんそく》データ

気温《きおん》や風《かぜ》、雨量《うりょう》などを観測《かんそく》して、データを収集《しゅうしゅう》します。観測《かんそく》は毎日《まいにち》かかさず休《やす》みなく続《つづ》けられ、天気予報《てんきよほう》のもとになります。また測器《そっき》の故障《こしょう》などの理由《りゆう》による異《い》常値《じょうち》を利用《りよう》しないように、適切《てきせつ》に取《と》り除《のぞ》く作業《さぎょう》のことをを品質管理《ひんしつかんり》といいます。

気象衛星観測《きしょうえいせいかんそく》

高層気象観測《こうそうきしょうかんそく》

海上気象観測《かいじょうきしょうかんそく》

レーダー観測《かんそく》

アメダス

測器《そっき》の故障《こしょう》などによる異常《いじょう》な観測《かんそく》データが数値予報《すうちよほう》に使《つか》われないように、事前《じぜん》に適切《てきせつ》に取《と》り除《のぞ》くよ。

数値予報《すうちよほう》

100ページ

収集《しゅうしゅう》したデータ（気《き》圧《あつ》、気温《きおん》、風《かぜ》、湿度《しつど》、雨《あめ》など）を数値予報《すうちよほう》モデルというプログラムを使《つか》ってコンピュータで処理《しょり》し、気象《きしょう》が今後《こんご》どのように変化《へんか》するかを予測《よそく》（シミュレーション）します。これが数値予報《すうちよほう》です。

気象現象《きしょうげんしょう》を把握《はあく》するためには観測《かんそく》データが必要《ひつよう》ですが、実際《じっさい》には、海上《かいじょう》での観測《かんそく》データはかなり少《すく》なかったり、陸地《りくち》でも観測《かんそく》データが少《すく》ないところがあったります。逆《ぎゃく》に、狭《せま》い範囲《はんい》に観測《かんそく》データがたくさんあると、今度《こんど》は情報《じょうほう》が多《おお》すぎて簡単《かんたん》には把握《はあく》できません。 天気図《てんきず》には、低気圧《ていきあつ》や前線《ぜんせん》などの気圧配置《きあつはいち》がかかれていますので、観測《かんそく》データを一《ひと》つひとつ見《み》なくても、観測《かんそく》データがないところでも、どのような気圧配置《きあつはいち》になっているかがわかります。

より正確《せいかく》な天気図《てんきず》を作成《さくせい》することが、精度《せいど》の高《たか》い予報《よほう》につながるんだね。

数値予報《すうちよほう》は、天気《てんき》予報《よほう》の基礎資料《きそしりょう》といえるね。

予報官《よほうかん》

102ページ

数値予報《すうちよほう》の結果《けっか》が本当《ほんとう》にそのまま使《つか》えるのか、どこにどういう修正《しゅうせい》を加《くわ》えなければいけないかを判断《はんだん》します。各気象台《かくきしょうだい》の予報官《よほうかん》が、「山《やま》の陰《かげ》になっている部分《ぶぶん》には雨《あめ》が降《ふ》らないだろう」など地域《ちいき》の特性《とくせい》を考慮《こうりょ》して修正《しゅうせい》する作業《さぎょう》も、そのうちのひとつです。そして、天気《てんき》予報《よほう》や警報《けいほう》を作成《さくせい》します。

発表《はっぴょう》

気象庁《きしょうちょう》のホームページで発表《はっぴょう》します。テレビの天気《てんき》予報《よほう》は、気象庁《きしょうちょう》が提供《ていきょう》した数値予《すうちよ》報《ほう》をもとに、民間《みんかん》の気象予報士《きしょうよほうし》が予《よ》報《ほう》をしたものを発表《はっぴょう》している場合《ばあい》があります。天気予報《てんきよほう》が、気象庁《きしょうちょう》とそれぞれのテレビ局《きょく》で違《ちが》うのはそのためです。

天気図《てんきず》を読《よ》み解《と》けば天気《てんき》がわかる！

天気予報《てんきよほう》の監視《かんし》や予測《よそく》に欠《か》かせないのが「天気図《てんきず》」です。天気《てんき》予報《よほう》などでよく見《み》かけるこの天《てん》気図《きず》とは、ある時刻《じこく》の大気《たいき》の状態《じょうたい》が、数字《すうじ》、記号《きごう》、等値線《とうちせん》などによって表現《ひょうげん》されている図《ず》のことです。この数字《すうじ》や線《せん》が何《なに》を意味《いみ》しているのかがわからなければ、天気図《てんきず》から天気《てんき》を読《よ》み取《と》ることはできません。

天気図《てんきず》の解読《かいどく》にチャレンジしてみましょう。

カキカキ

この天気図《てんきず》は、台風《たいふう》が日本《にほん》列島《れっとう》にまさに上陸《じょうりく》しようとしているところだよ！

天気図《てんきず》の読《よ》み方《かた》
令和 4年 9月18日 9時
低
30km/h
996
温暖前線《おんだんぜんせん》
寒冷前線《かんれいぜんせん》
停滞前線《ていたいぜんせん》
高
20km/h
1028
20km/h
台14号
925hPa
低《てい》
低気圧《ていきあつ》
気圧《きあつ》
(996などの数字《すうじ》)
高気圧《こうきあつ》や低気圧《ていきあつ》などの
中心気圧《ちゅうしんきあつ》(hPa《ヘクトパスカル》)
速《はや》さ
(20km/hなどの数字《すうじ》)
台風《たいふう》などが移動《いどう》する
ときの速《はや》さ
⇨
進行方向《しんこうほうこう》
×
高気圧《こうきあつ》や低気圧《ていきあつ》の
中心位置《ちゅうしんいち》
高《こう》
高気圧《こうきあつ》
台《たい》●号《ごう》
台風《たいふう》

この人《ひと》に聞《き》いてみた！

天気図《てんきず》を作成《さくせい》する人《ひと》

天気図作成《てんきずさくせい》から発信《はっしん》まで、制限時間《せいげんじかん》は２時間《じかん》！！

1996年《ねん》まで、天気図《てんきず》は紙《かみ》に鉛筆《えんぴつ》で描《えが》いていました。それ以降《いこう》はマンマシン化《か》99ページされ、タブレットのペンを使《つか》って作成《さくせい》しています。あらかじめコンピュータがつくった天気図《てんきず》を、実況《じっきょう》の値《あたい》をもとにペンで修正《しゅうせい》していきます。コンピュータでの作業《さぎょう》になりましたが、2時間以内《じかんいない》に完成《かんせい》して発信《はっしん》しなければならず、時間《じかん》との闘《たたか》いであることは変《か》わりありません。

どんなことをしているの？

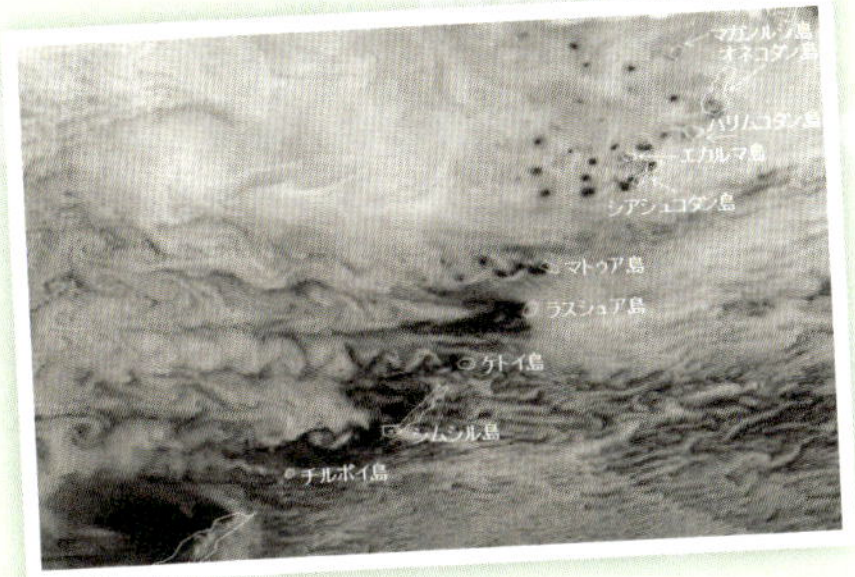

千島列島《ちしまれっとう》の風下《かざしも》に現《あらわ》れた神秘的《しんぴてき》なカルマン渦《うず》の衛星画像《えいせいがぞう》(2022年《ねん》5月《がつ》31日《にち》09時《じ》(日本時間《にほんじかん》))。

絶《た》えず姿《すがた》を変《か》える雲《くも》は美《うつく》しくて魅力的《みりょくてき》なもの。ありのままの姿《すがた》に感動《かんどう》する日々《ひび》

もう30年以上《ねんいじょう》も、天気図《てんきず》の作成《さくせい》をしています。ほかにも海上警報《かいじょうけいほう》の発表《はっぴょう》や台風《たいふう》の実況解析《じっきょうかいせき》も担当《たんとう》しています。

日々《ひび》、気象《きしょう》と向《む》き合《あ》っていますが、その相手《あいて》である雲《くも》は美《うつく》しく、絶《た》えず姿《すがた》を変《か》える魅力的《みりょくてき》なもの。そのありのままの姿《すがた》に接《せっ》するとき、とてつもない感動《かんどう》を覚《おぼ》えます。以前《いぜん》、オホーツク海《かい》の千島列島付近《ちしまれっとうふきん》の衛星画像《えいせいがぞう》で、「カルマン渦《うず》」というめずらしい雲《くも》がたくさん発生《はっせい》している状況《じょうきょう》にめぐりあったことがあります。気《き》象学会《しょうがっかい》の月刊誌《げっかんし》に投稿《とうこう》したら、大変好評《たいへんこうひょう》でした。

前線《ぜんせん》、台風《たいふう》などの状況《じょうきょう》を早《はや》く正確《せいかく》に天気図《てんきず》に表現《ひょうげん》できるかが予報官《よほうかん》の腕《うで》の見《み》せどころ。

予報課《よほうか》
気象監視《きしょうかんし》・警報《けいほう》センター
技術専門官《ぎじゅつせんもんかん》
木下《きのした》 仁《まさし》 さん

現場《げんば》の声《こえ》 何年《なんねん》やっても、スケールの小《ち》さい台風《たいふう》の発達《はったつ》など見抜《みぬ》けないことがあります。過去《かこ》の事例《じれい》から学《まな》ぶ日々《ひび》です。

天気図《てんきず》ができるまで

1 数値予報《すうちよほう》

2024年《ねん》8月《がつ》28日《か》21時《じ》(日本時間《にほんじかん》)の数値予報《すうちよほう》により作成《さくせい》された天気図《てんきず》を表示《ひょうじ》する。

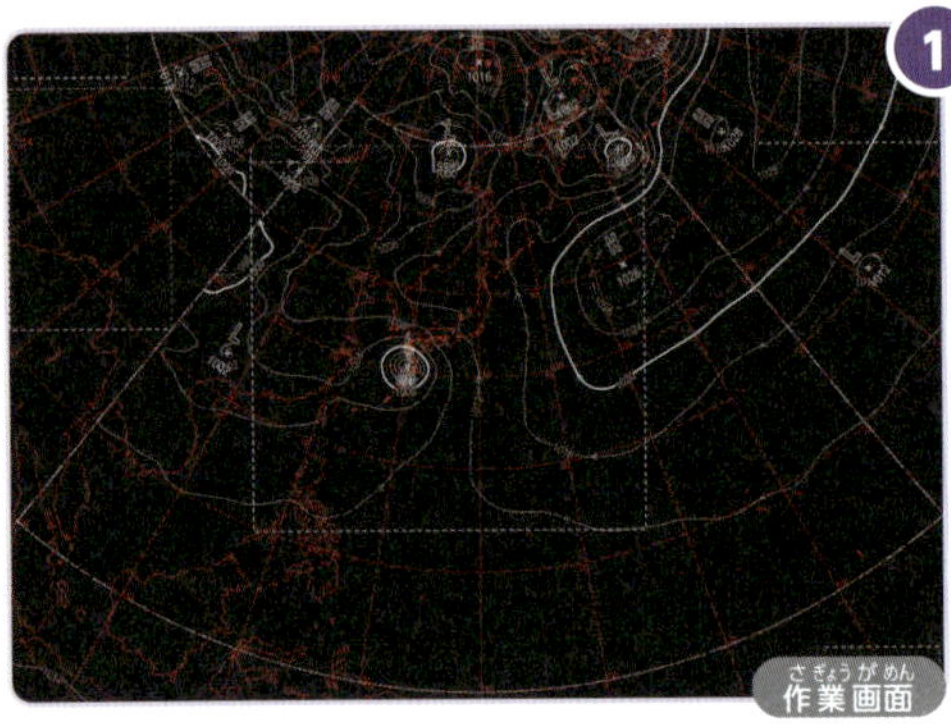

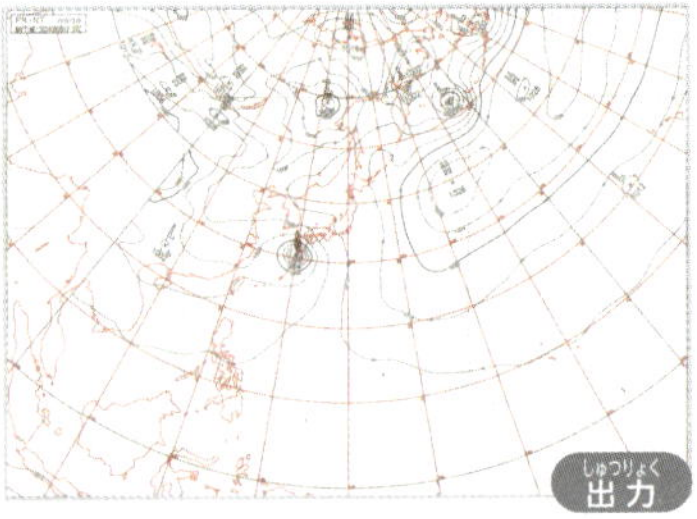

天気図完成《てんきずかんせい》までにたくさんのステップがあるんだ。

2 実況《じっきょう》データとの重《かさ》ね合《あ》わせ

地上観測《ちじょうかんそく》データ、気象衛星画像《きしょうえいせいがぞう》などを重《かさ》ね合《あ》わせる。

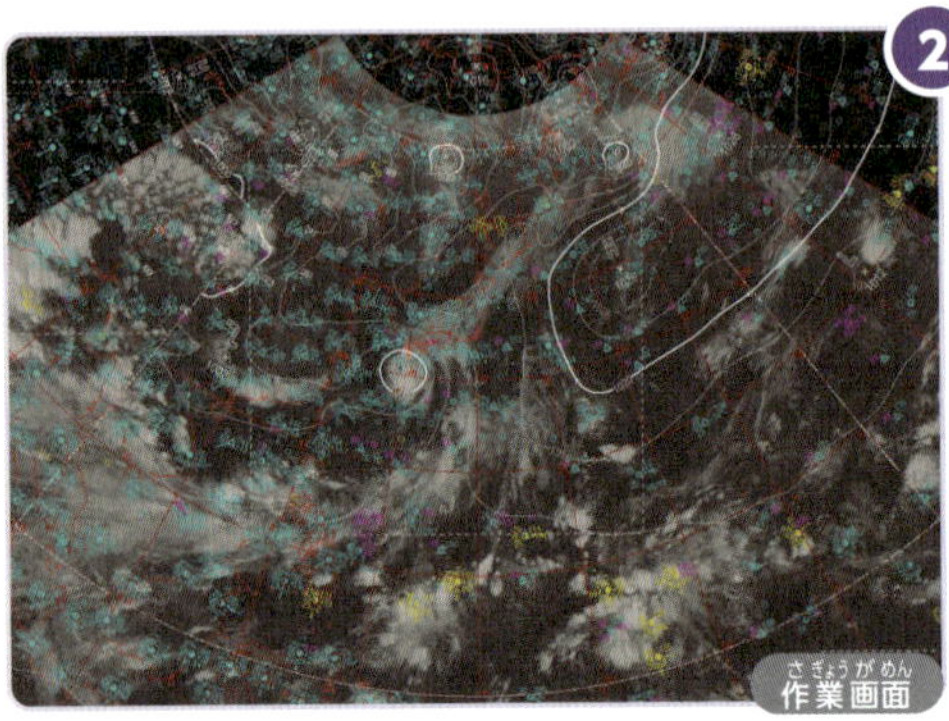

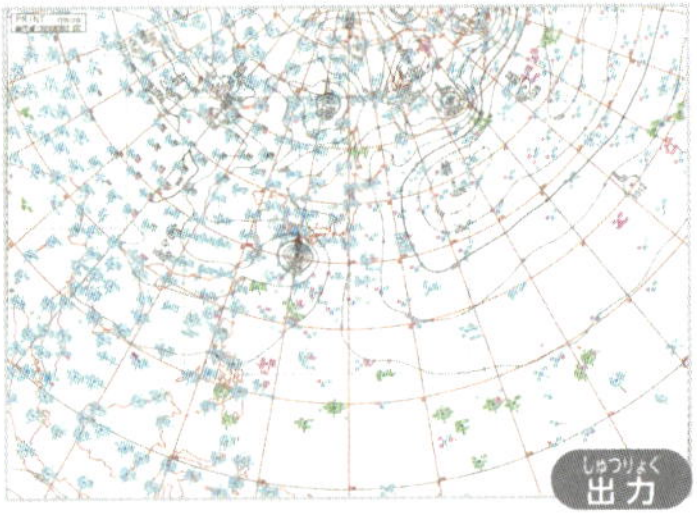

さまざまなデータから、人間《にんげん》が読《よ》み取《と》るんだ。

3 担当者《たんとうしゃ》による作業《さぎょう》

前線《ぜんせん》の付加《ふか》、等圧線《とうあつせん》の修正《しゅうせい》による台風《たいふう》などの実況《じっきょう》データとの整合《せいごう》を行《おこな》う。

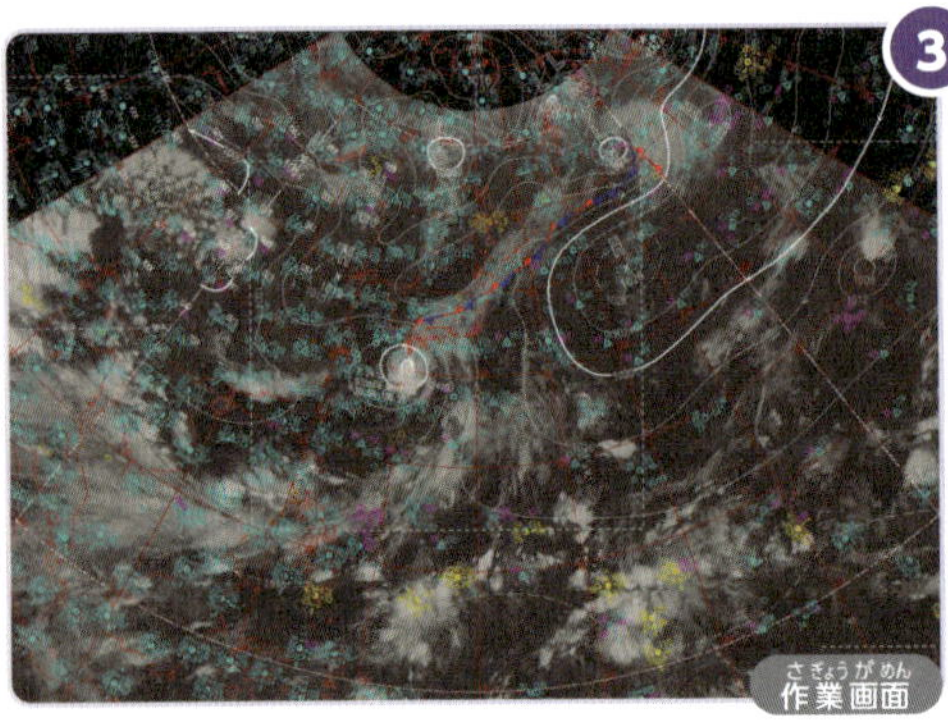

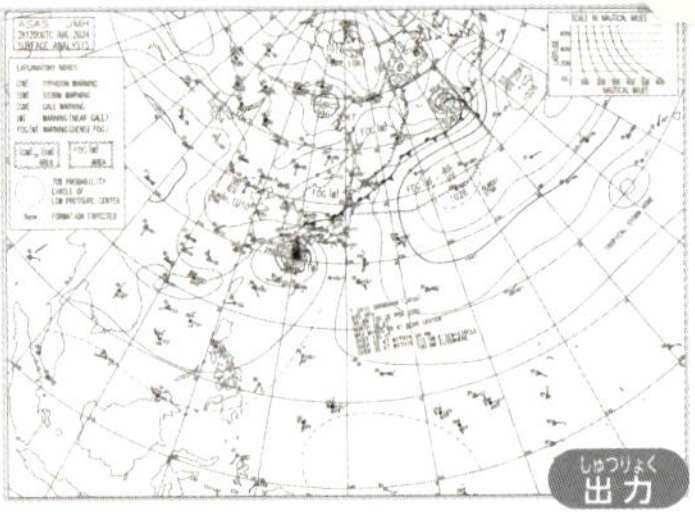

数値予報《すうちよほう》により作成《さくせい》された天気図《てんきず》に、前線《ぜんせん》を付加《ふか》し、実況《じっきょう》データとの整合《せいごう》を行《おこな》ったら完成《かんせい》よ。

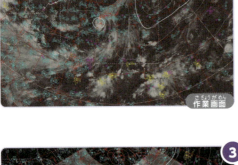

もっと知《し》りたい！

まるで職人技《しょくにんわざ》 天気図作成《てんきずさくせい》 今後《こんご》のとりくみ

日本《にほん》の天気図《てんきず》は明治《めいじ》16年《ねん》2月《がつ》16日《にち》に試験的《しけんてき》に作成《さくせい》され、3月《がつ》1日《にち》からは印刷《いんさつ》されたものが毎日配布《まいにちはいふ》されました。そこから140年《ねん》以上《いじょう》もの伝統《でんとう》があります。天気図《てんきず》の作成《さくせい》は、気象庁《きしょうちょう》だけでなく、国家公務員全体《こっかこうむいんぜんたい》のなかでも、数少《かずすく》ない職人《しょくにん》芸的《げいてき》な世界《せかい》です。先人《せんじん》たちの残《のこ》してきた技術《ぎじゅつ》の「バイブル」も残《のこ》されています。現在《げんざい》では天気図《てんきず》の作成《さくせい》が※マンマシン化《か》され、自動《じどう》で行《おこな》える作業《さぎょう》が増《ふ》えましたが、一方《いっぽう》で技術《ぎじゅつ》が定着《ていちゃく》しにくいという面《めん》もあります。その中《なか》で伝統《でんとう》の技術《ぎじゅつ》を次《つぎ》の世代《せだい》に引《ひ》きついでいく取《と》りくみもおこなわれています。

実況天気図《じっきょうてんきず》

実況観測《じっきょうかんそく》を考慮《こうりょ》して作成《さくせい》し、速報《そくほう》として発表《はっぴょう》しています。気象庁《きしょうちょう》のホームページには最新《さいしん》から過去《かこ》の天気図《てんきず》が掲載《けいさい》されていて、低気圧《ていきあつ》や高気圧《こうきあつ》などの気圧配置《きあつはいち》がどう変《か》わってきたかをたどることができます。

台風《たいふう》が接近《せっきん》しているとき、昨日《きのう》はどうだったのかな？と調《しら》べられるよ。

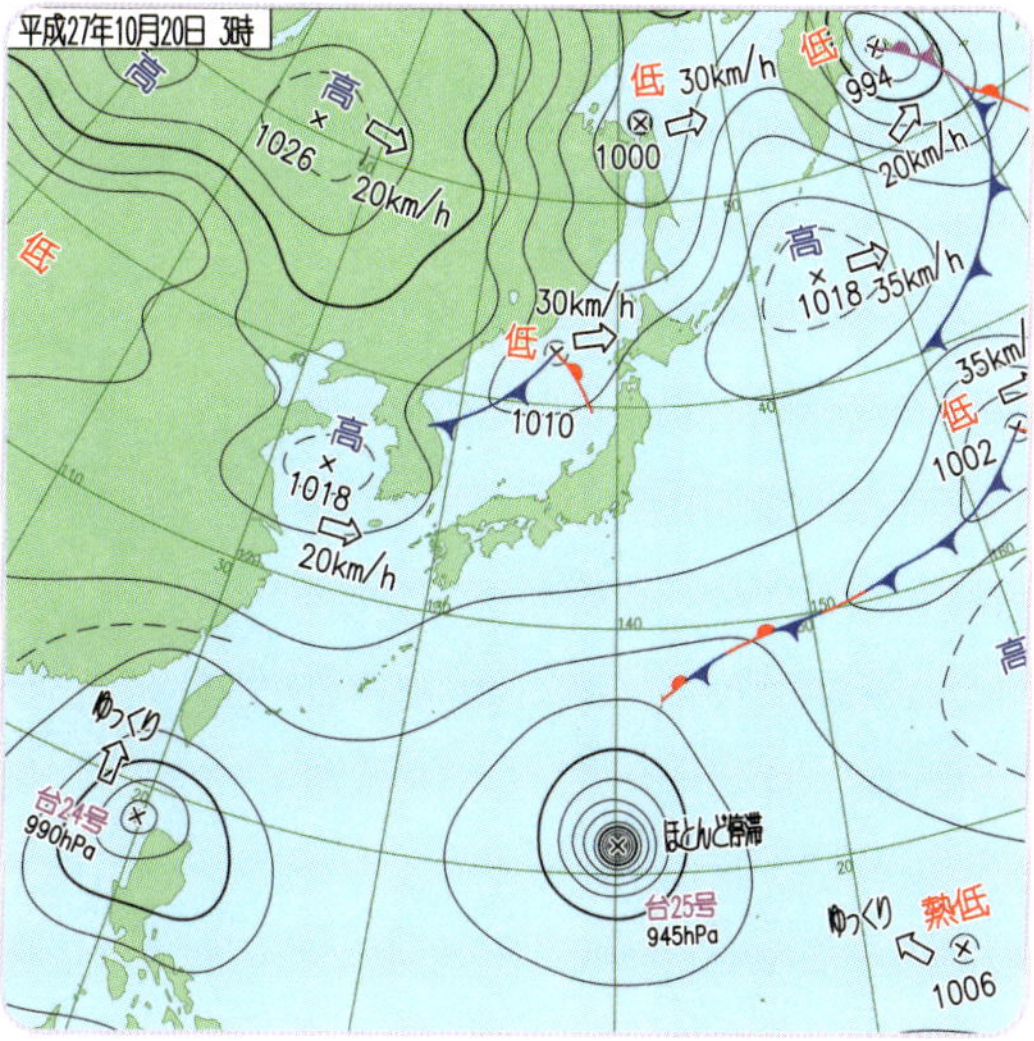

高層天気図《こうそうてんきず》

特定《とくてい》の気圧面《きあつめん》における、気象要素《きしょうようそ》の分布図《ぶんぷず》のことです。気象庁《きしょうちょう》では、300、500、700、850hPaなどの高層天気図《こうそうてんさず》を1日《にち》2回作成《かいさくせい》しています。

天気《てんき》が悪《わる》いときなど、上空《じょうくう》の気温《きおん》や気圧《きあつ》を知《し》ることで状況《じょうきょう》をつかむことができるよ。

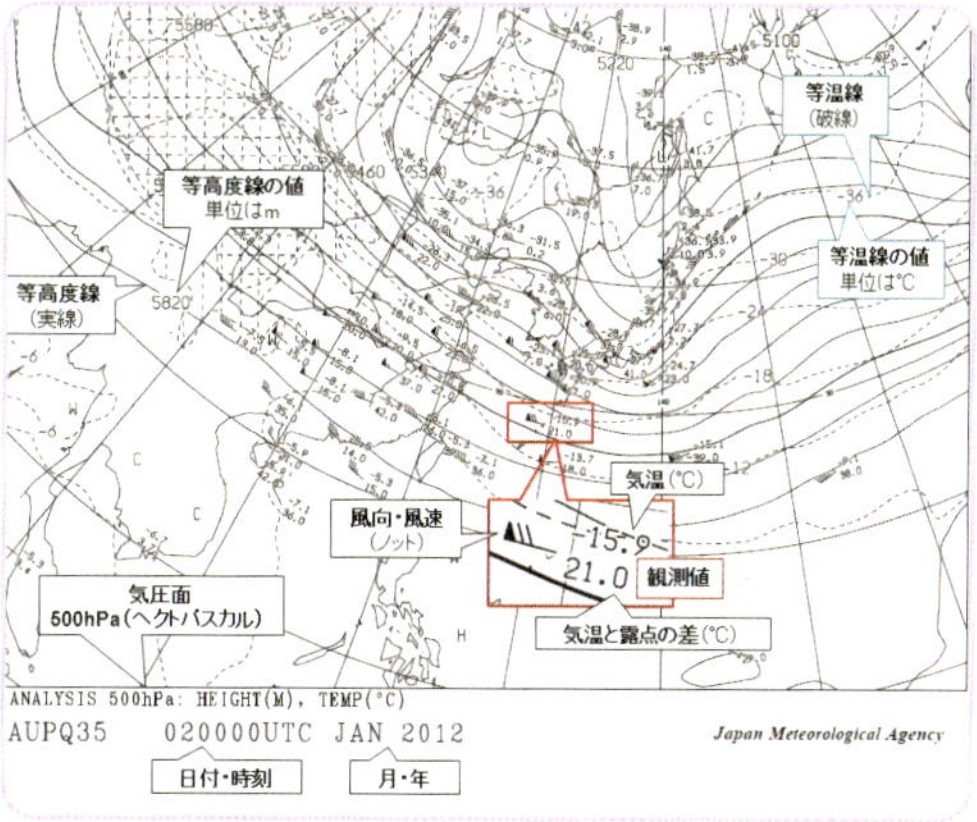

※マンマシン化《か》…従来《じゅうらい》の手書《てが》きの作業《さぎょう》から、コンピュータを用《もち》いる作業《さぎょう》への移行《いこう》のこと。

「今《いま》」から「未来《みらい》」を予測《よそく》する「数値予報《すうちよほう》」

地球《ちきゅう》の大気《たいき》など、変化《へんか》を予測《よそく》し、未来《みらい》の予測《よそく》につなげる

数値《すうち》予報《よほう》を行《おこな》うには、まず地球《ちきゅう》の大気《たいき》や海洋《かいよう》・陸地《りくち》を細《こま》かい「ます目《め》(格子《こうし》)」状《じょう》のパーツに分割《ぶんかつ》し、世界中《せかいじゅう》から送《おく》られてくる観測《かんそく》データ(気温《きおん》や風《かぜ》、海水温《かいすいおん》など)の値《あたい》を、それぞれの格子《こうし》に割《わ》り当《あ》てます。

次《つぎ》にこうして求《もと》めた「いま」の状《じょう》態《たい》から、科学《かがく》の法則《ほうそく》にもとづいて、それぞれの値《あたい》が時間《じかん》の経過《けいか》とともにどう変化《へんか》するかを計算《けいさん》し、「未来《みらい》」の状態《じょうたい》を予測《よそく》します。この計算《けいさん》に用《もち》いるプログラムを「数値《すうち》予報《よほう》モデル」と呼《よ》んでいます。

数値《すうち》予報《よほう》モデルには、大気《たいき》の流《なが》れや水蒸気《すいじょうき》が凝結《ぎょうけつ》して雨《あめ》が降《ふ》ること、地面《じめん》が太陽《たいよう》にあたためられたり冷《ひ》やされたりすることなど、さまざまな自然法則《しぜんほうそく》を用《もち》いて計《けい》算《さん》しますが、計算《けいさん》には誤差《ごさ》があるため、完《かん》ぺきに予測《よそく》することはできません。

全球《ぜんきゅう》の大気《たいき》を格子《こうし》で区切《くぎ》ったイメージ。もっとも小《ちい》さい「ます目《め》」が格子《こうし》なんじゃよ。

数値予報《すうちよほう》の流《なが》れ

1 いまを知《し》る

世界中《せかいじゅう》から集《あつ》めた観測《かんそく》データをもとに、「いま」の地球《ちきゅう》の大気状態《たいきじょうたい》をスーパーコンピュータで再現《さいげん》します。

2 未来《みらい》を予測《よそく》する

大気《たいき》の流《なが》れや降水《こうすい》など、大気中《たいきちゅう》で起《お》きている現象《げんしょう》をスーパーコンピュータで、シミュレーションをします。

3 毎日《まいにち》のくらしを支《ささ》える

数値予報《すうちよほう》の結果《けっか》をもとに、予報官《よほうかん》が天気予報《てんきよほう》、台風情報《たいふうじょうほう》、警報《けいほう》などを発表《はっぴょう》しています。

ふむふむ、明日《あした》は…

もっと知《し》りたい!

数値予報《すうちよほう》の助《すけ》っ人《と》!「スーパーコンピュータ」

気象庁《きしょうちょう》の数値予報《すうちよほう》を支《ささ》えているのは、1秒間《びょうかん》に約《やく》6,000兆回以上《ちょうかいいじょう》もの計算《けいさん》を行《おこ》なうことができる高性能《こうせいのう》なスーパーコンピュータです(令和《れいわ》6年《ねん》4月《がつ》時点《じてん》)。24時間《じかん》365日《にち》、未来《みらい》の大気状態《たいきじょうたい》を計算《けいさん》し続《つづ》け、つねに最新《さいしん》の予測結果《よそくけっか》を世《よ》の中《なか》に送《おく》り出《だ》しています。

気象庁《きしょうちょう》のスーパーコンピュータ。

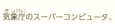

天気予報《てんきよほう》を発表《はっぴょう》する「予報官《よほうかん》」

予報官《よほうかん》は天気予報《てんきよほう》のシナリオライター

予報官《よほうかん》とは、観測《かんそく》データや数値予報《すうちよほう》から天気予報《てんきよほう》を発表《はっぴょう》したり、急《きゅう》な強《つよ》い雷雨《らいう》や突風《とっぷう》がないかどうかを監視《かんし》（実況監視《じっきょうかんし》）して、警報《けいほう》や注意報《ちゅういほう》を出《だ》したりする人《ひと》のことです。予報官《よほうかん》は、どのように天気《てんき》の変化《へんか》を予報《よほう》するか、注意報《ちゅういほう》や警報《けいほう》の発表《はっぴょう》が必要《ひつよう》かどうか、といったシナリオをつくる「シナリオライター」の役割《やくわり》ともいえます。

予報官《よほうかん》は、数値予報《すうちよほう》にどれだけ自分《じぶん》の知識《ちしき》を組《く》み込《こ》めるかが腕《うで》のみせどころ。コンピュータの性能《せいのう》がどれだけ向上《こうじょう》しても、天気予報《てんきよほう》はやはり人間《にんげん》の経験《けいけん》がものをいう世界《せかい》なのです。

予報官《よほうかん》は24時間《じかん》、交代《こうたい》で天気《てんき》の移《うつ》り変《か》わりを見守《みまも》ります。また、予報《よほう》と違《ちが》ってきたら、予報《よほう》の修正版《しゅうせいばん》を出《だ》すように指示《しじ》します。コミュニケーションを徹底《てってい》して、チームで協力《きょうりょく》して業務《ぎょうむ》にあたることが大切《たいせつ》です。

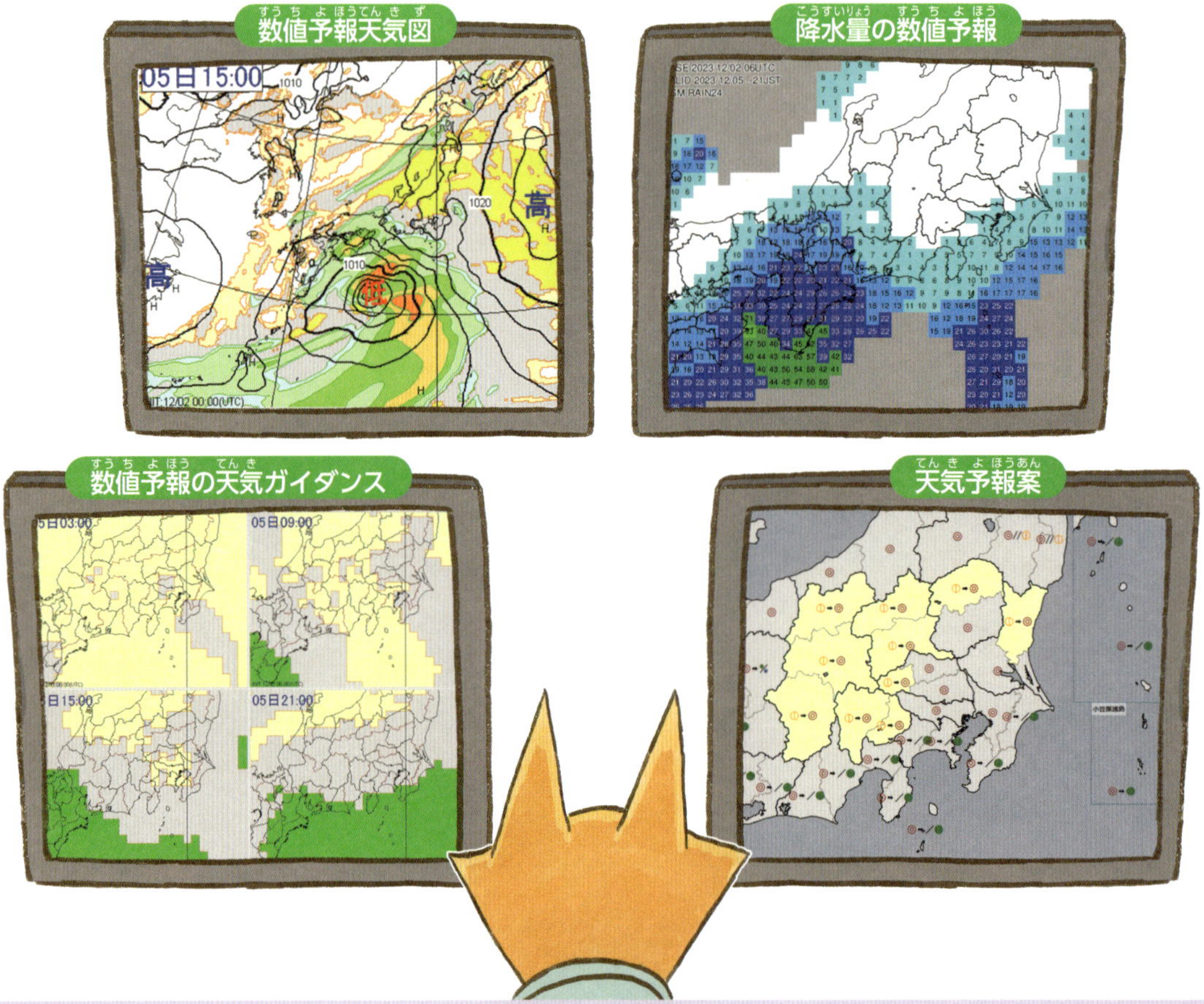
数値予報天気図《すうちよほうてんきず》
05日15:00
高
低
降水量《こうすいりょう》の数値予報《すうちよほう》
数値予報《すうちよほう》の天気《てんき》ガイダンス
05日09:00
05日21:00
天気予報案《てんきよほうあん》

この人《ひと》に聞《き》いてみた！

天《て》気《ん》予《き》報《よ》のシナリオをつくる人《ひと》

天気予報《てんきよほう》にはチームで取《と》り組《く》む

天気予報《てんきよほう》のチームは地域全体《ちいきぜんたい》のシナリオ担当《たんとう》のB当番《とうばん》と解析担当《かいせきたんとう》のQ当番《とうばん》、予報《よほう》を担当《たんとう》するY当番《とうばん》などが1つの班《はん》として、5班《はん》が交代《こうたい》して365日休《にちやす》みなく仕事《しごと》をします。

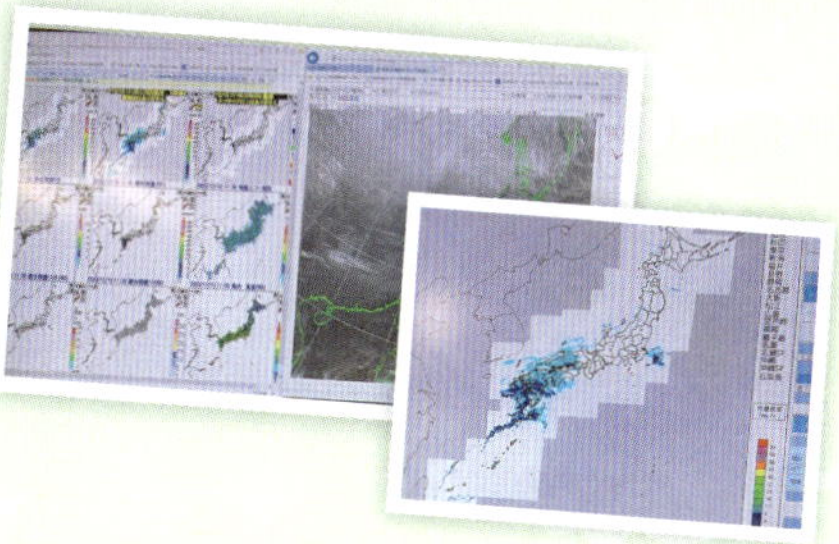

シナリオ担当《たんとう》＝B当番《とうばん》

関東甲信地方《かんとうこうしんちほう》の天気予報《てんきよほう》のシナリオと防災事項《ぼうさいじこう》(注意報《ちゅういほう》や警報《けいほう》の見込《みこ》み)をつくります。

解析担当《かいせきたんとう》＝Q当番《とうばん》

実況《じっきょう》(いまの天気《てんき》の様子《ようす》)を確認《かくにん》しながら、注意報《ちゅういほう》や警報《けいほう》の発表《はっぴょう》を決《き》めます。

2都県予報担当《とけんよほうたんとう》＝Y当番《とうばん》

各都県《かくとけん》の注意報《ちゅういほう》や警報《けいほう》の発表《はっぴょう》、天気予報《てんきよほう》を発表《はっぴょう》をします。若手《わかて》の技術専門官《ぎじゅつせんもんかん》が担当《たんとう》しています。

地方気象台《ちほうきしょうだい》の予報官《よほうかん》

各都県《かくとけん》の防災事項《ぼうさいじこう》(具体的《ぐたいてき》な注意報《ちゅういほう》や警報《けいほう》の種類《しゅるい》、発表時間《はっぴょうじかん》、地域《ちいき》の特性《とくせい》に合《あ》った雨量《うりょう》や風速《ふうそく》などの最大《さいだい》の量《りょう》)のシナリオをつくります。

どんなことをしているの？

私《わたし》は、関東甲信地方《かんとうこうしんちほう》9都県《とけん》の天気予報《てんきよほう》のまとめ役《やく》をしています。天気予報《てんきよほう》づくりの交通整理役《こうつうせいりやく》という感《かん》じですね。交通整理《こうつうせいり》をしないまま各県《かくけん》の担当《たんとう》が独自《どくじ》に天気予報《てんきよほう》をつくると、隣《とな》り合《あ》う県《けん》どうしで違《ちが》った予報《よほう》を出《だ》してしまい、連続性《れんぞくせい》がなくなって、みなさんを混乱《こんらん》させてしまいかねません。そのようなことがないように、指示《しじ》を出《だ》す必要《ひつよう》があるんです。

どれだけ経験《けいけん》を積《つ》んでも、天気予報《てんきよほう》は難《むずか》しいことが多《おお》いのですが、自分《じぶん》がつくったシナリオが当《あ》たったときは「よしっ！」と思《おも》いますし、警報《けいほう》を出《だ》したおかげで住民《じゅうみん》のみなさんが無事《ぶじ》に避難《ひなん》したという話《はなし》を聞《き》くと、とてもやりがいを感《かん》じます。

自分《じぶん》の知識《ちしき》はみんなの知識《ちしき》

予報課《よほうか》
気象監視《きしょうかんし》・警報《けいほう》センター
(関東甲信予報中枢《かんとうこうしんよほうちゅうすう》)予報官《よほうかん》
大澤真弓《おおさわまゆみ》さん

ミニ情報《じょうほう》
東京《とうきょう》にある気象監視《きしょうかんし》・警報《けいほう》センターは多《おお》くの当番《とうばん》があるため、略称《りゃくしょう》を用《もち》いて分《わ》かりやすくしています。例《たと》えば、Bは「防災《ぼうさい》(BOUSAI)」の「B」、Yは「予報《よほう》(YOHOU)」の「Y」です。(Qは本来《ほんらい》、解析《かいせき》のKですが、危機管理《ききかんり》とかぶるからQ)

天気予報《てんきよほう》がよく当《あ》たるのは「アンサンブル予報《よほう》」のおかげ

「昔《むかし》と比《くら》べて天気予報《てんきよほう》が当《あ》たるようになった」という大人《おとな》がいます。
そうなんです。天気予報《てんきよほう》の精度《せいど》は昔《むかし》と比《くら》べて上《あ》がっているのです。
その秘密《ひみつ》がここに隠《かく》されています。

多《おお》くの情報《じょうほう》を集《あつ》めて分析《ぶんせき》する

現在《げんざい》では測器《そっき》の性能《せいのう》がよくなったり、数値予報《すうちよほう》を出《だ》すコンピューターの計算能力《けいさんのうりょく》があがったり、予報《よほう》官《かん》の経験《けいけん》が積《つ》み重《かさ》なったりしたことで、天気予報《てんきよほう》が当《あ》たりやすくなっています。それでも、さらに精度《せいど》をあげようという挑戦《ちょうせん》が続《つづ》けられています。それがアンサンブル予報《よほう》という手法《しゅほう》です。

大気《たいき》には、最初《さいしょ》はわずかな違《ちが》いでも後《あと》になって大《おお》きな違《ちが》いになるという特徴《とくちょう》があります。アンサンブル予報《よほう》では、コンピュータで再現《さいげん》した「いま」の地球《ちきゅう》の大気《たいき》状態《じょうたい》に、わずかな「ずれ」を与《あた》えて、数多《かずおお》くの数値予報《すうちよほう》を並行《へいこう》して実《じっ》行《こう》します。得《え》られた複数《ふくすう》の計算結《けいさんけっ》果《か》のばらつきから、予測《よそく》の信頼度《しんらいど》を見積《みつ》もることで、信頼度《しんらいど》を踏《ふ》まえた予報《よほう》が可能《かのう》になります。

データが証明《しょうめい》！数値予報《すうちよほう》の精度《せいど》アップ

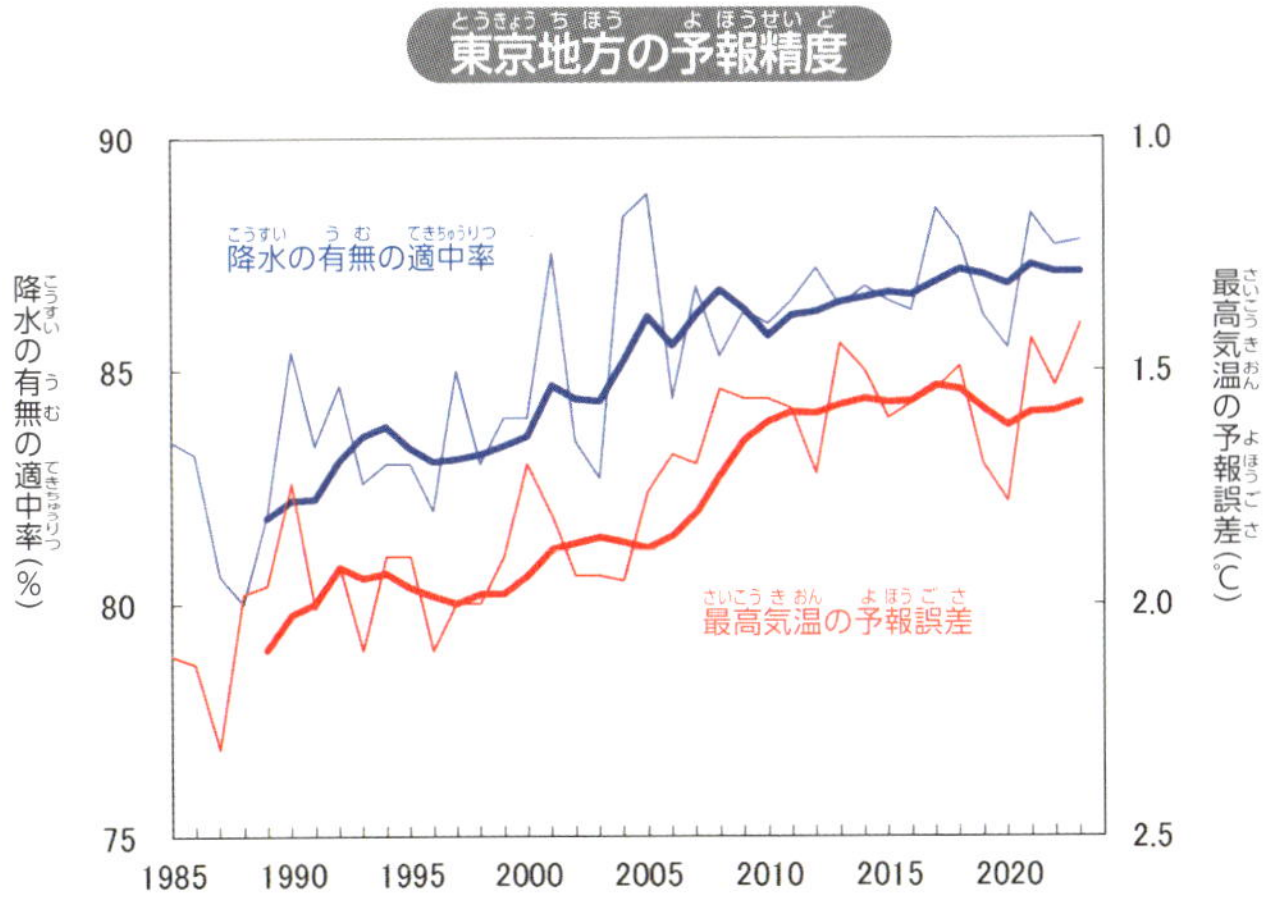

数値予報《すうちよほう》の精度《せいど》は年々向上《ねんねんこうじょう》しています。雨《あめ》が降《ふ》る確率《かくりつ》である「降水確率《こうすいかくりつ》」は1990年《ねん》では81%でしたが、2020年《ねん》では87%まで上《あ》がっています。ほかにも台風《たいふう》の進路予報《しんろよほう》など誤差《ごさ》が小《ちい》さくなってきていて精度《せいど》は改善《かいぜん》されています。

最高気温《さいこうきおん》の予報誤差《よほうごさ》の過去《かこ》5年平均《ねんへいきん》でも確実《かくじつ》に上《あ》がってきているね。

コンピューターだけではなく、観測《かんそく》データが増《ふ》えたり、人間《にんげん》の努力《どりょく》などもあって精度《せいど》が上《あ》がったんだね。

03

天気《てんき》・季節《きせつ》・世界規模《せかいきぼ》の気象状況《きしょうじょうきょう》…形《かたち》やタイミングを変《か》えて発表《はっぴょう》される天気予報《てんきよほう》

気象庁《きしょうちょう》で作《つく》られた天気予報《てんきよほう》は「短期予報《たんきよほう》」「季節予報《きせつよほう》」などに分《わ》けられてホームページなどで発表《はっぴょう》されます。他《ほか》にもエルニーニョ現象《げんしょう》など世界規模《せかいきぼ》の監視《かんし》と予測《よそく》なども定期的《ていきてき》に発表《はっぴょう》しています。

「いつまで」の予報《よほう》かで種類《しゅるい》がわかれる

天気予報《てんきよほう》は、私《わたし》たちが利用《りよう》しやすいように形《かたち》を変《か》えて、気象庁《きしょうちょう》のホームページに発表《はっぴょう》されます。予《よ》報《ほう》期間《きかん》の長《なが》さによって、大《おお》きく「短期予報《たんきよほう》」「週間天気予報《しゅうかんてんきよほう》」「季節《きせつ》予報《よほう》」にわけることができます。また、防災情報《ぼうさいじょうほう》につながる予報《よほう》もあります。

週間天気予報《しゅうかんてんきよほう》

東京都の天気予報（7日先まで）

2024年08月27日11時　気象庁　発表

日付		今日 27日(火)	明日 28日(水)	明後日 29日(木)	30日(金)	31日(土)	01日(日)	02日(月)	03日(火)
東京地方		曇後雨	曇一時雨	曇時々雨	曇時々雨	曇時々雨	曇	晴時々曇	曇時々晴
降水確率(%)		-/-/50/50	30/50/30/20	70	80	70	40	30	30
信頼度		-	-	-	A	C	B	A	C
東京 気温 (℃)	最高	32	33	30 (29〜33)	29 (27〜31)	29 (28〜33)	32 (30〜36)	33 (29〜35)	32 (28〜35)
	最低	-	26	25 (23〜26)	24 (22〜25)	24 (23〜27)	25 (22〜27)	25 (23〜27)	25 (23〜27)

短期予報《たんきよほう》

東京都の天気予報（明後日までの詳細）

2024年08月19日11時　気象庁　発表

日付			今日 19日(月)				明日 20日(火)				明後日 21日(水)
東京地方	天気		晴れ　夕方　から　くもり　所により　昼過ぎ　から　雨　で　雷を伴い　激しく　降る				くもり　昼前　から　昼過ぎ　晴れ　所により　夜のはじめ頃　まで　雨　で　雷を伴い　激しく　降る				くもり
	風		南の風				北の風　後　南の風				北の風　後　南東の風
	波		0．5メートル				0．5メートル				0．5メートル
	降水確率(%)		00-06	06-12	12-18	18-24	00-06	06-12	12-18	18-24	
			-	-	30	40	20	20	30	30	
	気温(℃)		朝の最低		日中の最高		朝の最低		日中の最高		
		東京	-		34		27		34		

府県天気予報《ふけんてんきよほう》

予報《よほう》の期間《きかん》が短《みじか》い「短期予報《たんきよほう》」のひとつ。一般的《いっぱんてき》に天気予報《てんきよほう》と呼《よ》んでいるのは、この府県天気予報《ふけんてんきよほう》です。府県天気予報《ふけんてんきよほう》では、各都道府県《かくとどうふけん》をいくつかの地域《ちいき》にわけて、毎日《まいにち》5時《じ》、11時《じ》、17時《じ》に発表《はっぴょう》します。発表《はっぴょう》内容《ないよう》は、今日《きょう》・明日《あす》・明後日《あさって》の天気《てんき》と風《かぜ》と波《なみ》、明日《あす》までの6時間《じかん》ごとの降水確率《こうすいかくりつ》と最高《さいこう》・最低気温《さいていきおん》の予想《よそう》です。

短期予報《たんきよほう》には、そのほかに分布予報《ぶんぷよほう》、時系列予報《じけいれつよほう》があります。

農業《のうぎょう》などさまざまな産業《さんぎょう》に役立《やくだ》つ季節予報《きせつよほう》

明日《あす》や明後日《あさって》・週間天気予報《しゅうかんてんきよほう》はよく耳《みみ》にしますが、実《じつ》は2週間《しゅうかん》、1か月《げつ》、3か月《げつ》などの気象予報《きしょうよほう》もあります。他《ほか》にも、夏《なつ》の平均気温《へいきんきおん》や降水量《こうすいりょう》などを予測《よそく》する暖候期《だんこうき》予報《よほう》、冬《ふゆ》の平均気温《へいきんきおん》や降水量《こうすいりょう》・降《こう》雪量《せつりょう》を予測《よそく》する寒候期予報《かんこうきよほう》というものもあります。これらの中《ちゅう》・長期的《ちょうきてき》な予報《よほう》のことを季節予報《きせつよほう》といいます。1か月《げつ》を超《こ》える予報《よほう》では、エルニーニョ、ラニーニャ現象《げんしょう》などのような海洋《かいよう》の変動《へんどう》も、大気《たいき》の変動《へんどう》とあわせて予測《よそく》することが必要《ひつよう》になります。これらの予報《よほう》は、農業《のうぎょう》などを含《ふく》めたさまざまな産業《さんぎょう》に活用《かつよう》されています。

季節予報《きせつよほう》の種類《しゅるい》

暖候期予報《だんこうきよほう》

夏《なつ》の平均気温《へいきんきおん》、夏《なつ》と梅雨《つゆ》の降水量《こうすいりょう》を予測《よそく》する。

寒候期予報《かんこうきよほう》

冬《ふゆ》の平均気温《へいきんきおん》や降水量《こうすいりょう》・降雪量《こうせつりょう》を予測《よそく》する。

早期天候情報《そうきてんこうじょうほう》

2週間気温予報《しゅうかんきおんよほう》で、気温《きおん》がかなり高《たか》い、低《ひく》いや、降雪量《こうせつりょう》がかなり多《おお》い可能性《かのうせい》があるときに発表《はっぴょう》する。

1か月予報《げつよほう》

向《む》こう1か月《げつ》の平均気温《へいきんきおん》、降水量《こうすいりょう》、日照時間《にっしょうじかん》、降雪量《こうせつりょう》を予測《よそく》する。

3か月予報《げつよほう》

向《む》こう3か月《げつ》の平均気温《へいきんきおん》、降水量《こうすいりょう》、降雪量《こうせつりょう》を予測《よそく》する。

2週間気温予報《しゅうかんきおんよほう》

6日後《かご》から14日後《かご》までの気温《きおん》を予測《よそく》する。

季節予報《きせつよほう》では、全国《ぜんこく》をいくつかの地域《ちいき》にわけて予報《よほう》しているよ。

北日本日本海側《きたにほんにほんかいがわ》
北日本《きたにほん》
北日本太平洋側《きたにほんたいへいようがわ》
東日本日本海側《ひがしにほんにほんかいがわ》
西日本日本海側《にしにほんにほんかいがわ》
東日本《ひがしにほん》
東日本太平洋側《ひがしにほんたいへいようがわ》
西日本《にしにほん》
西日本太平洋側《にしにほんたいへいようがわ》
沖縄《おきなわ》・奄美《あまみ》

さまざまな観測《かんそく》データを分析《ぶんせき》することで予報《よほう》もできるのよね。

もっと知《し》りたい！

凶作《きょうさく》から農業《のうぎょう》を救《すく》え！ 季節予報《きせつよほう》が大活躍《だいかつやく》

季節予報誕生《きせつよほうたんじょう》のきっかけは、東北《とうほく》の大凶作《だいきょうさく》です。東北地方《とうほくちほう》は「やませ」と呼《よ》ばれる冷《つめ》たい東風《ひがしかぜ》が吹《ふ》くことがありますが、明治《めいじ》から昭和初期《しょうわしょき》にかけて、平年《へいねん》に比《くら》べて気温《きおん》の低《ひく》い夏《なつ》(冷夏《れいか》)が何度《なんど》もありました。大凶作《だいきょうさく》になってお米《こめ》がとれなくなったのです。それ以降《いこう》、農家《のうか》の人《ひと》がタネを植《う》える時《とき》、何《なに》を植《う》えたら良《よ》いのか検討《けんとう》できるように、夏《なつ》の気温《きおん》などを予報《よほう》できないかと「季節予報《きせつよほう》」が誕生《たんじょう》しました。その後《ご》、中断《ちゅうだん》することもありましたが、やはり農家《のうか》の人《ひと》には必要《ひつよう》な情報《じょうほう》だったため、現在《げんざい》も発表《はっぴょう》されています。

異常気象《いじょうきしょう》の原因《げんいん》にも エルニーニョ現象《げんしょう》とラニーニャ現象《げんしょう》

遠《とお》い地域《ちいき》の現象《げんしょう》が世界中《せかいじゅう》に影響《えいきょう》を及《およ》ぼす

南《みなみ》アメリカにあるペルーという国《くに》を知《し》っていますか？　日本《にほん》とは1万《まん》5000kmも離《はな》れている遠《とお》い国《くに》です。こんなに離《はな》れた国《くに》の沖合《おきあい》で起《お》きた現象《げんしょう》が、日本《にほん》をはじめ世界中《せかいじゅう》の異常気象《いじょうきしょう》の原因《げんいん》になっているのです。それが、エルニーニョ現象《げんしょう》とラニーニャ現象《げんしょう》です。

エルニーニョ現象《げんしょう》とは、太平洋《たいへいよう》の赤道域《せきどういき》の日付変更線《ひづけへんこうせん》付近《ふきん》から南《みなみ》アメリカ沿岸《えんがん》にかけて海面水《かいめんすい》温《おん》が平年《へいねん》より高《たか》くなり、その状態《じょうたい》が1年《ねん》ほど続《つづ》く現象《げんしょう》のことです。反対《はんたい》に、同《おな》じ海域《かいいき》で海面水温《かいめんすいおん》が平《へい》年《ねん》より低《ひく》い状態《じょうたい》が続《つづ》く現象《げんしょう》をラニーニャ現象《げんしょう》といいます。この2つは、それぞれ数年《すうねん》おきに発生《はっせい》しています。

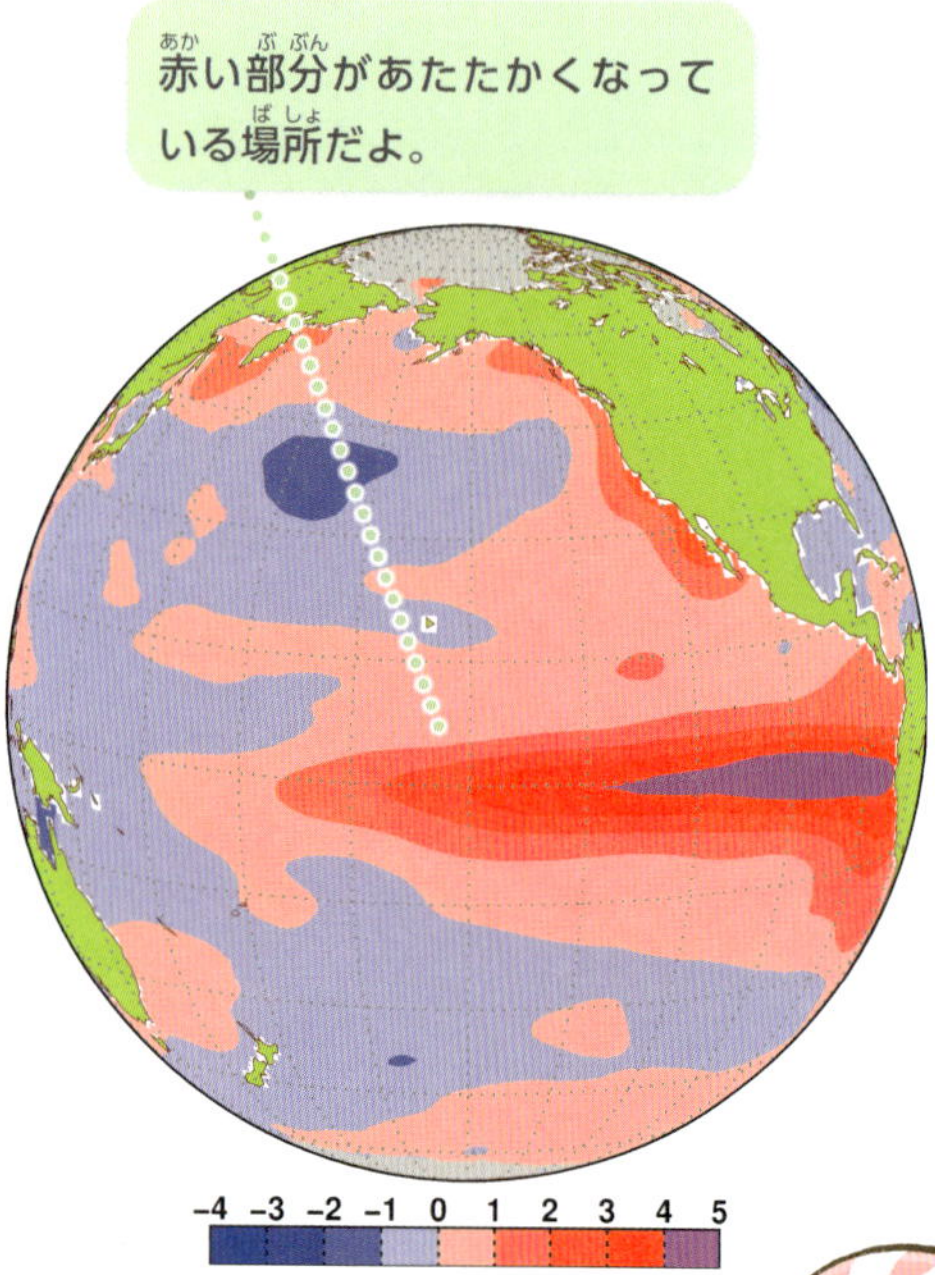

エルニーニョ現象《げんしょう》のとき

東風《ひがしかぜ》が平常時《へいじょうじ》よりも弱《よわ》くなり、西部《せいぶ》に溜《た》まっていたあたたかい海水《かいすい》が東方《とうほう》へ広《ひろ》がるにつれて、東部《とうぶ》では冷《つめ》たい水《みず》の湧《わ》き上《あ》がりが弱《よわ》まっています。このため、太平洋赤道域《たいへいようせきどういき》の中部《ちゅうぶ》から東《とう》部《ぶ》では、海面水温《かいめんすいおん》が平常時《へいじょうじ》よりも高《たか》くなっています。エルニーニョ現象《げんしょう》が発生《はっせい》していると、積乱雲《せきらんうん》がさかんに発生《はっせい》する海域《かいいき》が平常時《へいじょうじ》より東《ひがし》へ移《うつ》ります。

日本《にほん》ではエルニーニョ現象《げんしょう》が発生《はっせい》すると、夏《なつ》は気《き》温《おん》が低《ひく》く、日照時間《にっしょうじかん》が少《すく》なく、降水量《こうすいりょう》が多《おお》くなる傾《けい》向《こう》があるのよ。冬《ふゆ》は気温《きおん》が高《たか》くなる傾向《けいこう》があるわ。

気象庁《きしょうちょう》では、この現象《げんしょう》の監視《かんし》を行《おこな》い、予測《よそく》した結果《けっか》を「エルニーニョ監視速報《かんしそくほう》」として、毎月《まいつき》10日頃《かごろ》にホームページで発表《はっぴょう》しています。

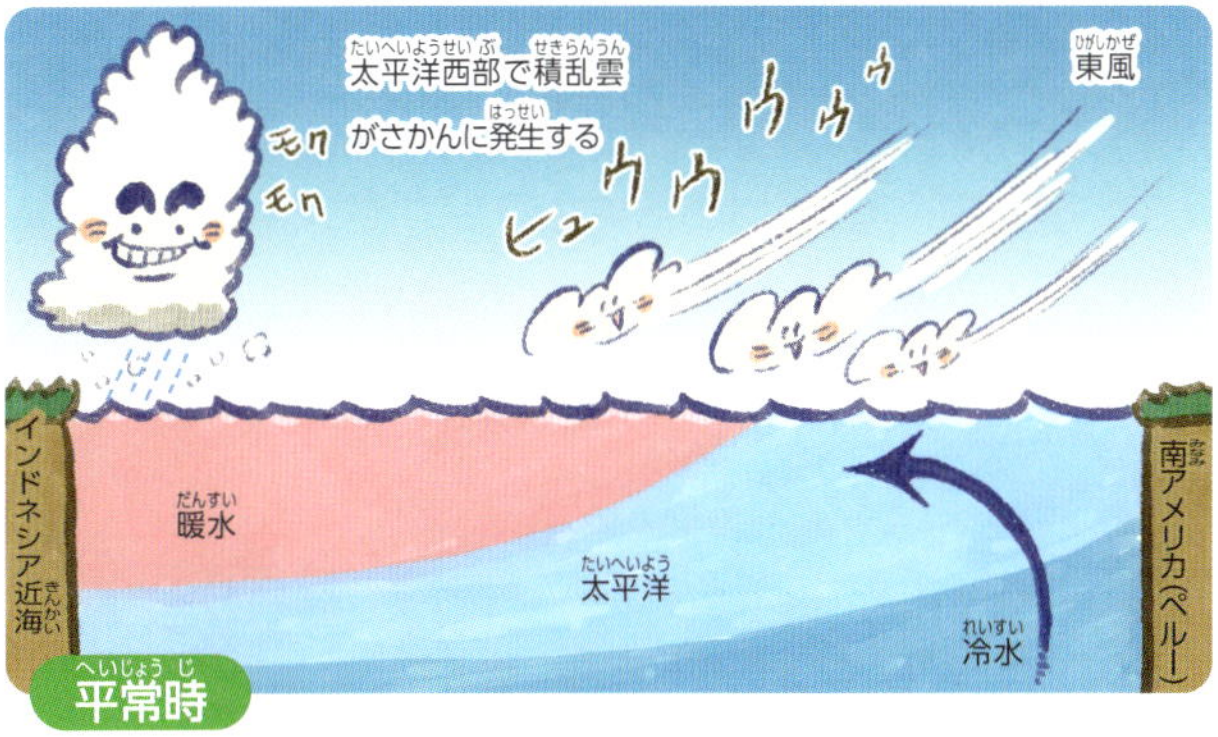

平常時《へいじょうじ》

太平洋《たいへいよう》の熱帯域《ねったいいき》には貿易風《ぼうえきふう》と呼《よ》ばれる東風《ひがしかぜ》が常《つね》に吹《ふ》いているため、海面付近《かいめんふきん》のあたたかい海水《かいすい》が太平洋《たいへいよう》の西側《にしがわ》に吹《ふ》き寄《よ》せられています。西部《せいぶ》のインドネシア近海《きんかい》では海面下数百《かいめんかすうひゃく》メートルまでの表層《ひょうそう》にあたたかい海水《かいすい》が蓄積《ちくせき》し、東部《とうぶ》の南米沖《なんべいおき》では、この東風《ひがしかぜ》と地球《ちきゅう》の自転《じてん》の効果《こうか》によって深《ふか》いところから冷《つめ》たい海水《かいすい》が海面近《かいめんちか》くに湧《わ》き上《あ》がっています。このため、海面水温《かいめんすいおん》は太平洋赤道域《たいへいようせきどういき》の西部《せいぶ》で高《たか》く、東部《とうぶ》で低《ひく》くなっています。海面水温《かいめんすいおん》の高《たか》い太平洋西部《たいへいようせいぶ》では、海面《かいめん》からの蒸発《じょうはつ》がさかんで、大気中《たいきちゅう》に大量《たいりょう》の水蒸気《すいじょうき》が供給《きょうきゅう》されて、上空《じょうくう》で積乱雲《せきらんうん》がたくさん発生《はっせい》します。

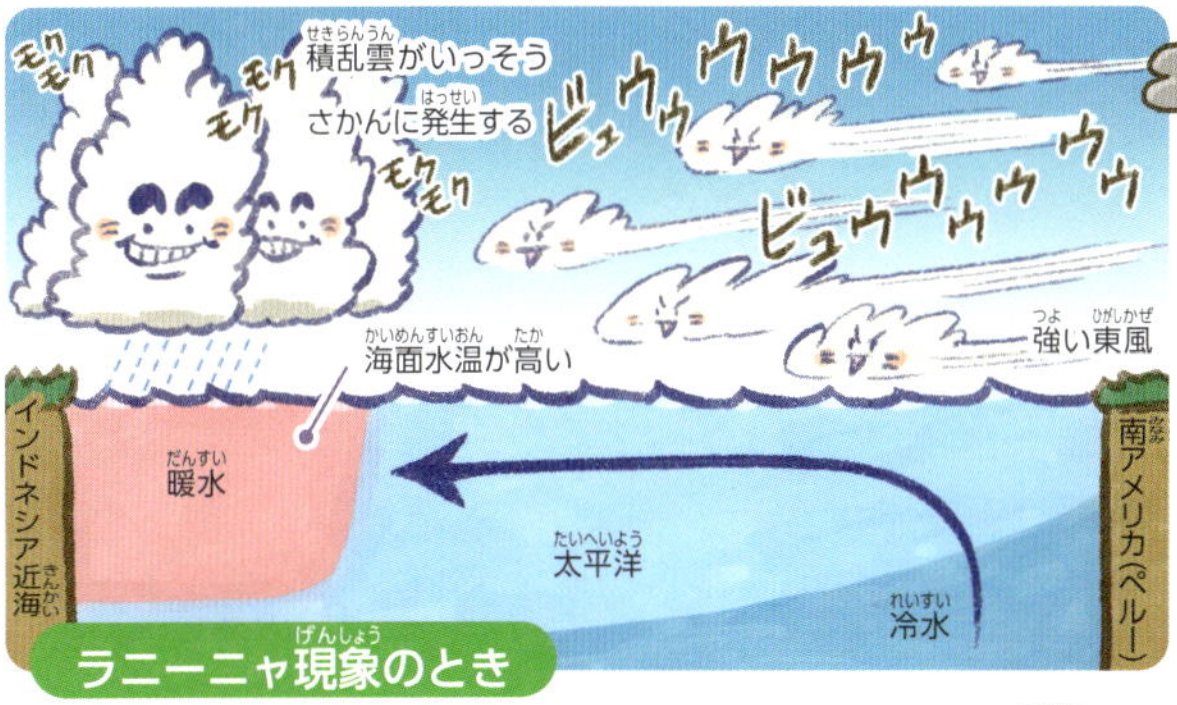

ラニーニャ現象《げんしょう》のとき

東風《ひがしかぜ》が平常時《へいじょうじ》よりも強《つよ》くなり、西部《せいぶ》にあたたかい海水《かいすい》がより厚《あつ》く蓄積《ちくせき》する一方《いっぽう》、東部《とうぶ》では冷《つめ》たい水《みず》の湧《わ》き上《あ》がりが平常時《へいじょうじ》より強《つよ》くなります。このため、太平洋赤道域《たいへいようせきどういき》の中部《ちゅうぶ》から東部《とうぶ》では、海《かい》面水温《めんすいおん》が平常時《へいじょうじ》よりも低《ひく》くなっています。ラニーニャ現象《げんしょう》が発生《はっせい》すると、インドネシア近海《きんかい》の海上《かいじょう》では積乱雲《せきらんうん》がいっそうさかんに発生《はっせい》します。

日本《にほん》ではラニーニャ現象《げんしょう》が発生《はっせい》すると、夏《なつ》は気温《きおん》が高《たか》く、冬《ふゆ》は気温《きおん》が低《ひく》くなる傾向《けいこう》があるんじゃな。

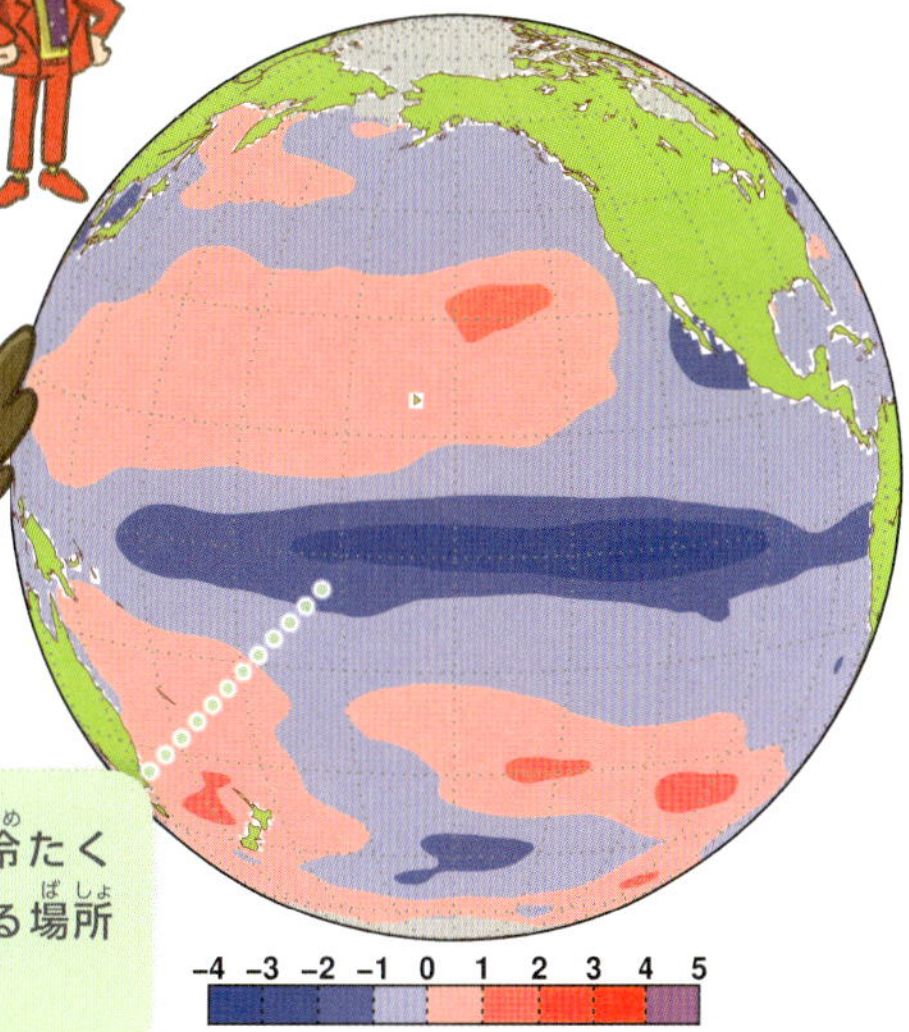

青部分《あおぶぶん》が冷《つめ》たくなっている場所《ばしょ》だよ。

風《かぜ》の強《つよ》さと吹《ふ》き方《かた》

平均風速《へいきんふうそく》（m/s）

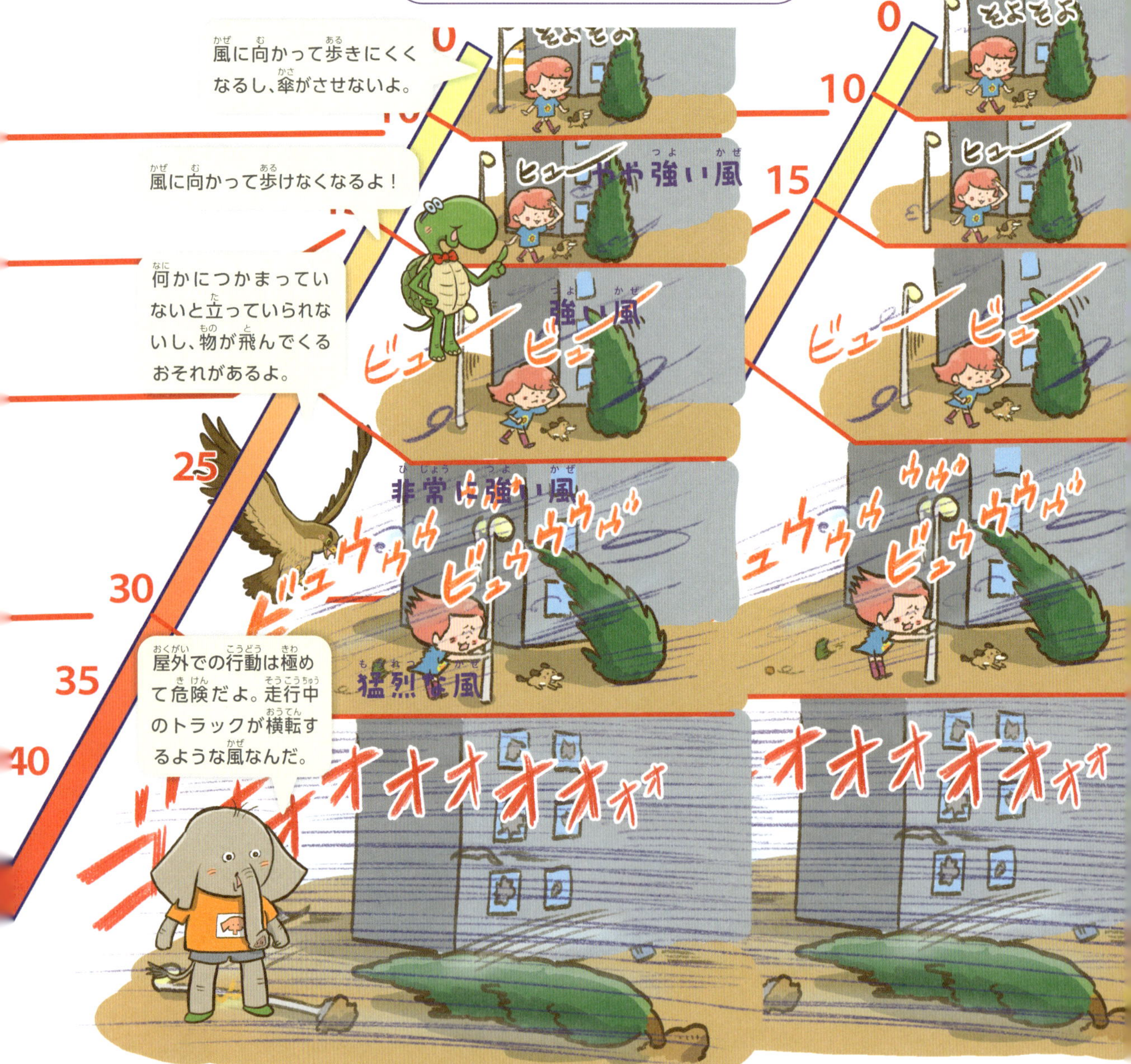

雨《あめ》の強《つよ》さと降《ふ》り方《かた》

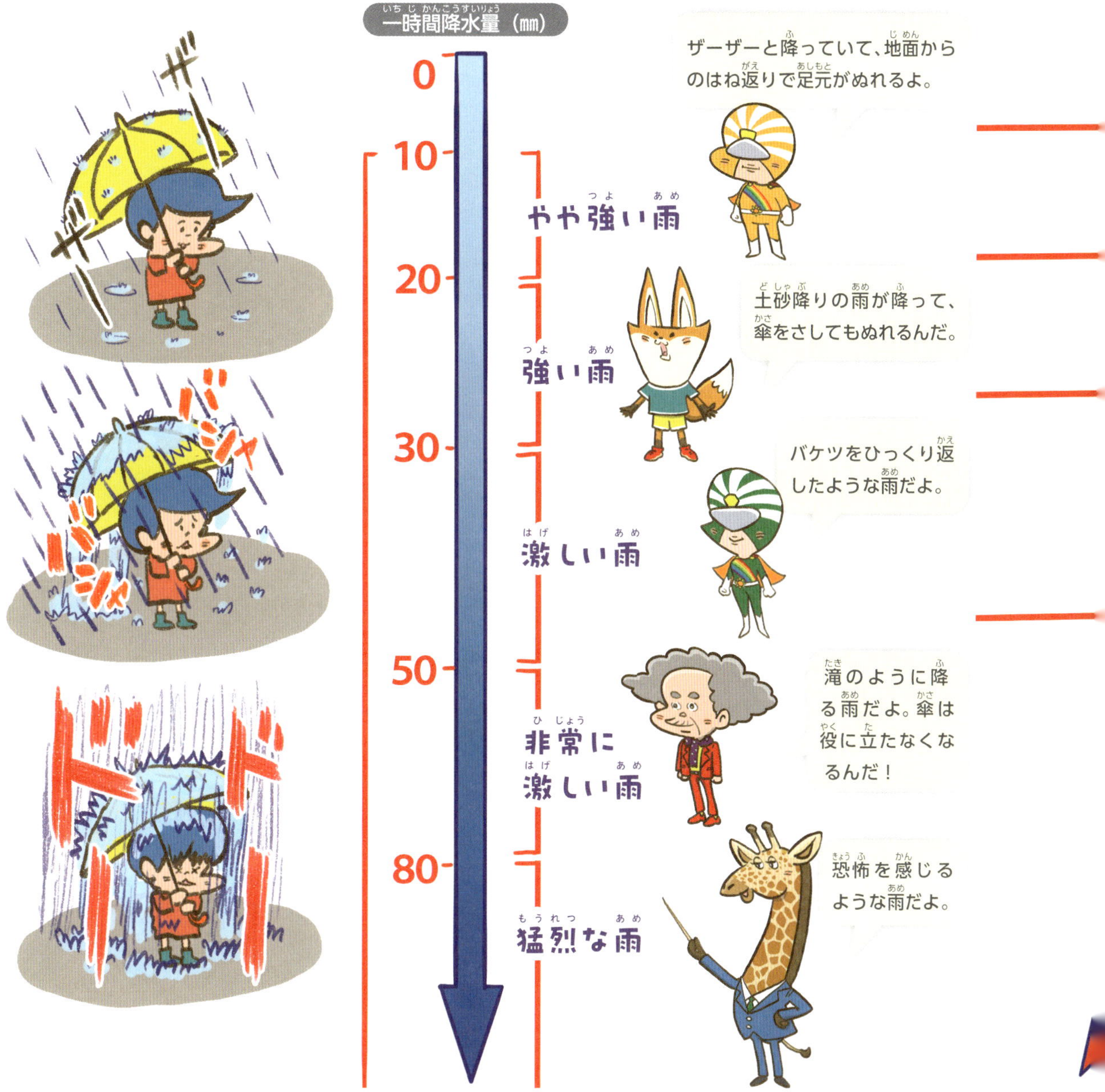

04

被害《ひがい》をくいとめるために、台風《たいふう》の状態《じょうたい》を監視《かんし》して予報《よほう》を発表《はっぴょう》

夏《なつ》から秋《あき》にかけて、台風《たいふう》は日本《にほん》に大《おお》きな被害《ひがい》をもたらすことがあります。その被害《ひがい》を未然《みぜん》に防ぐためにも、台風《たいふう》がどう進《すす》むか、どれくらいの強《つよ》さになるかという情報《じょうほう》は、とても大切《たいせつ》です。

この積乱雲《せきらんうん》の発達《はったつ》によって、水蒸気《すいじょうき》が雨《あめ》や雲《くも》に変《か》わって大《おお》きなエネルギーを出《だ》すんじゃ。

2016年《ねん》10月《がつ》3日《か》9時《じ》ごろのひまわり８号《ごう》の画像《がぞう》。

台風《たいふう》の状態《じょうたい》はいつも「ひまわり」が監視《かんし》しているんだ。

台風《たいふう》のエネルギー源《げん》は海上《かいじょう》の水蒸気《すいじょうき》!!

台風《たいふう》は身近《みぢか》ですが、あまり来《き》てほしくはない、やっかいな存在《そんざい》ですね。

台風《たいふう》とは、熱帯《ねったい》や亜熱帯《あねったい》の特定《とくてい》の海域《かいいき》で発生《はっせい》する熱帯低気圧《ねったいていきあつ》のうち、中心付近《ちゅうしんふきん》の最大風速《さいだいふうそく》が毎秒《まいびょう》17・2m以上《いじょう》のもののことです。あたたかい海《うみ》からの大量《たいりょう》の水蒸気《すいじょうき》をエネルギー源《げん》として、成長《せいちょう》を続《つづ》けます。なお通常《つうじょう》、夏《なつ》から秋《あき》にかけて、台風《たいふう》は日本《にほん》に大《おお》きな被害《ひがい》をもたらすことがあります。

台風《たいふう》の影響《えいきょう》により大量《たいりょう》の雨《あめ》が降《ふ》り、低《ひく》いところが浸水《しんすい》したり、河川《かせん》が増水《ぞうすい》してはんらんしたりすることもあります。また、強風《きょうふう》で交通機関《こうつうきかん》が動《うご》かなくなったり、風《かぜ》で飛《と》ばされた物《もの》でケガをしたりするおそれもあります。このような被害《ひがい》を未然《みぜん》に防《ふせ》ぐためにも、台風《たいふう》がどう進《すす》むか、どれくらいの強《つよ》さになるかという情報《じょうほう》は、とても大切《たいせつ》だといえます。

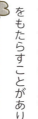

気象衛星《きしょうえいせい》ひまわりで台風《たいふう》の状態《じょうたい》を監視《かんし》

台風《たいふう》がいまどうなっているかを監視《かんし》するのも、予報官《よほうかん》の仕事《しごと》です。ほとんどの台風《たいふう》は海上《かいじょう》で発生《はっせい》するため、近《ちか》くで観測《かんそく》できる場所《ばしょ》(観測点《かんそくてん》)が多《おお》くありません。そのため、気象衛星《きしょうえいせい》ひまわりから送《おく》られてくる映像《えいぞう》などを解析《かいせき》して、台《たい》

風《ふう》の中心位置《ちゅうしんいち》や最大風速《さいだいふうそく》、中心気《ちゅうしんき》圧《あつ》、暴風域《ぼうふういき》などを決《き》めます。

台風《たいふう》が日本《にほん》に近《ちか》づき、全国各地《ぜんこくかくち》の気象台《きしょうだい》や観測所《かんそくじょ》の測器《そっき》の守備《しゅび》範囲《はんい》に入《はい》れば、さらに正確《せいかく》なデータを実況解析《じっきょうかいせき》や予報《よほう》に利用《りよう》できるようになります。

台風《たいふう》ができるまで

1 大量《たいりょう》の水蒸気《すいじょうき》が発生《はっせい》

太陽《たいよう》の熱《ねつ》で海水《かいすい》が温《あたた》められて水《すい》蒸気《じょうき》が発生《はっせい》する。特《とく》に熱帯地方《ねったいちほう》の海上《かいじょう》では、気温《きおん》の高《たか》さによってたくさんの水蒸気《すいじょうき》が発生《はっせい》する。

2 水蒸気《すいじょうき》の影響《えいきょう》で積乱雲《せきらんうん》が発生《はっせい》する

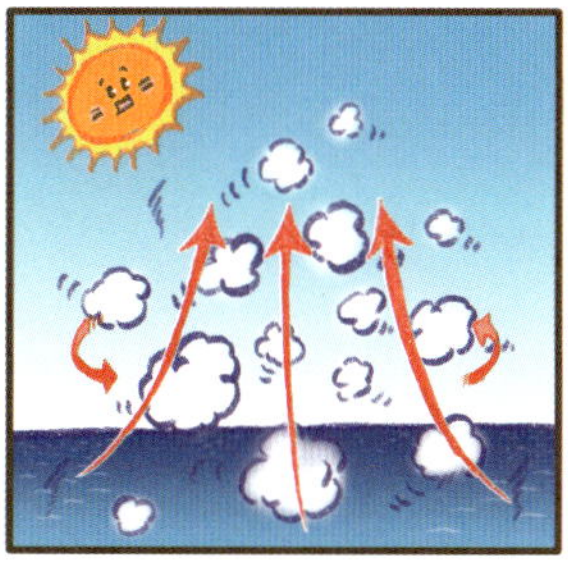

水蒸気《すいじょうき》が、反時計回《はんとけいまわ》りに渦《うず》を巻《ま》きながら上昇《じょうしょう》する。強《つよ》い上昇気流《じょうしょうきりゅう》が発生《はっせい》すると、そこに湿《しめ》った空気《くうき》が流《なが》れ込《こ》み、積乱雲《せきらんうん》へと成長《せいちょう》する。

3 積乱雲《せきらんうん》を吸収《きゅうしゅう》して渦《うず》が大《おお》きくなる

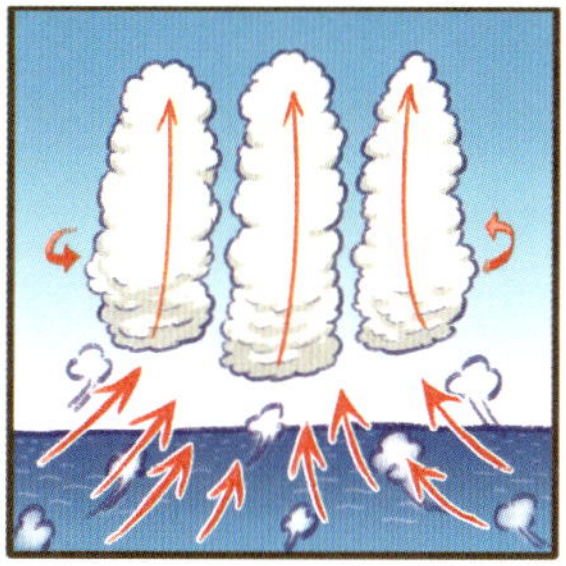

その積乱雲《せきらんうん》がまわりの積乱雲《せきらんうん》も吸収《きゅうしゅう》して渦《うず》がどんどん大《おお》きくなる。

4 台風発生《たいふうはっせい》!

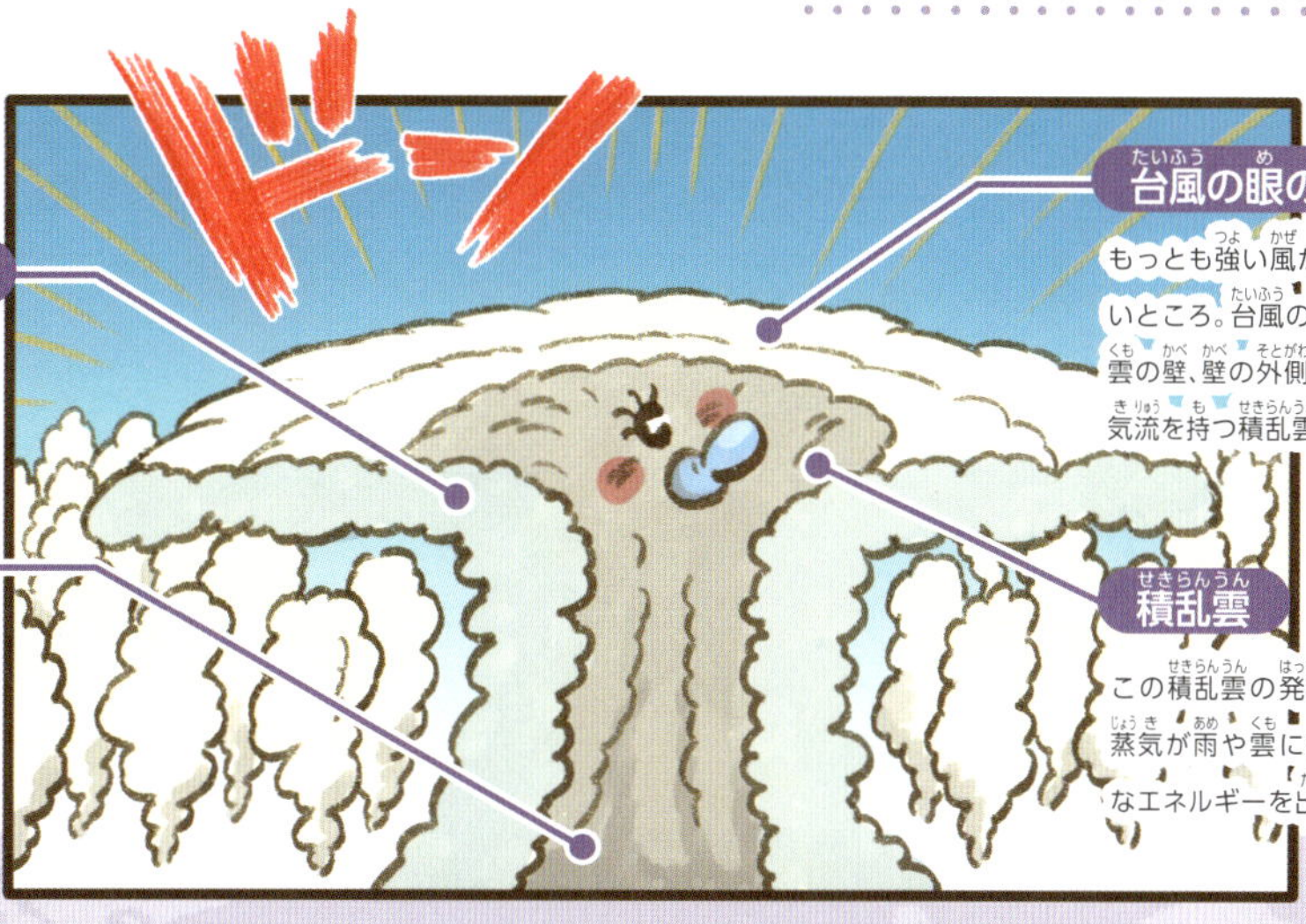
ドーン
反時計回《はんとけいまわ》りの渦《うず》
北半球《きたはんきゅう》の台風《たいふう》の中心付近《ちゅうしんふきん》では反時計回《はんとけいまわ》りの風《かぜ》が中《ちゅう》心《しん》に向《む》かって吹《ふ》いている。
台風《たいふう》の眼《め》
北半球《きたはんきゅう》の台風《たいふう》の中心付近《ちゅうしんふきん》では、反時計回《はんとけいまわ》りの風《かぜ》が中《ちゅう》心《しん》に向《む》かって吹《ふ》いている。
台風《たいふう》の眼《め》の壁《かべ》
もっとも強《つよ》い風《かぜ》が吹《ふ》き、雨《あめ》も強《つよ》いところ。台風《たいふう》の眼《め》を取《と》り囲《かこ》む雲《くも》の壁《かべ》、壁《かべ》の外側《そとがわ》には強《つよ》い上昇《じょうしょう》気流《きりゅう》を持《も》つ積乱雲《せきらんうん》がある。
積乱雲《せきらんうん》
この積乱雲《せきらんうん》の発達《はったつ》によって水《すい》蒸気《じょうき》が雨《あめ》や雲《くも》に変《か》わって大《おお》きなエネルギーを出《だ》す。

05

明日《あす》のお天気《てんき》だけじゃない！船《ふね》・飛行機《ひこうき》などの特別《とくべつ》な情報《じょうほう》

日本《にほん》で生活《せいかつ》する私《わたし》たちにとって欠《か》かせない天気予報《てんきよほう》ですが、海外《かいがい》への移動《いどう》の手段《しゅだん》である船《ふね》や飛行機《ひこうき》にも気象情報《きしょうじょうほう》は重要《じゅうよう》な役割《やくわり》をしています。

船《ふね》や飛行機《ひこうき》の安全《あんぜん》にも気象情報《きしょうじょうほう》は欠《か》かせない

私《わたし》たちはずっと、国内《こくない》にいるわけではありません。日本《にほん》を飛《と》び出《だ》していくこともありますね。そのための移動手段《いどうしゅだん》には、船舶《せんぱく》と航空《こうくう》機《き》があります。

船舶《せんぱく》が運航《うんこう》するためには、台風《たいふう》や発達中《はったつちゅう》の低気圧《ていきあつ》などで天気《てんき》が荒《あ》れたときも安全《あんぜん》に航行《こうこう》できるかどうかがカギとなります。そのため気象庁《きしょうちょう》では、日本近海《にほんきんかい》の船舶《せんぱく》に向《む》けて、低気圧《ていきあつ》などに関《かん》する情《じょう》報《ほう》、強風《きょうふう》・濃霧《のうむ》・着《ちゃく》氷《ひょう》などの海上警《かいじょうけい》報《ほう》、天気《てんき》や風向《ふうこう》・風速《ふうそく》、波《なみ》の高《たか》さなどの海上予報《かいじょうよほう》を発表《はっぴょう》しています。

また津波《つなみ》や火《か》山《ざん》の噴火《ふんか》のときにも、海上警報《かいじょうけいほう》や海上予報《かいじょうよほう》を提供《ていきょう》しています。

飛行機《ひこうき》の安全《あんぜん》な運行《うんこう》を支《ささ》える気象情報《きしょうじょうほう》

安全《あんぜん》な運航《うんこう》をおびやかす乱気流《らんきりゅう》や雷《かみなり》は、航空機《こうくうき》にとって大敵《たいてき》です。また、霧《きり》や雪《ゆき》、低《ひく》いところにある雲《くも》で滑走路《かっそうろ》がよく見《み》えないと、航空《こうくう》機《き》は安全《あんぜん》に離着陸《りちゃくりく》できません。そのほかにも、機体《きたい》への着氷《ちゃくひょう》や火山《かざん》灰《ばい》など、航空機《こうくうき》の飛行《ひこう》に影響《えいきょう》を与《あた》える現象《げんしょう》はたくさんあります。

また、悪天候《あくてんこう》などで目的《もくてき》の空港《くうこう》に着陸《ちゃくりく》できないような場合《ばあい》には、代《か》わりに別《べつ》の空港《くうこう》に着陸《ちゃくりく》することもあります。そのようなときには、途中《とちゅう》の経路《けいろ》や近《ちか》くの空港《くうこう》の気象《きしょう》情《じょう》報《ほう》が必要《ひつよう》になります。

国際化《こくさいか》の影響《えいきょう》で、今後《こんご》ますます航空機《こうくうき》での移動《いどう》・輸送《ゆそう》が増《ふ》えていきます。航空機《こうくうき》の安全《あんぜん》で効率的《こうりつてき》な運航《うんこう》を支援《しえん》する気象情報《きしょうじょうほう》の役割《やくわり》は、ますます重要《じゅうよう》になってきています。

もっと知《し》りたい!

気象庁《きしょうちょう》の担当《たんとう》エリアは広大《こうだい》!!

気象庁《きしょうちょう》が責任《せきにん》を持《も》って監視《かんし》しているのは、日本《にほん》と近海《きんかい》だけではありません。じつはアジア太平洋地域《たいへいようちいき》の天気図作《てんきずさく》成《せい》や海上警報《かいじょうけいほう》の作成《さくせい》も行《おこな》っています。その領域《りょういき》はかなり広《ひろ》く、赤道《せきどう》から北緯《ほくい》60度《ど》、東経《とうけい》100〜180度《ど》にわたります。さらに気象庁《きしょうちょう》は、日本《にほん》の担当空域《たんとうくういき》（日本付近《にほんふきん》から太平《たいへい》洋《よう》の東経《とうけい》165度《ど》にかけて）を対象《たいしょう》に、航空機《こうくうき》の飛行《ひこう》に影《えい》響《きょう》を与《あた》える乱気流《らんきりゅう》や火山灰《かざんばい》などの現象《げんしょう》について注意《ちゅうい》を呼《よ》びかける情報《じょうほう》も発表《はっぴょう》しています。

安全《あんぜん》に海《うみ》を渡《わた》れるように！「船舶向《せんぱくむ》けの情報《じょうほう》」

波浪実況《はろうじっきょう》・予想図《よそうず》

1日《にち》4回更新《かいこうしん》

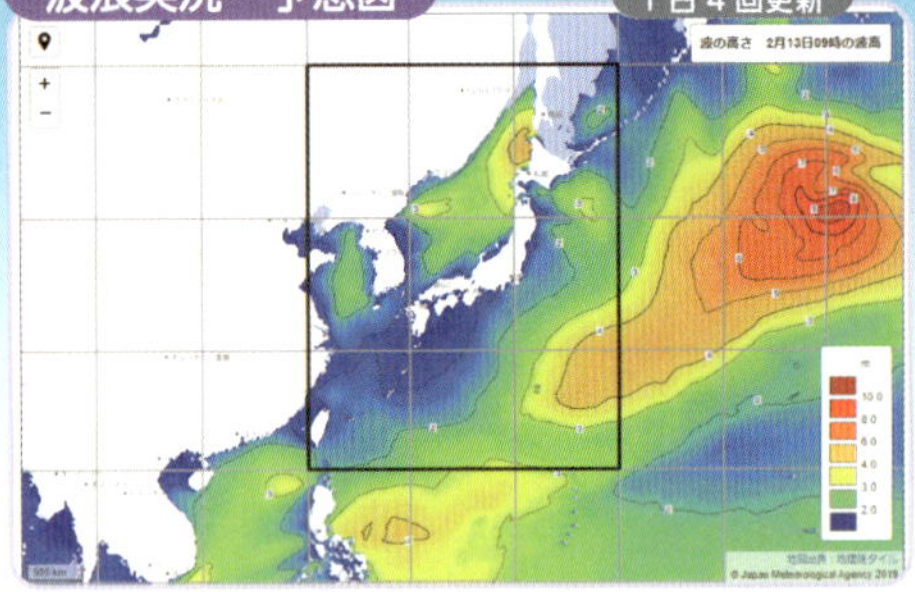

海上分布予報《かいじょうぶんぷよほう》

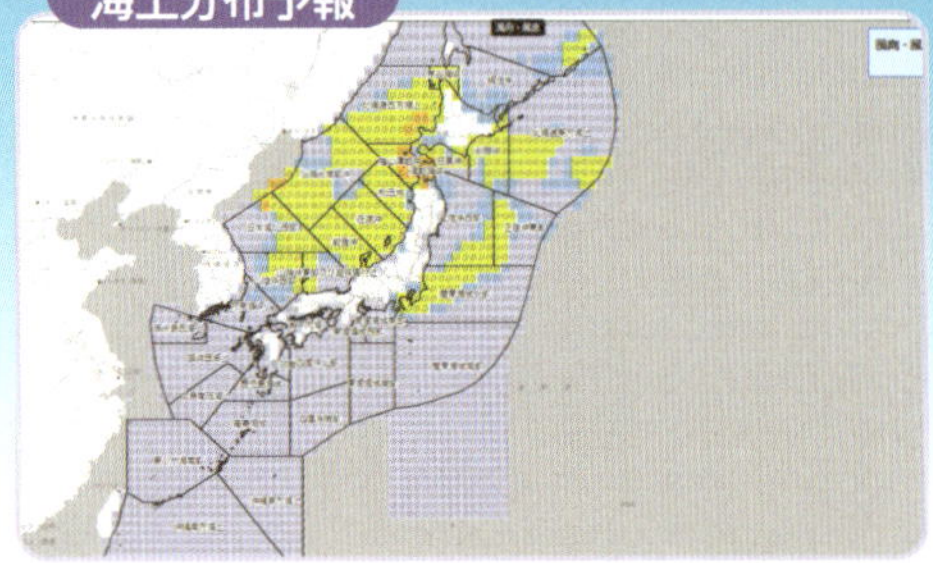

波浪計《はろうけい》や観測用《かんそくよう》のブイなどを使《つか》って、沿岸《えんがん》・外洋《がいよう》の波《なみ》を監視《かんし》しています。波浪実況《はろうじっきょう》・予想図《よそうず》は毎《まい》日《にち》2時《じ》ごろ、8時《じ》ごろ、14時《じ》ごろ、20時《じ》ごろの1日《にち》4回更新《かいこうしん》します。

海上警報《かいじょうけいほう》や海上予報《かいじょうよほう》の補足《ほそく》として、「風《かぜ》、波《なみ》、視程《してい》（霧《きり》）、着氷《ちゃくひょう》、天気《てんき》」の気象要素《きしょうようそ》を格子単位《こうしたんい》（緯度《いど》・経《けい》度《ど》とも0.5度《ど》の格子《こうし》）の分布図《ぶんぷず》形《けい》式《しき》で提供《ていきょう》しています。

気象庁《きしょうちょう》では、日本近海《にほんきんかい》で下《した》の表《ひょう》のような現象《げんしょう》が発生《はっせい》しているか、または24時間以内《じかんいない》に発生《はっせい》すると予想《よそう》される場《ば》合《あい》に、海上警報《かいじょうけいほう》を発表《はっぴょう》しています。

強風《きょうふう》・濃霧《のうむ》・着氷《ちゃくひょう》などの海上警報《かいじょうけいほう》、天気《てんき》や風向《ふうこう》・風速《ふうそく》、波《なみ》の高《たか》さなどの海上予報《かいじょうよほう》を発表《はっぴょう》しています。

海上警報《かいじょうけいほう》の種類《しゅるい》

海上台風警報《かいじょうたいふうけいほう》	台風《たいふう》による風《かぜ》が最大風速《さいだいふうそく》64ノット以上《いじょう》。	気象庁風力階級表《きしょうちょうふうりょくかいきゅうひょう》の風力《ふうりょく》12に相当《そうとう》。
海上暴風警報《かいじょうぼうふうけいほう》	最大風速《さいだいふうそく》48ノット以上《いじょう》。	気象庁風力階級表《きしょうちょうふうりょくかいきゅうひょう》の風力《ふうりょく》10以上《いじょう》に相当《そうとう》。
海上強風警報《かいじょうきょうふうけいほう》	最大風速《さいだいふうそく》34ノット以上《いじょう》48ノット未満《みまん》。	気象庁風力階級表《きしょうちょうふうりょくかいきゅうひょう》の風力《ふうりょく》８又《また》は９に相当《そうとう》。
海上風警報《かいじょうふうけいほう》	最大風速《さいだいふうそく》28ノット以上《いじょう》34ノット未満《みまん》。	気象庁風力階級表《きしょうちょうふうりょくかいきゅうひょう》の風力《ふうりょく》７に相当《そうとう》。
海上濃霧警報《かいじょうのうむけいほう》	視程《してい》（水平方向《すいへいほうこう》に見通《みとお》せる距離《きょり》）0.3海里《かいり》（約《やく》500m）以下《いか》（瀬戸内海《せとないかい》は0.5海里《かいり》（約《やく》１km以下《いか》））。	
その他《た》の海上警報《かいじょうけいほう》	風《かぜ》、霧《きり》以外《いがい》の現象《げんしょう》について「海上《かいじょう》（現象名《げんしょうめい》）警報《けいほう》」として警報《けいほう》を行《おこな》うことがあります。 （例《れい》：海上着氷警報《かいじょうちゃくひょうけいほう》、海上《かいじょう》うねり警報《けいほう》など。）	

海上警報《かいじょうけいほう》

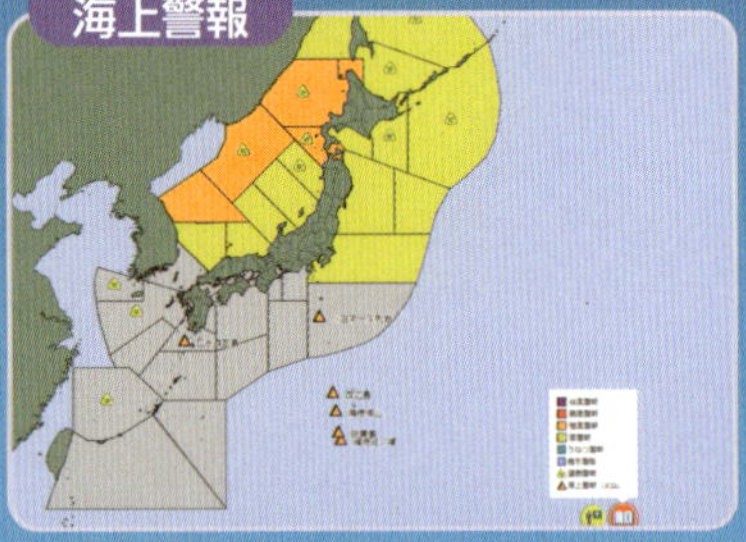

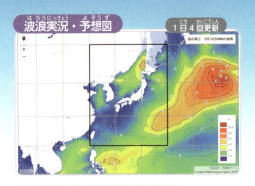

急変《きゅうへん》も視野《しや》に入《い》れて発表《はっぴょう》する「航空機向《こうくうきむ》けの情報《じょうほう》」

悪天候《あくてんこう》になっている空域《くういき》の実況《じっきょう》（いまの状《じょう》態《たい》）にコメントをつけた図《ず》を航空関係機関《こうくうかんけいきかん》に提供《ていきょう》しています。6～21時《じ》（日本時間《にほんじかん》）まで3時間《じかん》ごとに、1日《にち》6回作成《かいさくせい》しています。

国内悪天解析図《こくないあくてんかいせきず》

1日《にち》6回作成《かいさくせい》

出発前《しゅっぱつまえ》に飛行計画《ひこうけいかく》を作成《さくせい》するときや、飛《ひ》行中《こうちゅう》に到着予定時刻《とうちゃくよていじこく》の目的空港《もくてきくうこう》の気象《きしょう》状況《じょうきょう》がどのようになっているのかを把《は》握《あく》するために利用《りよう》されます。気象状況《きしょうじょうきょう》が急変《きゅうへん》した場合《ばあい》などには、発表時刻以外《はっぴょうじこくいがい》にも新《あたら》しい飛行場予報《ひこうじょうよほう》を発表《はっぴょう》します。

航空機《こうくうき》の運航《うんこう》や管理《かんり》に影響《えいきょう》をおよぼすおそれがある気象《きしょう》などについては、情報《じょうほう》を図《ず》の形《かたち》でも発表《はっぴょう》しています。国内《こくない》や日《に》本周辺《ほんしゅうへん》の空域《くういき》などの悪天候《あくてんこう》の約《やく》6時間先《じかんさき》を予想《よそう》する図《ず》が国《こく》内悪天予想図《ないあくてんよそうず》です。6時間《じかん》ごとに1日《にち》4回作成《かいさくせい》しています。

国内悪天予想図《こくないあくてんよそうず》

1日《にち》4回作成《かいさくせい》

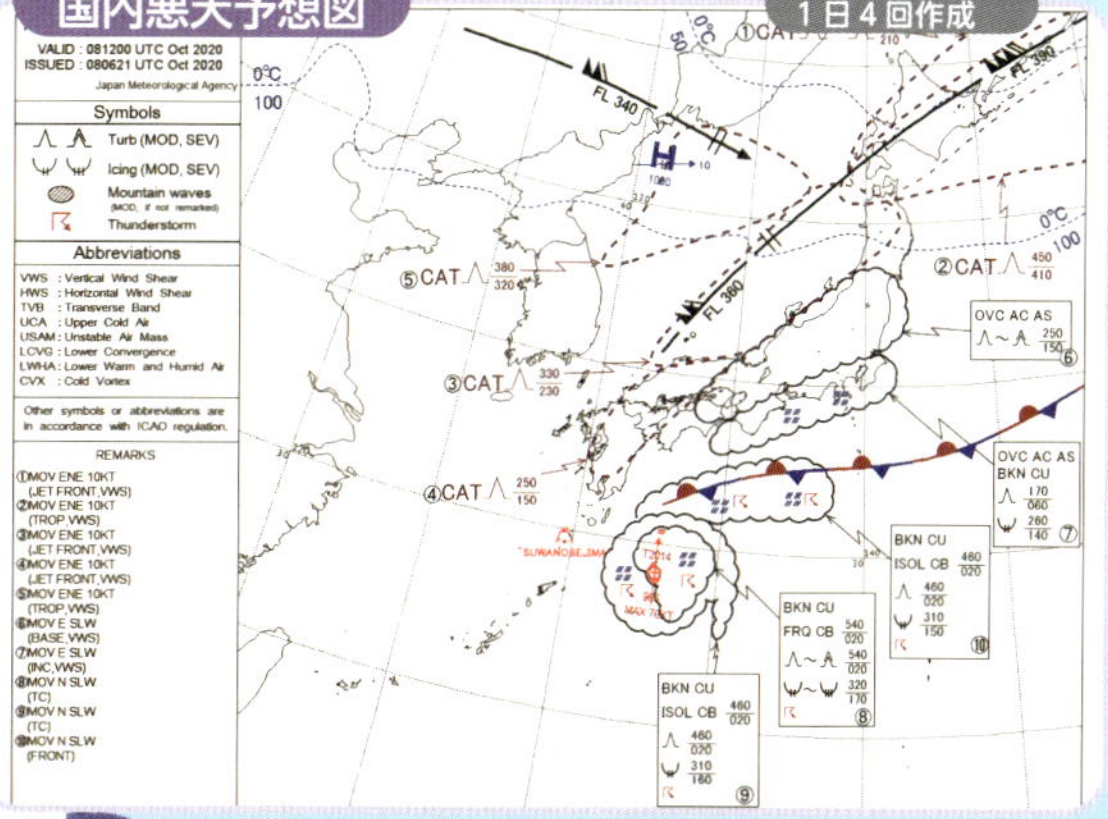

飛行場予報《ひこうじょうよほう》

ISSUED TIME 2305UTC 09 MAY 2019
NEW CHITOSE AVIATION WEATHER STATION

	UTC	～01	～02	～03	～04	～05	～06	～07	～08	～09	～10	～11	～12
Wind	Cross	3	4	4	4	4	4	4	4	4	3	3	2
	DIR/Speed(kt)	340/16	340/18	340/18	340/18	340/18	340/18	340/18	340/18	340/18	340/16	340/14	340/10
	Gust(kt)												
	Tempo Cross		4	4	4	4	4	4	4	4			
	Tempo DIR/Speed(kt)		340/20	340/20	340/22	340/22	340/22	340/22	340/22	340/22			
	Tempo Gust(kt)		30	30	32	32	32	32	32	32			
Visibility(m)		9999	9999	9999	9999	9999	9999	9999	9999	9999	9999	9999	9999
	Tempo												
Ceiling(ft)											3000	3000	3000
	Tempo												
Weather													
	Tempo												
TS probability			D			D			D			D	

Runway
Wind
Crosswind Component(kt)

Wind Speed
~24kt　25~33kt　34kt~

TILE	Wind(kt)	Vis.(m)	Ceil.(ft)	WX	TS Prob.
	34~	~900	~100	TS	A
	25~33	1000~3100	200~900		B
	~24	3200~	1000~		C,D

台風《たいふう》X号《ごう》が北上中《ほくじょうちゅう》です!
お天気《てんき》リポーターさん頑張《がんば》ってるねえ
警報《けいほう》が出《で》たら…?
みんなー! たいへんたいへんっ★
警報《けいほう》が出《で》たよ!
そのモードでもしゃべり方《かた》そのままなんだ…
でもあの台風《たいふう》まだ遠《とお》くない?
?
?
小雨《こさめ》だよね
その台風《たいふう》とは別《べつ》のやつらがくるの!
つっつ
やつら?
そう!
ほらもうすぐそこに…
こんにちは積乱雲《せきらんうん》です
ザッザッ
ザッザッ
こんにちは積《せき》
こんにち
ザッ
こわいこわいって
1人《ひとり》ずつしゃべって

我々《われわれ》は積乱雲《せきらんうん》です
まとめて線状降水帯《せんじょうこうすいたい》です
一度《いちど》に集《あつ》まると災害級《さいがいきゅう》の雨《あめ》を降《ふ》らせることがあります
連携《れんけい》プレーがすごいな！
台風情報《たいふうじょうほう》みたいにもっと早《はや》く教《おし》えてよ～！
ザッ
ザッ
線状降水帯《せんじょうこうすいたい》による大雨《おおあめ》は、半日《はんにち》くらい前《まえ》に呼《よ》びかけているよ！
でも台風《たいふう》のような予測《よそく》は難《むずか》しいの～！
バンッ
レベル4
レベル3
レベル2
レベル1
大雨《おおあめ》のときどうすればいいか分《わ》かりやすい警戒《けいかい》レベルで教《おし》えるからね！
レベル4
避難《ひなん》指示《しじ》
おじいちゃん危険《きけん》な場所《ばしょ》から早《はや》く逃《に》げなきゃ！
急《きゅう》に年寄《としよ》り扱《あつか》いせんでくれ
と言《い》いつつ孫《まご》の優《やさ》しさと成長《せいちょう》がうれしいおじいちゃんであった

06

危険《きけん》な現象《げんしょう》のおそれを知《し》らせる「防災《ぼうさい》気象《きしょう》情報《じょうほう》」

台風《たいふう》による大雨《おおあめ》や暴風《ぼうふう》などの危険《きけん》な天気《てんき》がくりかえされているため、自分《じぶん》の判断《はんだん》で避難行動《ひなんこうどう》を取《と》らなくてはならないことがあります。そのため、気象庁《きしょうちょう》は防災気象情報《ぼうさいきしょうじょうほう》を発表《はっぴょう》し、市区町村《しくちょうそん》はこれも参考《さんこう》に、他《ほか》にもさまざまな状況《じょうきょう》から判断《はんだん》し、避難情報《ひなんじょうほう》を発令《はつれい》しています。

自分《じぶん》の身《み》は自分《じぶん》で守《まも》る そのための行動指針《こうどうししん》

気候変動《きこうへんどう》の影響《えいきょう》もあり、最近《さいきん》では、毎年《まいとし》のように「危険《きけん》な状況《じょうきょう》」が日本列島《にっぽんれっとう》をおそうようになってきました。そしてテレビのお天気《てんき》コーナーでは、「特別警報《とくべつけいほう》」「警戒《けいかい》レベル」ということばを耳《みみ》にする機会《きかい》が増《ふ》えています。私《わたし》たちは、自分《じぶん》たちの住《す》む町《まち》が被害《ひがい》にあうときにそなえて、危険《きけん》な状況《じょうきょう》にはどういうものがあるか、また、いつ、どのような状況《じょうきょう》になったら身《み》を守《まも》る行動《こうどう》をとらなければならないか、知《し》っておかなければなりません。

注意報《ちゅういほう》、警報《けいほう》、特別警報《とくべつけいほう》、指定河川洪水予報《していかせんこうずいよほう》などをまとめて防災気象情《ぼうさいきしょうじょう》報《ほう》と呼《よ》ぶよ。

気象庁《きしょうちょう》の防災気象情報《ぼうさいきしょうじょうほう》を見《み》れば、いまどの程度《ていど》危険《きけん》な状況《じょうきょう》になっているかいち早《はや》く知《し》ることができるぞ!

警戒《けいかい》レベル 1

気象台《きしょうだい》が発表《はっぴょう》する「早期注意情報《そうきちゅういじょうほう》」。防災気象情報等《ぼうさいきしょうじょうほうなど》の最新情報《さいしんじょうほう》に注意《ちゅうい》して、心構《こころがま》えをしておこう。

警戒《けいかい》レベル 2

気象台《きしょうだい》が発表《はっぴょう》する「大雨注意報《おおあめちゅういほう》」、「高潮注意報《たかしおちゅういほう》」など。災害《さいがい》が想定《そうてい》されている場所《ばしょ》や避難《ひなん》場所《ばしょ》、避難経路《ひなんけいろ》、家族《かぞく》との連絡《れんらく》など、避難行動《ひなんこうどう》の確認《かくにん》をしておこう。

避難《ひなん》の道《みち》しるべになる「警戒《けいかい》レベル」

避難《ひなん》するタイミングやとるべき行動《こうどう》を直感的《ちょっかんてき》に理解《りかい》しやすくなるよう、5段階《だんかい》の警戒《けいかい》レベルを明記《めいき》して防災情報《ぼうさいじょうほう》が提供《ていきょう》されることとなっています。

警戒《けいかい》レベル 5

市町村《しちょうそん》が発令《はつれい》する「緊急安全確保《きんきゅうあんぜんかくほ》」。災害《さいがい》が発生《はっせい》・切迫《せっぱく》し、指定緊急避難場所等《していきんきゅうひなんばしょなど》への立退《たちの》き避難《ひなん》を安全《あんぜん》にできないかもしれない状況《じょうきょう》だ。大雨特別警報《おおあめとくべつけいほう》は警戒《けいかい》レベル5に相当《そうとう》するよ。このような状況《じょうきょう》になるのを待《ま》ってはいけないんだ。

警戒《けいかい》レベル 4

市町村《しちょうそん》が発令《はつれい》する「避難指示《ひなんしじ》」。危険《きけん》な場所《ばしょ》から全員避難《ぜんいんひなん》だよ。土砂《どしゃ》キキクル 123ページ や洪水《こうずい》キキクル 123ページ の紫《むらさき》は警戒《けいかい》レベル4に相当《そうとう》するんだ。

警戒《けいかい》レベル 3

市町村《しちょうそん》が発令《はつれい》する「高齢者避難《こうれいしゃひなん》」。危険《きけん》な場所《ばしょ》から高齢者等《こうれいしゃなど》は避難《ひなん》しなくちゃね。高齢者《こうれいしゃ》じゃなくても、必要《ひつよう》に応《おう》じて外出《がいしゅつ》などの普段《ふだん》の行動《こうどう》をやめたり、避難《ひなん》の準備《じゅんび》や自主的《じしゅてき》な避難《ひなん》をしたりしよう。

重大《じゅうだい》な災害《さいがい》の可能性《かのうせい》が高《たか》いことを知《し》らせる「特別警報《とくべつけいほう》」

特別警報《とくべつけいほう》とは、警報《けいほう》の発表基準《はっぴょうきじゅん》をはるかに超《こ》える大雨《おおあめ》や大津波《おおつなみ》、火山《かざん》の噴火《ふんか》などが予想《よそう》され、重大《じゅうだい》な災害《さいがい》の起《お》こるおそれが著《いちじる》しく高《たか》まっている場合《ばあい》に発表《はっぴょう》します。最大級《さいだいきゅう》の警戒《けいかい》を呼《よ》びかけるものであり、気象庁《きしょうちょう》では、平成《へいせい》25（2013）年《ねん》8月《がつ》30日《にち》から運用《うんよう》しています。

特別警報《とくべつけいほう》が発表《はっぴょう》されないからといって安心《あんしん》することは禁物《きんもつ》です。気象庁《きしょうちょう》では、危険度《きけんど》の高《たか》まりに応《おう》じて警報《けいほう》や注意報《ちゅういほう》も発表《はっぴょう》しています。大雨《おおあめ》などにおいては、特別警報《とくべつけいほう》の発表《はっぴょう》を待《ま》つことなく、時間《じかん》を追《お》って段階的《だんかいてき》に発表《はっぴょう》される気象情報《きしょうじょうほう》、注意報《ちゅういほう》、警報《けいほう》やキキクル（危険度分布《きけんどぶんぷ》）等《など》を活用《かつよう》して、早《はや》め早《はや》めの避難行動《ひなんこうどう》を心《こころ》がける

又《また》は切迫《せっぱく》

5

崖崩《がけくず》れや河川《かせん》の氾濫《はんらん》などが発生《はっせい》または切迫《せっぱく》！

必《かなら》ず避難《ひなん》

高《たか》い

4

川《かわ》の水位《すいい》が上《あ》がって、いつ氾《はん》濫《らん》が発生《はっせい》してもおかしくない状況《じょうきょう》。命《いのち》に危険《きけん》を及《およ》ぼす土《ど》砂災害《しゃさいがい》がいつ発生《はっせい》してもおかしくない状況《じょうきょう》

おそれあり

3

重大《じゅうだい》な災害《さいがい》が発生《はっせい》するおそれがあると予想《よそう》！

悪化《あっか》

2

災害《さいがい》が発生《はっせい》するおそれがあると予想《よそう》！

悪化《あっか》のおそれ

1

大雨《おおあめ》になりそう。

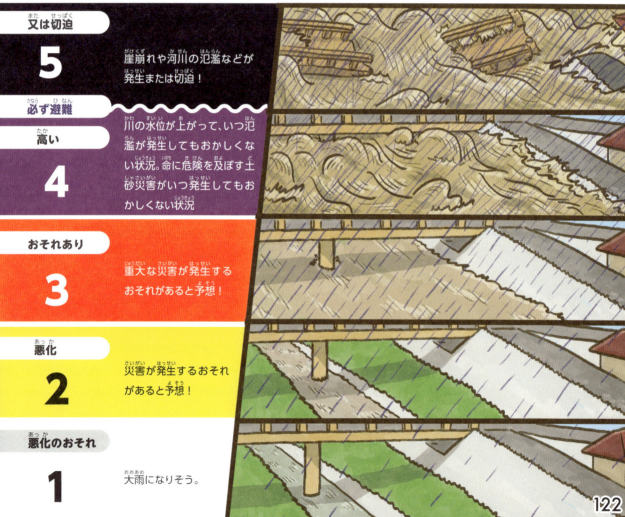

ことが大切《たいせつ》です。もし大雨《おおあめ》の特別《とくべつ》警報《けいほう》が発表《はっぴょう》された場合《ばあい》は、命《いのち》の危《き》険《けん》が迫《せま》っているため直《ただ》ちに身《み》の安全《あんぜん》を確保《かくほ》しなければならない状況《じょうきょう》です。

もっと知《し》りたい！

命《いのち》を救《すく》うツール、キキクルって？

大雨《おおあめ》による災害発生《さいがいはっせい》の危険度《きけんど》の高《たか》まりを地図上《ちずじょう》で確《かく》認《にん》できる「※危険度分布《きけんどぶんぷ》」の愛称《あいしょう》がキキクルです。土砂《どしゃ》災害《さいがい》を表示《ひょうじ》する土砂《どしゃ》キキクル、浸水害《しんすいがい》を表示《ひょうじ》する浸水《しんすい》キキクル、洪水《こうずい》を表示《ひょうじ》する洪水《こうずい》キキクルがあります。

「危機《きき》が来《く》る」からこのニックネームがつけられたんだね。

※危険度分布《きけんどぶんぷ》とは…

雨《あめ》による災害《さいがい》の危険度《きけんど》を５段階《だんかい》で色分《いろわ》けして地図上《ちずじょう》にリアルタイム表示《ひょうじ》するもので、活用《かつよう》することによって災害《さいがい》から自分自身《じぶんじしん》や大切《たいせつ》な人《ひと》の命《いのち》を守《まも》ることができる情報《じょうほう》です。気象庁《きしょうちょう》ホームページで見《み》ることができます。

ひなんマップ

災害発生《さいがいはっせい》
警戒《けいかい》レベル
市町村《しちょうそん》が発令《はつれい》する「緊急安全《きんきゅうあんぜん》確保《かくほ》」。命《いのち》の危険《きけん》があるため、ただちに身《み》を守《まも》ろう

警戒《けいかい》レベル4までに

災害《さいがい》のおそれ
警戒《けいかい》レベル
市町村《しちょうそん》が発令《はつれい》する「避難指《ひなんし》示《じ》」。危険《きけん》な場所《ばしょ》から全員逃《ぜんいんに》げよう！

災害《さいがい》の
警戒《けいかい》レベル
市町村《しちょうそん》が発令《はつれい》する「高齢者《こうれいしゃ》等避難《などひなん》」。危険《きけん》な場所《ばしょ》から高齢者等《こうれいしゃなど》は全員逃《ぜんいんに》げよう！それ以外《いがい》の人《ひと》も必要《ひつよう》に応《おう》じて避難《ひなん》の準備《じゅんび》などを！

気象状況《きしょうじょうきょう》
警戒《けいかい》レベル
気象台《きしょうだい》が発表《はっぴょう》する「大雨《おおあめ》注意報《ちゅういほう》」、「高潮注意報《たかしおちゅういほう》」など。避難場所《ひなんばしょ》や避難行《ひなんこう》動《どう》の確認《かくにん》をしよう。

今後気象状況《こんごきしょうじょうきょう》
警戒《けいかい》レベル
気象台《きしょうだい》が発表《はっぴょう》する「早《そう》期注意情報《きちゅういじょうほう》」。今後《こんご》の情報《じょうほう》に注意《ちゅうい》しながら心構《こころがま》えをしよう。

指定河川洪水予報《していかせんこうずいよほう》は危険度《きけんど》のレベルが5段階《だんかい》の警戒《けいかい》レベルと紐《ひも》づけられ、それぞれの川《かわ》の名前《なまえ》といっしょに伝《つた》えられる情報《じょうほう》で、市町村《しちょうそん》・住民《じゅうみん》に求《もと》める行動《こうどう》がわかりやすくなっています。

指定河川以外《していかせんいがい》の川《かわ》に対《たい》しても、洪水《こうずい》災害発生《さいがいはっせい》の恐《おそ》れがある場合《ばあい》には警報《けいほう》や注意報《ちゅういほう》を発表《はっぴょう》しているよ。

姿《すがた》を変《か》える河川《かせん》 的《まと》を絞《しぼ》って監視《かんし》！

川《かわ》は、生活《せいかつ》に必要《ひつよう》な水《みず》を提供《ていきょう》してくれるありがたい存在《そんざい》ですが、大雨《おおあめ》によって、とても恐《おそ》ろしい姿《すがた》になってしまうことがあります。

大雨《おおあめ》や雪《ゆき》どけなどが原因《げんいん》で、河川《かせん》を流《なが》れる水《みず》の量《りょう》が異常《いじょう》に増加《ぞうか》し、堤防《ていぼう》の浸食《しんしょく》や決壊《けっかい》、橋《はし》の流出《りゅうしゅつ》などが起《お》こる災害《さいがい》を洪水災害《こうずいさいがい》といいます。

洪水災害《こうずいさいがい》を未然《みぜん》に防《ふせ》ぐ活動《かつどう》や避難《ひなん》をするタイミングを判断《はんだん》するのは、難《むずか》しいものです。そこで、気象庁《きしょうちょう》は国土交通省《こくどこうつうしょう》や都道府県《とどうふけん》の機関《きかん》と協力《きょうりょく》して、あらかじめ指定《してい》した河川《かせん》について、区間《くかん》を決《き》めて水位《すいい》や流量《りゅうりょう》を示《しめ》した指定《してい》河川洪水予報《かせんこうずいよほう》を行《おこな》っています。

竜巻《たつまき》などの突風《とっぷう》の危険性《きけんせい》を知《し》らせる情報《じょうほう》

竜巻《たつまき》の注意《ちゅうい》は「ナウキャスト」をチェック

映画《えいが》やアニメなどでおなじみの竜巻《たつまき》。実際《じっさい》に見《み》たことがある人《ひと》は少《すく》ないかもしれません。しかし、2007～2023年《ねん》を平均《へいきん》すると、陸上《りくじょう》では1年《ねん》あたり約《やく》20件《けん》、海上《かいじょう》を含《ふく》めると約《やく》50件《けん》も発生《はっせい》しています。

竜巻《たつまき》とは、積乱雲《せきらんうん》がもたらす強《つよ》い上昇気流《じょうしょうきりゅう》によって発生《はっせい》する激《はげ》しい渦巻《うずま》きのことです。竜巻注意情報《たつまきちゅういじょうほう》は、積乱雲《せきらんうん》の下《した》で発生《はっせい》する竜《たつ》巻《まき》、ダウンバーストなどの激《はげ》しい突風《とっぷう》に対《たい》して注意《ちゅうい》を呼《よ》びかける情報《じょうほう》で、雷注意報《かみなりちゅういほう》を補足《ほそく》する情報《じょうほう》として発表《はっぴょう》します。竜巻《たつまき》などが発《はっ》生《せい》する可能性《かのうせい》が高《たか》まっている地域《ちいき》は、気象庁《きしょうちょう》ホームページの「竜巻発生確度《たつまきはっせいかくど》ナウキャスト」で確認《かくにん》することができます。

竜巻《たつまき》の種類《しゅるい》

竜巻《たつまき》

積乱雲《せきらんうん》の強《つよ》い上昇気流《じょうしょうきりゅう》によって発生《はっせい》する。漏斗状《ろうとじょう》または柱状《ちゅうじょう》の雲《くも》を伴《ともな》う突風《とっぷう》。

ガストフロント

積乱雲《せきらんうん》の下《した》で形成《けいせい》された冷《つめ》たい（重《おも》い）空気《くうき》の塊《かたまり》が、その重《おも》みにより温《あたた》かい（軽《かる》い）空気《くうき》の側《そば》に流《なが》れ出《だ》すことで発生《はっせい》する。竜巻《たつまき》やダウンバーストより大《おお》きく広《ひろ》がることもある突風《とっぷう》。

ダウンバースト

積乱雲《せきらんうん》から吹《ふ》き降《お》ろす下降気《かこうき》流《りゅう》が、地表《ちひょう》にぶつかって水平《すいへい》に吹《ふ》き出《だ》す突風《とっぷう》。

熱中症《ねっちゅうしょう》の注意《ちゅうい》を呼《よ》びかける「熱中症警戒《ねっちゅうしょうけいかい》アラート」

熱中症《ねっちゅうしょう》になりやすい気象《きしょう》を予測《よそく》して注意《ちゅうい》を呼《よ》びかける

毎年《まいとし》のように最高気温《さいこうきおん》を更新《こうしん》する、日本《にほん》。熱中症《ねっちゅうしょう》で倒《たお》れてしまう友《とも》だちはいませんでしたか?

熱中症《ねっちゅうしょう》とは、気温《きおん》や湿度《しつど》が高《たか》い環境《かんきょう》で体温《たいおん》の調整《ちょうせい》がうまくいかず、めまいやだるさなど、さまざまな症状《しょうじょう》が起《お》こる状態《じょうたい》をいいます。気《き》温《おん》や湿度《しつど》が高《たか》い、日差《ひざ》しが強《つよ》い、風《かぜ》が吹《ふ》かないといった気象状況《きしょうじょうきょう》において、発症《はっしょう》の危険性《きけんせい》が高《たか》まります。熱中症《ねっちゅうしょう》の危険性《きけんせい》が極《きわ》めて高《たか》くなると予測《よそく》した場合《ばあい》、気象庁《きしょうちょう》と環境省《かんきょうしょう》が共同《きょうどう》で熱中症警戒《ねっちゅうしょうけいかい》アラートを発表《はっぴょう》します。この情報《じょうほう》が発表《はっぴょう》されたら、室内《しつない》でエアコンなどにより涼《すず》しく過《す》ごし、外出《がいしゅつ》の必要《ひつよう》があるときは日傘《ひがさ》や帽子《ぼうし》を使《つか》い、日《ひ》陰《かげ》で休憩《きゅうけい》しましょう。また、こまめに水分《すいぶん》・塩分《えんぶん》補給《ほきゅう》をしましょう。

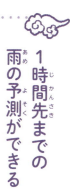

測器《そっき》の改良《かいりょう》＋コラボで雨《あめ》の予報《よほう》を高精度化《こうせいどか》した「降水《こうすい》ナウキャスト」

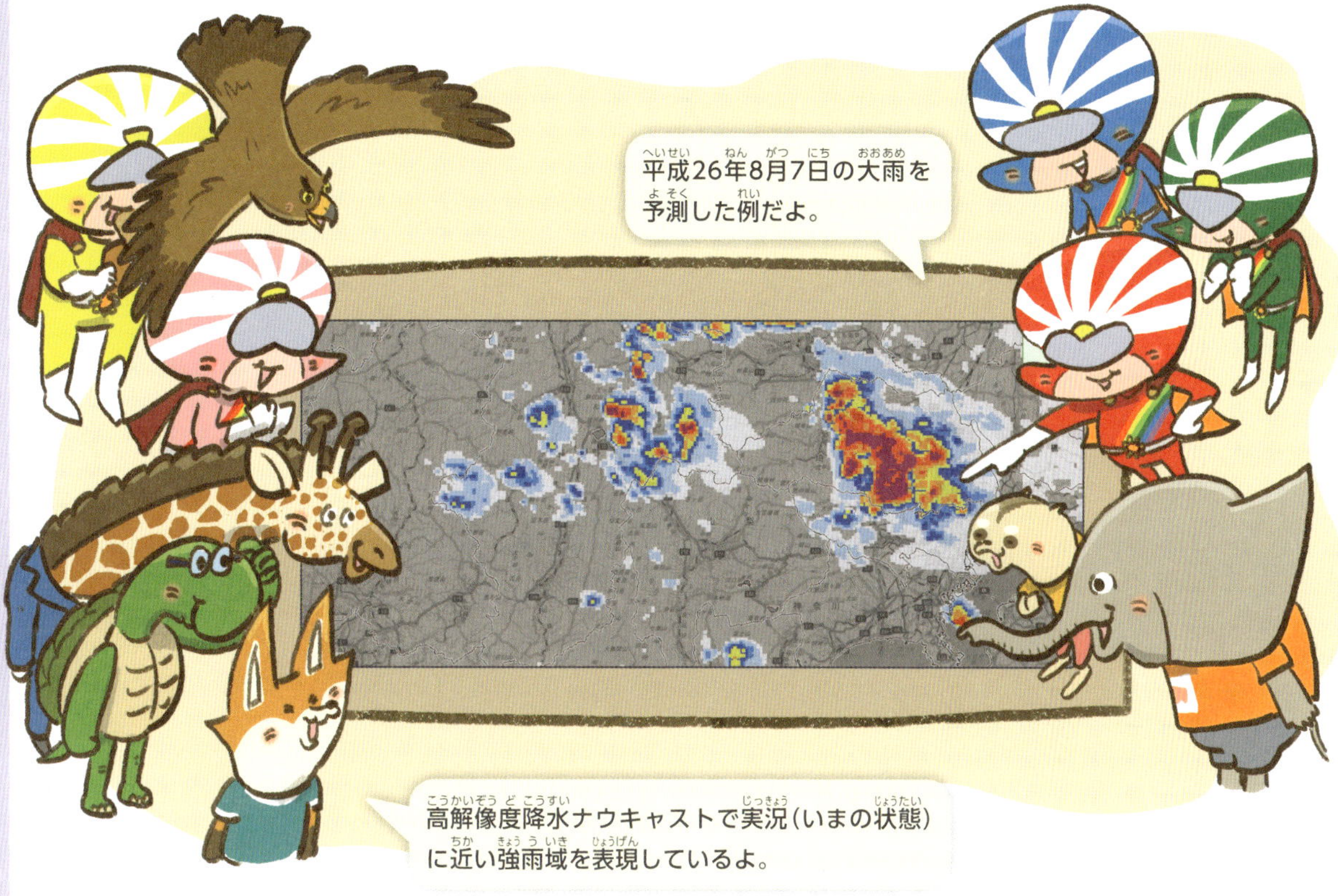
平成《へいせい》26年《ねん》8月《がつ》7日《にち》の大雨《おおあめ》を予測《よそく》した例《れい》だよ。
高解像《こうかいぞう》度《ど》降水《こうすい》ナウキャストで実況《じっきょう》（いまの状態《じょうたい》）に近《ちか》い強《きょう》雨《う》域《いき》を表現《ひょうげん》しているよ。

1時《じ》間先《かんさき》までの雨《あめ》の予測《よそく》ができる

気象庁《きしょうちょう》は全国《ぜんこく》20箇所《かしょ》に気象《きしょう》レーダーを設置《せっち》して、日本全国《にほんぜんこく》のレーダー雨量観測《うりょうかんそく》を行《おこな》っています。高解像《こうかいぞう》度《ど》降水《こうすい》ナウキャストは、気象《きしょう》レーダーの観測《かんそく》データに加《くわ》え、気象庁《きしょうちょう》・国土《こくど》交通省《こうつうしょう》・地方自《ちほうじ》治体《ちたい》がもっている全国《ぜんこく》の雨量計《うりょうけい》のデータ、ラジオゾンデの高層観《こうそうかん》測《そく》データ、国土《こくど》交通省《こうつうしょう》レーダ雨量《うりょう》計《けい》のデータを活用《かつよう》し、どのエリアに、どのくらい雨《あめ》が降《ふ》るのかを5分《ふん》ごとに、1時間先《じかんさき》まで予測《よそく》しています。30分先《ぷんさき》までは約《やく》250m四方《しほう》、それ以降《いこう》は約《やく》1km四方《しほう》の細《こま》かさで予測《よそく》しており、気象庁《きしょうちょう》ホームページ「雨雲《あまぐも》の動《うご》き」で確認《かくにん》することができます。

予報官《よほうかん》をも悩《なや》ませる「線状降水帯《せんじょうこうすいたい》」

海洋気象観測船《かいようきしょうかんそくせん》で線状降水帯《せんじょうこうすいたい》の予測《よそく》に貢献《こうけん》

近年《きんねん》、気象庁《きしょうちょう》の予報官《よほうかん》をもっとも悩《なや》ませている存在《そんざい》。それが線状《せんじょう》降水帯《こうすいたい》です。線状降水帯《せんじょうこうすいたい》は、次々《つぎつぎ》と発生《はっせい》する発達《はったつ》した雨雲《あまぐも》（積乱《せきらん》雲《うん》）が列《れつ》をつくって、数時間《すうじかん》にわたってほぼ同《おな》じ場所《ばしょ》を通過《つうか》、または停滞《ていたい》することでつくり出《だ》されます。線状降水帯《せんじょうこうすいたい》が発生《はっせい》すると、大雨《おおあめ》による災害発生《さいがいはっせい》の危険度《きけんど》が急激《きゅうげき》に高《たか》まって毎年《まいとし》のように甚《じん》大《だい》な災害《さいがい》が生《しょう》じています。

予測《よそく》が難《むずか》しいのは、線状降水帯《せんじょうこうすいたい》の発生《はっせい》メカニズムにはまだ謎《なぞ》が多《おお》いからです。一方《いっぽう》で、発生《はっせい》の要《よう》因《いん》となっている大気《たいき》低層《ていそう》の水蒸《すいじょう》気《き》が観測点《かんそくてん》の少《すく》ない海洋《かいよう》より供《きょう》給《きゅう》されることから、海洋気象観測《かいようきしょうかんそく》船《せん》による観測《かんそく》をしています。また、予測技術《よそくぎじゅつ》の高度化《こうどか》のための技術《ぎじゅつ》開発《かいはつ》も進《すす》めています。

線状降水帯《せんじょうこうすいたい》の発生《はっせい》

1 低層《ていそう》を中心《ちゅうしん》に暖《あたた》かくて湿《しめ》った大量《たいりょう》の空気《くうき》の流入《りゅうにゅう》が続《つづ》く。

2 局地的《きょくちてき》な前線《ぜんせん》や地形《ちけい》などの影響《えいきょう》で、空気《くうき》が持《も》ち上《あ》がり雲《くも》が発生《はっせい》する。

3 大気《たいき》の状態《じょうたい》が不安定《ふあんてい》で、湿潤《しつじゅん》な中《なか》で積乱雲《せきらんうん》が発達《はったつ》。上空《じょうくう》の風《かぜ》の影響《えいきょう》で、積乱雲《せきらんうん》や積乱雲群《せきらんうんぐん》が線《せん》のような状態《じょうたい》で並《なら》ぶ。

線状降水帯《せんじょうこうすいたい》の発生《はっせい》のしくみのおおよそはわかっているが、発生《はっせい》に必要《ひつよう》となる水蒸気《すいじょうき》の量《りょう》や大気《たいき》の安定度《あんていど》、各高度《かくこうど》の風《かぜ》など複数《ふくすう》の要素《ようそ》が複雑《ふくざつ》に関係《かんけい》していて、予想《よそう》を難《むずか》しくしているんじゃ。

強《つよ》すぎる大雨《おおあめ》や暑《あつ》すぎる高温《こうおん》などの「極端現象《きょくたんげんしょう》」

監視《かんし》や観測《かんそく》することで気候変動《きこうへんどう》にも貢献《こうけん》！

1年間《ねんかん》に大雨《おおあめ》や猛暑《もうしょ》になる回数《かいすう》は増加《ぞうか》しています。たとえば1時間降水量《じかんこうすいりょう》が80㎜以上《いじょう》の猛烈《もうれつ》な雨《あめ》は、1980年頃《ねんごろ》と比較《ひかく》してみると、約《やく》2倍程度《ばいていど》に頻度《ひんど》が増加《ぞうか》しています。

特定《とくてい》の指標《しひょう》（目安《めやす》）を超《こ》える強《つよ》い雨《あめ》や高温《こうおん》・低温《ていおん》になる現象《げんしょう》のことを、極端現象《きょくたんげんしょう》といいます。大雨《おおあめ》のほか、日最高気温《ひさいこうきおん》が35℃以上《いじょう》になる猛暑日《もうしょび》も、極端現象《きょくたんげんしょう》です。極端現象《きょくたんげんしょう》がひんぱんに発生《はっせい》する原因《げんいん》のひとつには、気候変動《きこうへんどう》が考《かんが》えられます。そのため、気象庁《きしょうちょう》が極端現象《きょくたんげんしょう》を観測《かんそく》・監視《かんし》して情報《じょうほう》を発信《はっしん》することは、防災《ぼうさい》だけでなく、気候変動対策《きこうへんどうたいさく》にも貢献《こうけん》することだと考《かんが》えています。

自治体《じちたい》が発令《はつれい》する避難情報《ひなんじょうほう》が出《で》ていないときでも、気象台《きしょうだい》が順次発表《じゅんじはっぴょう》する警報《けいほう》などの情報《じょうほう》は自主的《じしゅてき》な判断《はんだん》の役《やく》に立《た》つの！
危険《きけん》なので、外《そと》でリポートはNGだよ！安全《あんぜん》な屋内《おくない》からリポートして！

ほかにもあるぞ！降水《こうすい》・降雪情報《こうせつじょうほう》

解析雨量《かいせきうりょう》や速報版解析雨量《そくほうばんかいせきうりょう》を利用《りよう》すると、雨量計《うりょうけい》の観測網《かんそくもう》にかからないような局所的《きょくしょてき》な強《つよ》い雨《あめ》を把握《はあく》することができるので、的確《てきかく》な防《ぼう》災対応《さいたいおう》に役立《やくだ》つんじゃ。

解析雨量《かいせきうりょう》は30分《ぷん》ごとに作成《さくせい》して、速報版解《そくほうばんかい》析雨量《せきうりょう》は10分《ぷん》ごとに作成《さくせい》するよ。

解析雨量《かいせきうりょう》・速報版解析雨量《そくほうばんかいせきうりょう》

解析雨量《かいせきうりょう》・速報版解析雨量《そくほうばんかいせきうりょう》は、気象庁《きしょうちょう》・国土交通省《こくどこうつうしょう》がもっている気象《きしょう》レーダーの観測《かんそく》データに加《くわ》え、気象《きしょう》庁《ちょう》・国土交通省《こくどこうつうしょう》・地方自治体《ちほうじちたい》がもっている全国《ぜんこく》の雨量《うりょう》計《けい》のデータを組《く》み合《あ》わせて、1時間《じかん》の降水量分布《こうすいりょうぶんぷ》を約《やく》1km四方《しほう》の細《こま》かさ（1km解像度《かいぞうど》）で解析《かいせき》したものです。

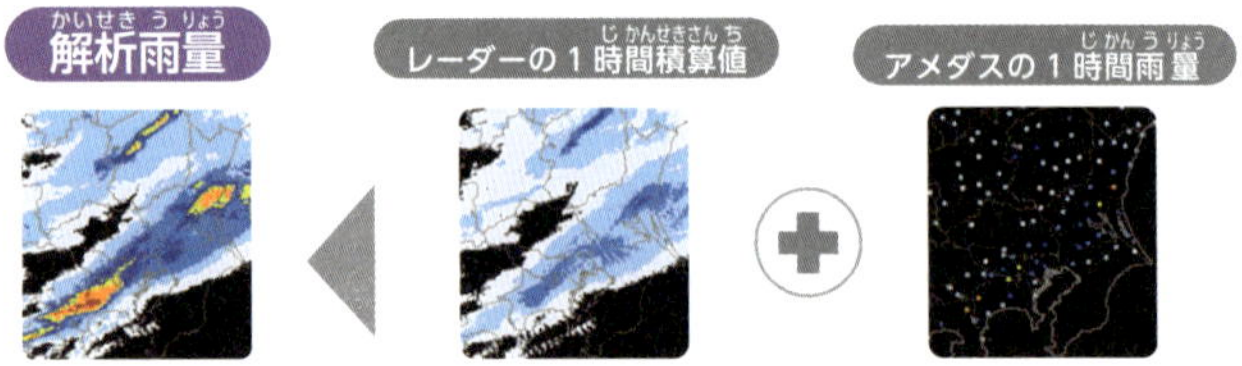
解析雨量《かいせきうりょう》
レーダーの1時間積算値《じかんせきさんち》
アメダスの1時間雨量《じかんうりょう》

降水短時間予報《こうすいたんじかんよほう》

降水短時間予報《こうすいたんじかんよほう》とは、解析雨量《かいせきうりょう》によって得《え》られた降水量分布《こうすいりょうぶんぷ》を利用《りよう》して降水域《こうすいいき》を追跡《ついせき》し、それぞれの場所《ばしょ》の降水域《こうすいいき》の移動速度《いどうそくど》を使《つか》って降水分布《こうすいぶんぷ》を移動《いどう》させ、6時間先《じかんさき》までの降水量分布《こうすいりょうぶんぷ》を予測《よそく》したものです。時間間隔《じかんかんかく》は、解析雨量《かいせきうりょう》と同《おな》じ30分間隔《ぶんかんかく》（速報《そくほう》版《ばん》は10分間隔《ぷんかんかく》）で、6時間先《じかんさき》までの"1時間降水量《じかんこうすいりょう》"を1km解像度《かいぞうど》で予報《よほう》しています。

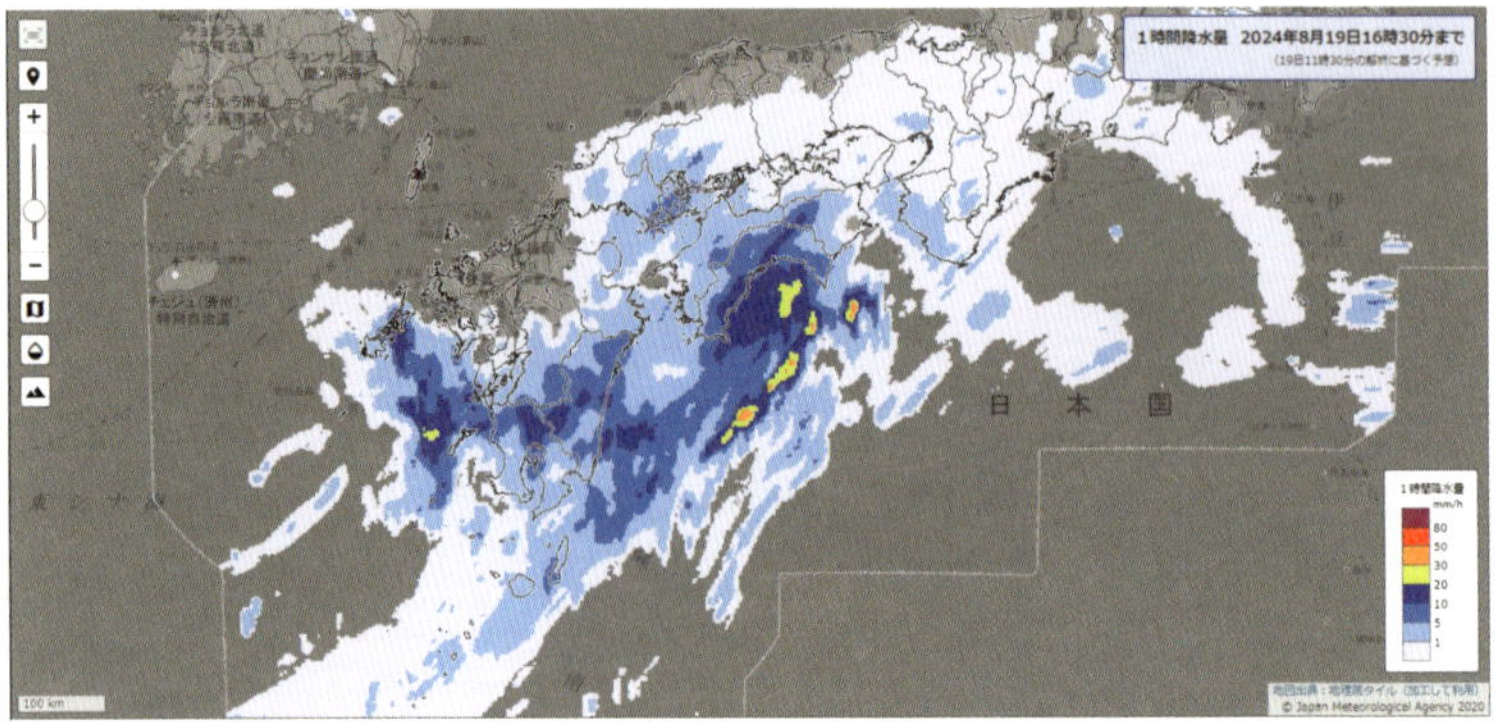
1時間降水量　2024年8月19日16時30分まで
（19日11時30分の解析に基づく予想）
1時間降水量
mm/h
80
50
30
20
10
5
1
地図出典：地理院タイル（加工して利用）
© Japan Meteorological Agency 2020

予測《よそく》の計算《けいさん》には、降水域《こうすいいき》の単純《たんじゅん》な移《い》動《どう》だけでなく、地《ち》形《けい》の影響《えいきょう》や直前《ちょくぜん》の降水《こうすい》の変化《へんか》、数値《すうち》予報《よほう》による降水予《こうすいよ》測結果《そくけっか》も利用《りよう》されているんだって。

1km、5km四方《しほう》の格子《こうし》にわけて色付《いろづ》けされているから、こういう形《かたち》なんだね。

解析積雪深《かいせきせきせつしん》・解析降雪量《かいせきこうせつりょう》

解析積雪深《かいせきせきせつしん》・解析降雪量《かいせきこうせつりょう》は、積雪《せきせつ》の深《ふか》さと降雪量《こうせつりょう》の実況《じっきょう》を1時間《じかん》ごとに約《やく》5km四方《しほう》の細《こま》かさ（5km解像度《かいぞうど》）で推定《すいてい》するものです。

解析積雪深《かいせきせきせつしん》・解析降雪量《かいせきこうせつりょう》を利用《りよう》すると、積雪計《せきせつけい》による観測《かんそく》が行《おこな》われていない地域《ちいき》を含《ふく》めた積雪《せきせつ》・降雪《こうせつ》の面的《めんてき》な状況《じょうきょう》を把握《はあく》でき、的確《てきかく》な防災対応《ぼうさいたいおう》に役立《やくだ》つんだ。

解析積雪深《かいせきせきせつしん》

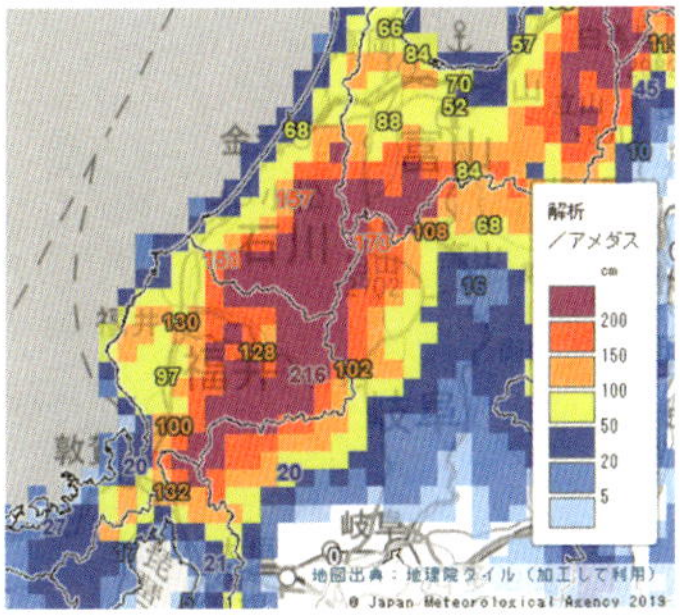

解析積雪量《かいせきせきせつりょう》

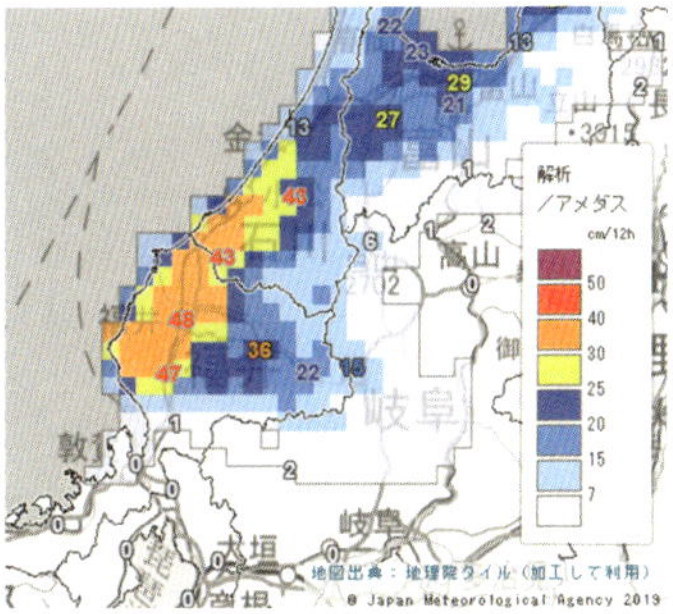

降雪短時間予報《こうせつたんじかんよほう》

降雪短時間予報《こうせつたんじかんよほう》は、6時間先《じかんさき》までの1時間《じかん》ごとの積雪《せきせつ》の深《ふか》さと、降雪量《こうせつりょう》を5km解像度《かいぞうど》で面的《めんてき》に予測《よそく》したもので、1時間《じかん》ごとに発表《はっぴょう》します。

6時間降雪量《じかんこうせつりょう》

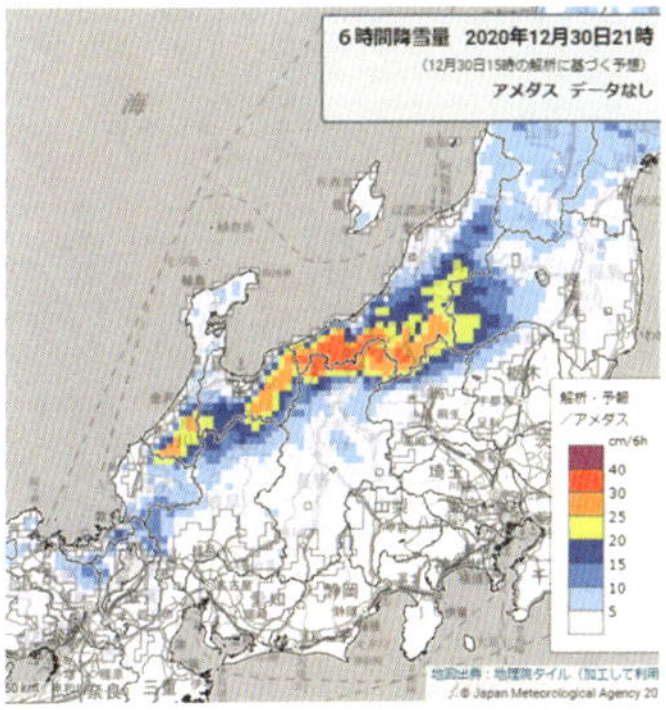

積雪《せきせつ》の深《ふか》さ

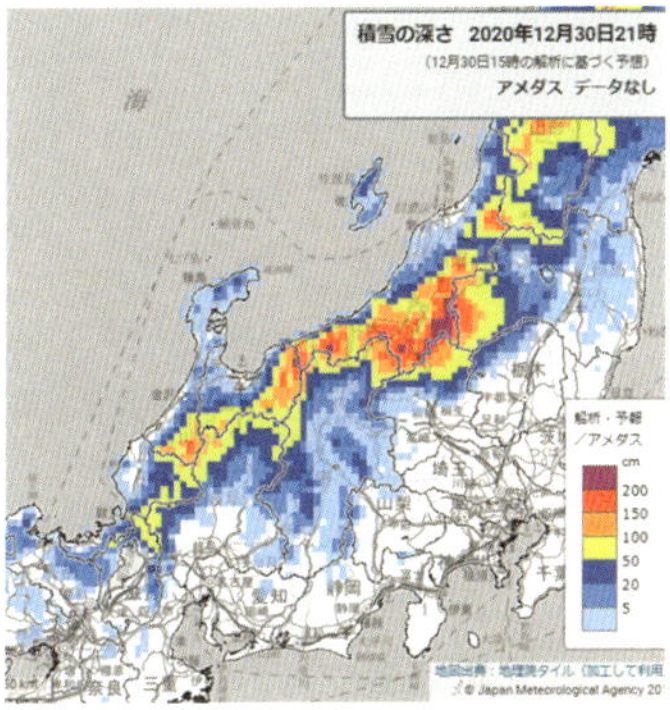

降雪量《こうせつりょう》は、積雪《せきせつ》の深《ふか》さが1時間《じかん》ごとにどれくらい増《ふ》えるかという増加量《ぞうかりょう》をあらわしているよ。

07

自治体《じちたい》の災害対応《さいがいたいおう》を支援《しえん》する「地域防災支援《ちいきぼうさいしえん》」

私《わたし》たちの住《す》む町《まち》に、気象庁《きしょうちょう》の職員《しょくいん》がいたら頼《たの》もしいですね。各地域《かくちいき》にある地方気象台《ちほうきしょうだい》が、関係機関《かんけいきかん》と一体《いったい》となって自治体《じちたい》の災害対応《さいがいたいおう》を支援《しえん》する、さまざまな取《と》り組《く》みを進《すす》めています。

ふだんからの地域《ちいき》に根差《ねざ》した防災支援《ぼうさいしえん》

各地《かくち》の気象台《きしょうだい》では、自治体《じちたい》や関係機関《かんけいきかん》と一体《いったい》となって地域《ちいき》の気象防災力《きしょうぼうさいりょく》の向上《こうじょう》に貢献《こうけん》するため、災害《さいがい》が起《お》きそうな緊急時《きんきゅうじ》だけではなく、ふだん(平時《へいじ》)からそなえておくことが重要《じゅうよう》です。

地方気象台《ちほうきしょうだい》の職員《しょくいん》を専任《せんにん》チームとして地域《ちいき》ごとに担当《たんとう》する「あなたの町《まち》の予報官《よほうかん》」が、防災気象情報《ぼうさいきしょうじょうほう》や防災対応《ぼうさいたいおう》を勉強《べんきょう》する「気象防災《きしょうぼうさい》ワークショップ」に取《と》り組《く》んだり、自治体《じちたい》と共同《きょうどう》で災害時《さいがいじ》の対応《たいおう》について「振《ふ》り返《かえ》り」を行《おこな》い、気象台《きしょうだい》による自治体支援《じちたいしえん》のさらなる改善《かいぜん》につなげたりしています。

JETT《ジェット》はJMA《ジェーエムエー》 Emergency《エマージェンシー》 Task《タスク》 Team《チーム》の略《りゃく》。JMA《ジェーエムエー》は気象庁《きしょうちょう》(Japan《ジャパン》 Meteorological《メテオロジカル》 Agency《エージェンシー》)のこと。

緊急時《きんきゅうじ》に派遣《はけん》する気象庁《きしょうちょう》防災対応支援《ぼうさいたいおうしえん》チーム（JETT《ジェット》）

気象庁《きしょうちょう》は、地方自治体《ちほうじちたい》などが行《おこな》う防災対《ぼうさいたい》応《おう》の支援《しえん》を強化《きょうか》するために、大規模《だいきぼ》な災害《さいがい》が発《はっ》生《せい》した（または発生《はっせい》が予想《よそう》される）場合《ばあい》に、都道府《とどうふ》県《けん》や市町村《しちょうそん》の災害対策本部《さいがいたいさくほんぶ》などへ、各地《かくち》の気象台《きしょうだい》から職員《しょくいん》を派遣《はけん》しています。その派遣団《はけんだん》を気象庁《きしょうちょう》防災対応支援《ぼうさいたいおうしえん》チーム（JETT《ジェット》）といいます。

派遣《はけん》された職員《しょくいん》は、現場《げんば》で必要《ひつよう》とされていること（ニーズ）や各機関《かくきかん》の活動状況《かつどうじょうきょう》をふまえ、気象《きしょう》などのきめ細《こま》かな解説《かいせつ》を行《おこな》って、防災対応《ぼうさいたいおう》を支援《しえん》します。

ニーズを聞《き》き取《と》り。気象解説《きしょうかいせつ》を行《おこな》うJETT《ジェット》派遣者《はけんしゃ》。

地域《ちいき》の気象《きしょう》と防災《ぼうさい》に詳《くわ》しいオタスケマン 気象防災《きしょうぼうさい》アドバイザー

気象庁《きしょうちょう》では、自治体《じちたい》の防災業務《ぼうさいぎょうむ》を支援《しえん》し、地域防災力《ちいきぼうさいりょく》の強《きょう》化《か》に貢献《こうけん》していくため、地域《ちいき》に居住《きょじゅう》する気象予報士《きしょうよほうし》などから気象防災《きしょうぼうさい》アドバイザーを育成《いくせい》し、その活用《かつよう》をすすめています。

気象防災《きしょうぼうさい》アドバイザーは防災《ぼうさい》の普及活動《ふきゅうかつどう》をしたり、災《さい》害発生《がいはっせい》が見込《みこ》まれる場合《ばあい》のその地域《ちいき》に合《あ》わせた気象解《きしょうかい》説《せつ》を実施《じっし》したりして、気象台《きしょうだい》と連携《れんけい》して自治体《じちたい》の防災業《ぼうさいぎょう》務《む》をサポートしています。

被災地《ひさいち》に設置《せっち》した臨時気象観測所《りんじきしょうかんそくしょ》の外観《がいかん》

気象情報《きしょうじょうほう》はビジネスにも！

生活《せいかつ》や産業《さんぎょう》に影響大《えいきょうだい》！気象《きしょう》データ活用《かつよう》のススメ

気象《きしょう》は農業《のうぎょう》、観光《かんこう》、製造《せいぞう》・販売《はんばい》、消費者《しょうひしゃ》の行動《こうどう》など、さまざまな分野《ぶんや》に大《おお》きな影響《えいきょう》を与《あた》えます。そのため、気象《きしょう》データを上手《じょうず》に活用《かつよう》すれば、ビジネスチャンスを広《ひろ》げることができるといえるでしょう。

気象《きしょう》データとは、地球《ちきゅう》の様子《ようす》をあらわすデータのことです。世界《せかい》中《じゅう》の陸《りく》で、海《うみ》で、空《そら》で、そして宇宙《うちゅう》でも、さまざまなセンサーを用《もち》いて地球《ちきゅう》の「現在《げんざい》」を観測《かんそく》しています。また、スーパーコンピュータを用《もち》いることで、観測《かんそく》したデータから「未来《みらい》」の地球《ちきゅう》を予測《よそく》できることが大《おお》きな特徴《とくちょう》です。

このように気象庁《きしょうちょう》には、「過去《かこ》～現在《げんざい》の観測《かんそく》データ」と、「未来《みらい》の予測《よそく》データ」の2種類《しゅるい》があります。これらの気象《きしょう》データは、民間《みんかん》気象《きしょう》業務《ぎょうむ》支援《しえん》センターを通《つう》じて配信《はいしん》

ファッションにも！

気温《きおん》や天気《てんき》などから算出《さんしゅつ》される体感温度《たいかんおんど》から、最適《さいてき》なコーディネートの提案《ていあん》を行《おこな》っているよ。

農業《のうぎょう》にも！

気象《きしょう》データを使《つか》うことで、悪天候《あくてんこう》によるリスクを減《へ》らしたり、地球温暖化《ちきゅうおんだんか》に備《そな》えての品種改良《ひんしゅかいりょう》などを行《おこな》うよ！

コンビニなどの小売業《こうりぎょう》にも！

気温予報《きおんよほう》を使《つか》って季節商品《きせつしょうひん》の仕入《しい》れを行《おこ》なったり、廃棄《はいき》ロスを減《へ》らしたりすることに役立《やくだ》つよ！

していて、その一部《いちぶ》は気象庁《きしょうちょう》のホームページで入手《にゅうしゅ》することができます。

また気象《きしょう》事業者《じぎょうしゃ》（民間《みんかん》の気象会社《きしょうがいしゃ》など）は、気象庁《きしょうちょう》のデータをもとに独自《どくじ》の分析《ぶんせき》や観測《かんそく》データを加《くわ》え、ユーザーのニーズに合《あ》わせた詳細《しょうさい》な観測《かんそく》・予報《よほう》データや使《つか》いやすいフォーマットの気象《きしょう》データを提供《ていきょう》しています。

天気《てんき》や気温《きおん》に代表《だいひょう》されるように、気象《きしょう》は毎日《まいにち》の人《ひと》の行動《こうどう》や生産《せいさん》活動《かつどう》に大《おお》きく影響《えいきょう》を与《あた》えることから、各企業《かくきぎょう》が持《も》つデータと気象《きしょう》データをあわせて分析《ぶんせき》することで、毎日《まいにち》の意思決定《いしけってい》や業務《ぎょうむ》プロセスを改善《かいぜん》・効率化《こうりつか》し、生産性《せいさんせい》を向上《こうじょう》させることができます。ここでは、そのような取《と》り組《く》みを実践《じっせん》している企業《きぎょう》の活用《かつよう》事例《じれい》を、産業別《さんぎょうべつ》に紹介《しょうかい》します。

観光《かんこう》にも！

雪《ゆき》などが降《ふ》ることで映《は》える観光地《かんこうち》を告知《こくち》するときにも気象《さしょう》データは役立《やくだ》つんじゃ！

テーマパークやホテルでは、雨《あめ》や雪《ゆき》などの天気《てんき》によって割引《わりびき》サービスを行《おこ》なっているよ。

物流《ぶつりゅう》にも！

ジュースなどの飲料《いんりょう》の自動販売機《じどうはんばいき》への配送《はいそう》に、気象《きしょう》データを活用《かつよう》することで販売《はんばい》の機会《きかい》を逃《のが》さないようにしているよ！

広告宣伝《こうこくせんでん》にも！

「いつ商品《しょうひん》の広告宣伝《こうこくせんでん》を打《う》ち出《だ》すか」などにも気象情報《きしょうじょうほう》は役立《やくだ》つよ。

空気《くうき》がかわいて肌《はだ》が乾燥《かんそう》するタイミングを見《み》て、スキンケアの宣伝《せんでん》を打《う》ち出《だ》すのよ。

気温《きおん》が高《たか》くなってくるとアイスも売《う》れるよね！だから気温《きおん》が上《あ》がる頃《ころ》をみて、宣伝《せんでん》をするんだね！

コラム 3

JICA《ジャイカ》と連携《れんけい》した開発途上国支援《かいはつとじょうこくしえん》

開発途上国《かいはつとじょうこく》への技術移転《ぎじゅついてん》の取《と》り組《く》み

気象庁《きしょうちょう》は、150年間《ねんかん》積《つ》み重《かさ》ねてきた気象《きしょう》、海洋《かいよう》、地震《じしん》・火山《かざん》関連《かんれん》業務《ぎょうむ》の経験《けいけん》と技術力《ぎじゅつりょく》をいかし、開発途上国《かいはつとじょうこく》を支援《しえん》する取《と》り組《く》みをしてきました。本書《ほんしょ》でも、いくつかの事例《じれい》を紹介《しょうかい》しています。このような取《と》り組《く》みは、おもに世界気象機関《せかいきしょうきかん》（WMO《ダブリューエムオー》）や国際協力機構《こくさいきょうりょくきこう》（JICA《ジャイカ》）の協力《きょうりょく》のもと、実施《じっし》されています。

気象庁《きしょうちょう》とJICA《ジャイカ》が連携《れんけい》した取組《とりくみ》のひとつである課題別研修《かだいべつけんしゅう》「気象業務能力向上《きしょうぎょうむのうりょくこうじょう》」コースは、各国《かっこく》気象局《きしょうきょく》から来日《らいにち》した研修員《けんしゅういん》が約《やく》3か月《げつ》の研修期間《けんしゅうきかん》を通《とお》して、気象《きしょう》に関《かん》する幅広《はばひろ》い技術《ぎじゅつ》を習得《しゅうとく》したり、業務改善計画《ぎょうむかいぜんけいかく》の企画《きかく》・立案能力《りつあんのうりょく》を向上《こうじょう》させたりすることを目指《めざ》したものです。

昭和《しょうわ》48（1973）年度《ねんど》から令和《れいわ》5（2023）年度《ねんど》までに、計《けい》79か国《こく》389名《めい》がこの研修《けんしゅう》に参加《さんか》。研修員《けんしゅういん》の多《おお》くは帰国後《きこくご》、母国《ぼこく》の気象《きしょう》業務《ぎょうむ》の推進《すいしん》に主導的《しゅどうてき》な役割《やくわり》を果《は》たしています。

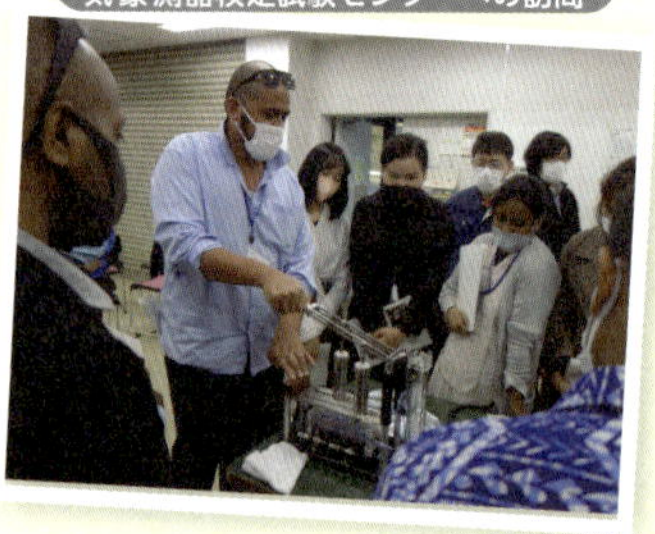
気象測器検定試験《きしょうそっきけんていしけん》センターへの訪問《ほうもん》

関西航空地方気象台《かんさいこうくうちほうきしょうだい》見学《けんがく》の様子《ようす》

気象研究所《きしょうけんきゅうじょ》見学《けんがく》の様子《ようす》

4章《しょう》

大地《だいち》の異変《いへん》を観測《かんそく》する

今日は地域《ちいき》の防災教室《ぼうさいきょうしつ》だ！
災害《さいがい》に備《そな》える
やたらワクワクしてるね？
なんか毎年《まいとし》参加《さんか》するだけでおやつもらえるじゃん？
今《いま》食《た》べちゃったら非常食《ひじょうしょく》の意味《いみ》ないでしょ
カンパン
カンパン
ちゃんと講師《こうし》の先生《せんせい》のお話《はなし》も聞《き》かないと！
あれ？あの先生《せんせい》って…
おじいちゃん!?
えー皆様《みなさま》こんにちは
台風《たいふう》や地震《じしん》など大《おお》きな災害《さいがい》の時《とき》は
この体育館《たいいくかん》がみなさんの避難所《ひなんじょ》となるのでありまして
あんな真面目《まじめ》なおじいちゃん見《み》たことない…

それにしても冬《ふゆ》の体育館《たいいくかん》って寒《さむ》いな〜〜
ガタガタ…
大災害《だいさいがい》で停電《ていでん》しちゃったらエアコン使《つか》えないし
毛布《もうふ》や石油《せきゆ》ストーブが欲《ほ》しくなるね
ギュインギュイン！
わっびっくり
おじいちゃんから爆音《ばくおん》が！
緊急《きんきゅう》地震《じしん》速報《そくほう》じゃ
緊急地震速報
ザワザワ…
皆《みな》さん落《お》ち着いてその場《ば》に留《とど》まるのじゃ
グラグラ…
わー本当《ほんとう》に揺《ゆ》れた
頭《あたま》を守《まも》るのじゃ！
数分後《すうふんご》——
この辺《あた》りは震度《しんど》4津波《つなみ》の恐《おそ》れはなし…と
みなさん冷静《れいせい》に行動《こうどう》できて大変立派《たいへんりっぱ》でしたな
速報《そくほう》のおかげで心《こころ》の準備《じゅんび》ができたからね
こんなにすぐ震度《しんど》や津波《つなみ》のことがわかるのもすごい！
ホッ

日本《にほん》の地震研究《じしんけんきゅう》の歴史《れきし》は長《なが》いからのう
世界《せかい》の中《なか》でも日本《にほん》は地震《じしん》の多《おお》い国《くに》じゃ
地球《ちきゅう》をおおう岩《いわ》の層《そう》…プレートが押《お》し合《あ》う境目《さかいめ》にあるから揺《ゆ》れやすい
数々《かずかず》の研究《けんきゅう》、開発《かいはつ》から今《いま》は日本中《にほんじゅう》に地震計《じしんけい》が置《お》かれ
ゆれた!
全国《ぜんこく》の状況《じょうきょう》が瞬時《しゅんじ》に気象庁《きしょうちょう》へ伝《つた》えられている
震度《しんど》は○○
マグニチュード××…
その情報《じょうほう》をまとめたり伝《つた》えたりする大勢《おおぜい》の人々《ひとびと》のおかげで
つなみ!・にげて!
地震《じしん》のことをこんなに素早《すばや》く知《し》って行動《こうどう》できるのじゃな
さて…講義《こうぎ》はここまで
えっ
教室《きょうしつ》を邪魔《じゃま》したやつらに…
話《はなし》をせねばならんな
冬《ふゆ》の強敵《きょうてき》災害《さいがい》ファイブに!
イナズマイエロー
ツナミブルー
マグマレッド
オオユキホワイト
ハラペコオレンジ
1人《ひとり》だけ人間側《にんげんがわ》が混《ま》ざってない!?

(1人弱《ひとりよわ》そうとはいえ)大地《だいち》や大空《おおぞら》のパワーを持《も》った5人組《にんぐみ》と…
ゴゴゴ…
(老人《ろうじん》とはいえ)気象《きしょう》のことならなんでも知《し》ってるおじいちゃん…
一体《いったい》どちらが勝《か》つのか——!?
ゴクリ…
このババ抜《ぬ》きで勝負《しょうぶ》だ!
えっ
大自然《だいしぜん》の力《ちから》には逆《さか》らえんからの
大事《だいじ》なのは減災《げんさい》と備蓄《びちく》じゃ
ほのぼの…
電気《でんき》がなくても遊《あそ》べて、程《ほど》よい会話《かいわ》も生《う》むトランプは避難所《ひなんじょ》の気分転換《きぶんてんかん》にピッタリだ
なに?わしも…
この毛布《もうふ》と乾《かん》パンをかけるぞ
カンパン
思《おも》ったより地味《じみ》な戦《たたか》い
人間《にんげん》の敵《てき》なのか味方《みかた》なのかわかんないや…

01

過去《かこ》の地震《じしん》・津波被害《つなみひがい》が今《いま》の地震《じしん》・津波情報《つなみじょうほう》につながる

世界《せかい》で起《お》こっているうちの約《やく》1割《わり》にあたる地震《じしん》が、
日本《にほん》とその周辺《しゅうへん》で発生《はっせい》しているほど
世界《せかい》でも有数《ゆうすう》の地震多発地帯《じしんたはつちたい》の日本《にほん》。
今《いま》まで何度《なんど》も大《おお》きな地震《じしん》が発生《はっせい》していますが、
その都度《つど》日本《にほん》の地震《じしん》や津波《つなみ》の
観測《かんそく》、監視《かんし》の技術《ぎじゅつ》は向上《こうじょう》し続《つづ》けています。

地震《じしん》の歴史《れきし》

①1994年《ねん》：北海道東方沖地震《ほっかいどうとうほうおきじしん》

最大震度《さいだいしんど》6、最大《さいだい》で1.7mの津波《つなみ》を観測《かんそく》した。

②2003年《ねん》：十勝沖地震《とかちおきじしん》

最大震度《さいだいしんど》6弱《じゃく》、最大《さいだい》で2.5mの津波《つなみ》を観測《かんそく》した。

③2018年《ねん》：北海道胆振東部地震《ほっかいどういぶりとうぶじしん》

最大震度《さいだいしんど》7の地震《じしん》が発生《はっせい》した。

④1993年《ねん》：北海道南西沖地震《ほっかいどうなんせいおきじしん》

最大震度《さいだいしんど》5の地震《じしん》が発生《はっせい》した後《あと》、29m(遡上高《そじょうこう》)の津波《つなみ》が襲来《しゅうらい》し、死者《ししゃ》・行方不明者《ゆくえふめいしゃ》230人《にん》の大《おお》きな被害《ひがい》を受《う》けた。

⑤2008年《ねん》：岩手《いわて》・宮城内陸地震《みやぎないりくじしん》

最大震度《さいだいしんど》6強《きょう》の地震《じしん》が発生《はっせい》した。

⑥2011年《ねん》：東北地方太平洋沖地震《とうほくちほうたいへいようおきじしん》(東日本大震災《ひがしにほんだいしんさい》)

2011年《ねん》3月《がつ》11日《にち》、最大震度《さいだいしんど》7、マグニチュード9.0の大《おお》地震《じしん》が発生《はっせい》し、大津波《おおつなみ》が襲来《しゅうらい》。宮城県《みやぎけん》・岩手県《いわてけん》・福島県《ふくしまけん》など東北地方《とうほくちほう》を中心《ちゅうしん》に、死者《ししゃ》・行方不明者約《ゆくえふめいしゃやく》22,000人《にん》、住《じゅう》宅全壊《たくぜんかい》が12万戸《まんこ》を超《こ》えた、そのうち90%の人《ひと》が津波《つなみ》が原因《げんいん》と考《かんが》えられる溺死《できし》だった。

日本各地《にほんかくち》で地震《じしん》が発生《はっせい》していることがわかるね。

日本《にほん》は地震《じしん》が多《おお》い！

日本《にほん》は昔《むかし》から地震《じしん》の多《おお》い国《くに》と言《い》われています。教科書《きょうかしょ》にも登場《とうじょう》する関東大震災《かんとうだいしんさい》をはじめ、東日本大震災《ひがしにほんだいしんさい》、能登半島地震《のとはんとうじしん》など、ニュースを見《み》たり、経験《けいけん》したりした人《ひと》もいるのではないでしょうか。

大《おお》きな地震《じしん》は何度《なんど》も発生《はっせい》し、その揺《ゆ》れや津波《つなみ》によって大《おお》きな被害《ひがい》を繰《く》り返《かえ》し受《う》けています。いつでもどこでも大《おお》きな地震《じしん》が発生《はっせい》する可能性《かのうせい》があります。

ただ地震《じしん》が多《おお》いからこそ、被害《ひがい》を少《すこ》しでもなくそうと日本《にほん》の地震《じしん》・津波《つなみ》の観測《かんそく》や監視《かんし》の技術《ぎじゅつ》は向上《こうじょう》し続《つづ》けています。

地震《じしん》が発生《はっせい》して緊急地震速報《きんきゅうじしんそくほう》が発表《はっぴょう》されたら、身《み》がまえることが大事《だいじ》だね！

現地《げんち》に住《す》んでいる人《ひと》に、高速道路《こうそくどうろ》が倒《たお》れている状況《じょうきょう》が伝《つた》わったのは、何日《なんにち》もたってからだったんだよね。

⑦ 2004年《ねん》：新潟県中越地震《にいがたけんちゅうえつじしん》

最大震度《さいだいしんど》7、死者《ししゃ》68人《にん》の被害《ひがい》を受《う》け、交通《こうつう》などのライフラインが寸断《すんだん》された。

⑧ 1923年《ねん》：大正関東地震《たいしょうかんとうじしん》（関東大震災《かんとうだいしんさい》）

埼玉県《さいたまけん》、千葉県《ちばけん》、東京都《とうきょうと》、神奈川県《かながわけん》、山梨県《やまなしけん》で震度《しんど》6を観測《かんそく》した。全半壊《ぜんはんかい》などの被害《ひがい》を受《う》けた住家《じゅうか》は37万棟《まんとう》、死者《ししゃ》・行方不明者《ゆくえふめいしゃ》は約《やく》105,000人《にん》になるなど、甚大《じんだい》な被害《ひがい》を受《う》けた。

⑨ 2018年《ねん》：大阪府北部《おおさかふほくぶ》の地震《じしん》

最大震度《さいだいしんど》6弱《じゃく》の地震《じしん》が発生《はっせい》した。

⑩ 2007年《ねん》：能登半島地震《のとはんとうじしん》

最大震度《さいだいしんど》6強《きょう》の地震《じしん》が発生《はっせい》した。

⑪ 2024年《ねん》：能登半島地震《のとはんとうじしん》

2024年《ねん》1月《がつ》1日《たち》、石川県《いしかわけん》能登半島《のとはんとう》を中心《ちゅうしん》に、最大《さいだい》震度《しんど》7、マグニチュード7.6の地震《じしん》が発生《はっせい》した。この地震《じしん》によって死者《ししゃ》412人《にん》、住宅全壊《じゅうたくぜんかい》が6,452棟《とう》にのぼるなど大《おお》きな被害《ひがい》がでた。（2024年《ねん》10月《がつ》29日現在《にちげんざい》）

⑫ 1995年《ねん》：兵庫県南部地震《ひょうごけんなんぶじしん》（阪神《はんしん》・淡路大震災《あわじだいしんさい》）

1995年《ねん》1月《がつ》17日《にち》兵庫県《ひょうごけん》で最大震度《さいだいしんど》7、マグニチュード7.3の地震《じしん》が発生《はっせい》した。この地震《じしん》によって6,437人《にん》の死者《ししゃ》・行方不明者《ゆくえふめいしゃ》、全壊《ぜんかい》した家《いえ》が104,906棟《とう》にのぼるなど大《おお》きな被害《ひがい》がでた。

⑬ 2000年《ねん》：鳥取県西部地震《とっとりけんせいぶじしん》

最大震度《さいだいしんど》6強《きょう》の地震《じしん》が発生《はっせい》した。

⑭ 2001年《ねん》：芸予地震《げいよじしん》

最大震度《さいだいしんど》6弱《じゃく》の地震《じしん》が発生《はっせい》した。

⑮ 2005年《ねん》：福岡県西方沖《ふくおかけんせいほうおき》の地震《じしん》

最大震度《さいだいしんど》6弱《じゃく》の地震《じしん》が発生《はっせい》した。

⑯ 2016年《ねん》：熊本地震《くまもとじしん》

最大震度《さいだいしんど》7の地震《じしん》が立《た》て続《つづ》けに発生《はっせい》し、建物《たてもの》の倒壊《とうかい》、土砂災害《どしゃさいがい》などがあったほか、死者《ししゃ》も273人《にん》におよぶなど大《おお》きな被害《ひがい》を受《う》けた。

※被害状況《ひがいじょうきょう》は2024年《ねん》11月1日現在《がつついたちげんざい》（⑪を除《のぞ》く）

地震《じしん》・津波被害《つなみひがい》と観測《かんそく》・情報発表《じょうほうはっぴょう》の歩《あゆ》み

過去《かこ》の地震《じしん》・津波被害《つなみひがい》が今《いま》の警報《けいほう》につながる

地震《じしん》や津波《つなみ》の発生《はっせい》が多《おお》いからこそ、被《ひ》害《がい》を少《すこ》しでもなくそうと日本《にほん》の地震《じしん》観《かん》測《そく》システムは向上《こうじょう》し続《つづ》けています。

明治時代《めいじじだい》の地震観測《じしんかんそく》は、椅子《いす》に座《すわ》った人間《にんげん》が体《からだ》に感《かん》じる振動《しんどう》を観測《かんそく》して震度《しんど》を報告《ほうこく》する方法《ほうほう》でした。大《おお》きく変《か》わるきっかけとなったひとつが1993年《ねん》の北海道南西沖地震《ほっかいどうなんせいおきじしん》です。地震発生《じしんはっせい》から5分後《ふんご》には津波警報《つなみけいほう》を出《だ》していたものの、津波《つなみ》の速度《そくど》が速《はや》く、逃《に》げ遅《おく》れた人《ひと》も多《おお》かったことから、地震発生《じしんはっせい》の3分《ぷん》以《い》内《ない》に警報《けいほう》が出《だ》されるようになりました。またもうひとつが1995年《ねん》の阪神《はんしん》・淡《あわ》路《じ》大震災《だいしんさい》です。県庁所在地《けんちょうしょざいち》などの一定《いってい》の場所《ばしょ》しか震度計《しんどけい》がなかったため、多《おお》くの場所《ばしょ》で震度《しんど》がわからなかったのです。これをきっかけに、日本《にほん》のすべての市《し》町《ちょう》村《そん》に震度計《しんどけい》が設置《せっち》されました。その後《ご》、緊急地震速報《きんきゅうじしんそくほう》の運用《うんよう》が開始《かいし》されます。また津波警報《つなみけいほう》が携帯電話《けいたいでんわ》から流《なが》れるよ

最初《さいしょ》は機械《きかい》がなかったから、人間《にんげん》の感覚《かんかく》で測《はか》っていたんだ。

明治時代《めいじじだい》

地震観測《じしんかんそく》の始《はじ》まり

人間《にんげん》が体《からだ》に感《かん》じる振動《しんどう》を観測《かんそく》して被《ひ》害状況《がいじょうきょう》を判定《はんてい》して報告《ほうこく》。

1884年《ねん》

震度階級《しんどかいきゅう》が４つになる

震度《しんど》を示《しめ》す階級《かいきゅう》が「微震《びしん》」「弱震《じゃくしん》」「強震《きょうしん》」「烈震《れっしん》」の４つになった。

1949年《ねん》

津波警報等《つなみけいほうなど》の開始《かいし》

全国的《ぜんこくてき》な津波警報体制《つなみけいほうたいせい》が確立《かくりつ》された。

1993年《ねん》

北海道南西沖地震《ほっかいどうなんせいおきじしん》

地震計《じしんけい》の開発《かいはつ》　ウィーヘルト地震計《じしんけい》

1920年代《ねんだい》から1960年代《ねんだい》にかけての代表《だいひょう》的《てき》な地震計《じしんけい》。大《おお》きな機械式地震計《きかいしきじしんけい》。東西《とうざい》と南北《なんぼく》の方向《ほうこう》の地震《じしん》の水平成分《すいへいせいぶん》を記録《きろく》できる。

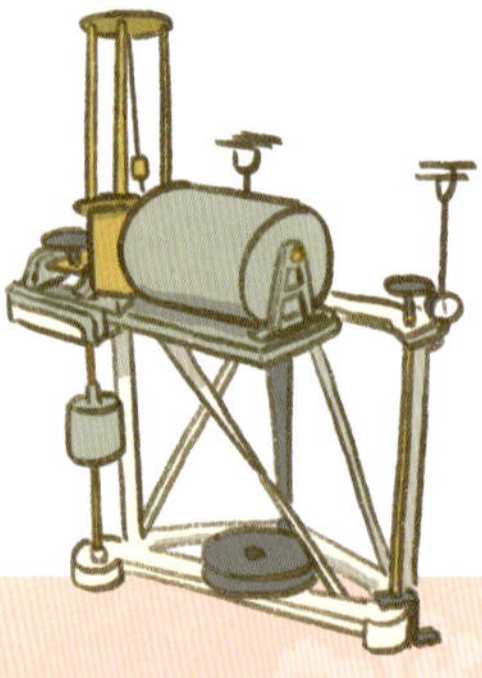

検潮儀《けんちょうぎ》

1960年《ねん》のチリ沖地震《おきじしん》から使《つか》われた潮位計《ちょういけい》。

検潮儀《けんちょうぎ》

ガタ
ガタ
ガタ

うになったきっかけは2011年《ねん》の東《ひがし》日本大震災《にほんだいしんさい》です。地震《じしん》の発生《はっせい》や被害《ひがい》を教訓《きょうくん》にシステムが進化《しんか》してきたのです。

もっと知《し》りたい！

過去《かこ》の震災《しんさい》を教訓《きょうくん》に

毎年《まいとし》9月1日《がつついたち》に避難訓練《ひなんくんれん》をする学校《がっこう》も多《おお》いのではないでしょうか。9月1日《がつついたち》は防《ぼう》災《さい》の日《ひ》にあたります。大正《たいしょう》12(1923)年《ねん》のその日《ひ》は大正関東地震《たいしょうかんとうじしん》という大《おお》きな地震《じしん》があった日《ひ》でもあり、台風《たいふう》の多《おお》い季節《きせつ》の真《ま》っただ中《なか》でもあります。防災《ぼうさい》の日《ひ》は、地震《じしん》や風水害《ふうすいがい》などに対《たい》する心構《こころがま》えを育成《いくせい》する目的《もくてき》で、昭和《しょうわ》35(1960)年《ねん》6月《がつ》11日《にち》の内閣《ないかく》の閣議《かくぎ》で了承《りょうしょう》され、制定《せいてい》されました。

なお、9月1日《がつついたち》を含《ふく》む一週間《いっしゅうかん》は防災週間《ぼうさいしゅうかん》とされていて、学校《がっこう》だけでなく企業《きぎょう》や公《こう》共機関《きょうきかん》などでも、防災《ぼうさい》についてのイベントが行《おこな》われます。

1994年《ねん》

津波警報《つなみけいほう》の発表《はっぴょう》がはやくなる

津波警報《つなみけいほう》の発表《はっぴょう》よりも先《さき》に津波《つなみ》が来《き》たことを教《きょう》訓《くん》に、地震発生《じしんはっせい》から3分《ぷん》を目標《もくひょう》に津波警報《つなみけいほう》を発《はっ》表《ぴょう》するようになった。

1995年《ねん》 阪神《はんしん》・淡路大震災《あわじだいしんさい》

1996年《ねん》

震度計《しんどけい》の導入《どうにゅう》

体感《たいかん》による観測《かんそく》に代《か》わり、震度計《しんどけい》による観測《かんそく》が始《はじ》まる。

各市町村《かくしちょうそん》に震度計《しんどけい》を設置《せっち》

それまで気象台《きしょうだい》や県庁《けんちょう》など一定《いってい》の場所《ばしょ》にのみ設置《せっち》していた震度計《しんどけい》。この震災《しんさい》で、震《しん》度計《どけい》がない場所《ばしょ》での観測《かんそく》ができず、情報《じょうほう》を発信《はっしん》することができなかった教訓《きょうくん》から、すべての市町村《しちょうそん》に設置《せっち》することになった。

震度階級《しんどかいきゅう》が 10 段階《だんかい》になる

震度《しんど》0、1、2、3、4、5弱《じゃく》、5強《きょう》、6弱《じゃく》、6強《きょう》、7になった。

2007年《ねん》

緊急地震速報《きんきゅうじしんそくほう》の開始《かいし》。携帯電《けいたいでん》話《わ》から流《なが》れるように。

2011年《ねん》 東日本大震災《ひがしにほんだいしんさい》

2012年《ねん》

携帯電話《けいたいでんわ》から津波警報《つなみけいほう》が流《なが》れるように。

2024年《ねん》 能登半島地震《のとはんとうじしん》

地震《じしん》による停電《ていでん》や通信障害《つうしんしょうがい》により、地震計《じしんけい》から観測結果《かんそくけっか》が送《おく》られないなどの障《しょう》害《がい》が発生《はっせい》したが、気象庁職員《きしょうちょうしょくいん》が現《げん》地《ち》で対応《たいおう》することで復旧《ふっきゅう》させた。

02

なぜ日本《にほん》には地震《じしん》が多《おお》いの？

地震大国《じしんたいこく》と言《い》われる日本《にほん》に地震《じしん》が多《おお》いのには理由《りゆう》があります。その答《こた》えは「日本《にほん》が地震多発地帯《じしんたはつちたい》である４つのプレートの境目《さかいめ》に位置《いち》しているから」なのです。

日本列島《にほんれっとう》の周辺《しゅうへん》には４つも
プレートが集《あつ》まってる！

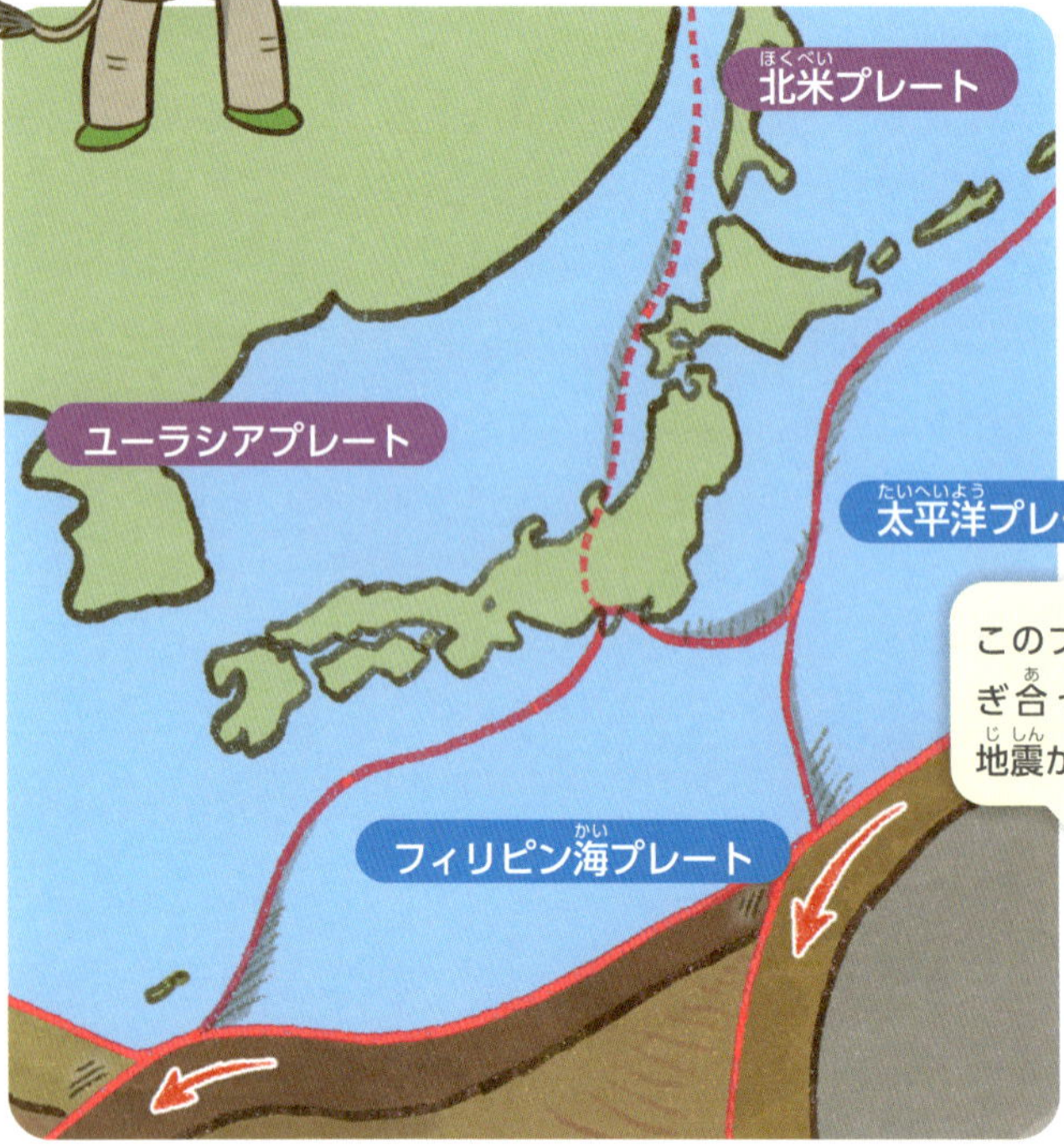
北米《ほくべい》プレート
ユーラシアプレート
太平洋《たいへいよう》プレート
フィリピン海《かい》プレート

このプレートがせめぎ合《あ》っているから、
地震《じしん》が多いんじゃ。

プレートの境目《さかいめ》が地震多発地帯《じしんたはつちたい》になる

世界中《せかいじゅう》の地震《じしん》の多《おお》くが、地球《ちきゅう》を覆《おお》うプレートの境目《さかいめ》（プレート境界《きょうかい》）で発生《はっせい》しています。

日本《にほん》の周辺《しゅうへん》では、太平洋《たいへいよう》プレートとフィリピン海《かい》プレート（この2つは海《うみ》のプレート）、北米《ほくべい》プレートとユーラシアプレート（この2つは陸《りく》のプレート）という4つのプレートがせめぎ合《あ》っています。

これが、日本《にほん》が世界有数《せかいゆうすう》の地震多発地帯《じしんたはつちたい》となっている理由《りゆう》です。

日本《にほん》で発生《はっせい》する地震《じしん》の3つのタイプ

日本《にほん》の周辺《しゅうへん》で発生《はっせい》する地震《じしん》には3つのタイプがあります。

日本周辺《にほんしゅうへん》では、海《うみ》のプレートが沈《しず》み込《こ》むときに陸《りく》のプレートを地下《ちか》へ引《ひ》きずり込《こ》んでいきます。そして、陸《りく》のプレートが引《ひ》きずりに耐《た》えられなくなり、跳《は》ね上《あ》げられます。このようにして起《お》こるのが「プレート境界《きょうかい》の地震《じしん》」です。平成《へいせい》23(2011)年《ねん》の東北地方《とうほくちほう》太平洋沖地震《たいへいようおきじしん》(東日本大震災《ひがしにほんだいしんさい》)は、その代表例《だいひょうれい》です。

一方《いっぽう》、プレートの内部《ないぶ》に力《ちから》が加《くわ》わって発生《はっせい》する地震《じしん》もあります。ひとつは海洋《かいよう》プレートの内部《ないぶ》で断層運動《だんそううんどう》が起《お》こって地震《じしん》が発生《はっせい》する「海洋《かいよう》プレート内《ない》の地震《じしん》」です。もうひとつは「陸域《りくいき》の浅《あさ》い地震《じしん》」です。プレート境界《きょうかい》の地震《じしん》に比《くら》べて規模《きぼ》が小《ちい》さい地震《じしん》が多《おお》いですが、人間《にんげん》の居住地域《きょじゅうちいき》に近《ちか》いところで発生《はっせい》するため、被害《ひがい》が大《おお》きくなることがあります。

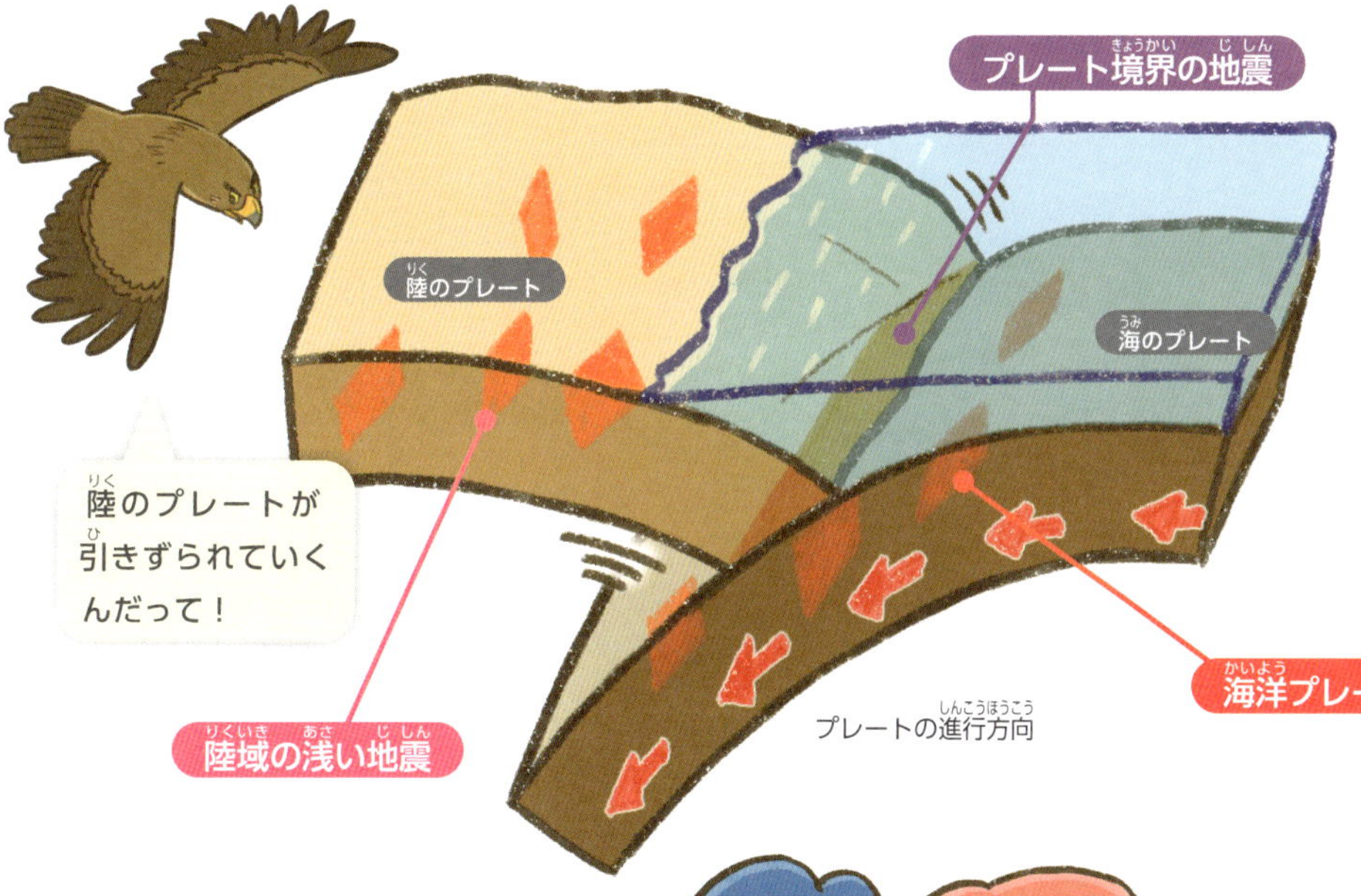
プレート境界《きょうかい》の地震《じしん》
陸《りく》のプレート
海《うみ》のプレート
陸《りく》のプレートが引《ひ》きずられていくんだって！
陸域《りくいき》の浅《あさ》い地震《じしん》
プレートの進行方向《しんこうほうこう》
海洋《かいよう》プレート内《ない》の地震《じしん》

私《わたし》たちが住《す》んでいる場所《ばしょ》で発生《はっせい》する地震《じしん》だから怖《こわ》い～
海《うみ》のプレートの威力《いりょく》、おそるべし…

地震《じしん》発生《はっせい》はどうやってわかるの？

全国各地《ぜんこくかくち》で観測《かんそく》されたデータを、24時間体制《じかんたいせい》で監視《かんし》しています。気象庁《きしょうちょう》にある地震《じしん》を監視《かんし》して情報発表《じょうほうはっぴょう》する部屋《へや》には、たくさんのモニターがあり、揺《ゆ》れを感《かん》じるとすぐにアラームがなる仕組《しく》みです。

観測《かんそく》データはEPOS《エポス》で監視《かんし》されるんじゃ。

観測《かんそく》ネットワーク

震度観測点《しんどかんそくてん》

気象庁《きしょうちょう》：約《やく》700点《てん》
関係機関《かんけいきかん》：約《やく》3,700点《てん》

地面《じめん》の揺《ゆ》れの強《つよ》さ（震度《しんど》）を計《けい》測《そく》する震度計《しんどけい》が設置《せっち》されている。テレビなどで発表《はっぴょう》される震《しん》度《ど》の情報《じょうほう》は、これらの観測点《かんそくてん》で計測《けいそく》されている。

地震観測点《じしんかんそくてん》

気象庁《きしょうちょう》：約《やく》300点《てん》
関係機関《かんけいきかん》：約《やく》1,500点《てん》

地震活動《じしんかつどう》を監視《かんし》する観《かん》測点《そくてん》。ここで、地震《じしん》の揺《ゆ》れを検知《けんち》する。

津波観測点《つなみかんそくてん》

気象庁《きしょうちょう》：約《やく》80点《てん》
関係機関《かんけいきかん》：約《やく》330点《てん》

津波《つなみ》を監視《かんし》するために、海面《かいめん》の変動《へんどう》を観測《かんそく》している。

ひずみ観測点《かんそくてん》

気象庁《きしょうちょう》：25点《てん》
関係機関《かんけいきかん》：14点《てん》

地下《ちか》の岩盤《がんばん》の伸《の》び・ちぢみを高感度《こうかんど》で観測《かんそく》できるひずみ計《けい》が、南海《なんかい》トラフ沿《ぞ》いに設置《せっち》されている。観測《かんそく》されたデータは、南海《なんかい》トラフ地震《じしん》に関連《かんれん》する情報《じょうほう》の発表《はっぴょう》のために使《つか》われている。

※情報《じょうほう》は全《すべ》て令和《れいわ》6年時点《ねんじてん》のもの。

地震《じしん》の監視《かんし》を支《ささ》える観測《かんそく》ネットワーク

平成《へいせい》7（1995）年《ねん》1月《がつ》17日《にち》の兵庫県南部地震《ひょうごけんなんぶじしん》（阪神《はんしん》・淡路大《あわじだい》震災《しんさい》）は、まだ起《お》きている人《ひと》も少《すく》ない5時《じ》46分《ぷん》に発生《はっせい》しました。このように、地震《じしん》は時《とき》を選《えら》びません。そのため気象庁《きしょうちょう》では、24時間体制《じかんたいせい》で地震《じしん》を監視《かんし》しています。監視《かんし》は、全国各地《ぜんこくかくち》に張《は》りめぐらされた、観測《かんそく》ネットワークに支《ささ》えられています。

海《うみ》にまで観測点《かんそくてん》が
あるんだね！

日本《にほん》の地震観測点《じしんかんそくてん》
●気象庁《きしょうちょう》
■大学《だいがく》
▲国立研究開発法人《こくりつけんきゅうかいはつほうじん》
防災科学技術研究所《ぼうさいかがくぎじゅつけんきゅうしょ》
◆その他《た》の機関《きかん》

監視《かんし》

観測《かんそく》データは、地震活動等総合監視《じしんかつどうとうそうごうかんし》システム（EPOS《エポス》）で、24時間監視《じかんかんし》しています。監視《かんし》は、東京《とうきょう》と大阪《おおさか》にあるオペレーションルームで行《おこな》います。

東京《とうきょう》の気象庁《きしょうちょう》が地震《じしん》などで機能《きのう》しなくなったときにそなえて、大阪《おおさか》でも同《おな》じ作業《さぎょう》をしている。

解析《かいせき》・情報発表《じょうほうはっぴょう》

地震《じしん》が発生《はっせい》した場合《ばあい》は、収集《しゅうしゅう》したデータを解析《かいせき》し、地震《じしん》の規模《きぼ》や震源《しんげん》を決定《けってい》し、揺《ゆ》れや津波《つなみ》の予測《よそく》をします。また、緊急地震《きんきゅうじしん》速報《そくほう》や津波警報《つなみけいほう》・津波注意報《つなみちゅういほう》などの情報《じょうほう》を発表《はっぴょう》します。

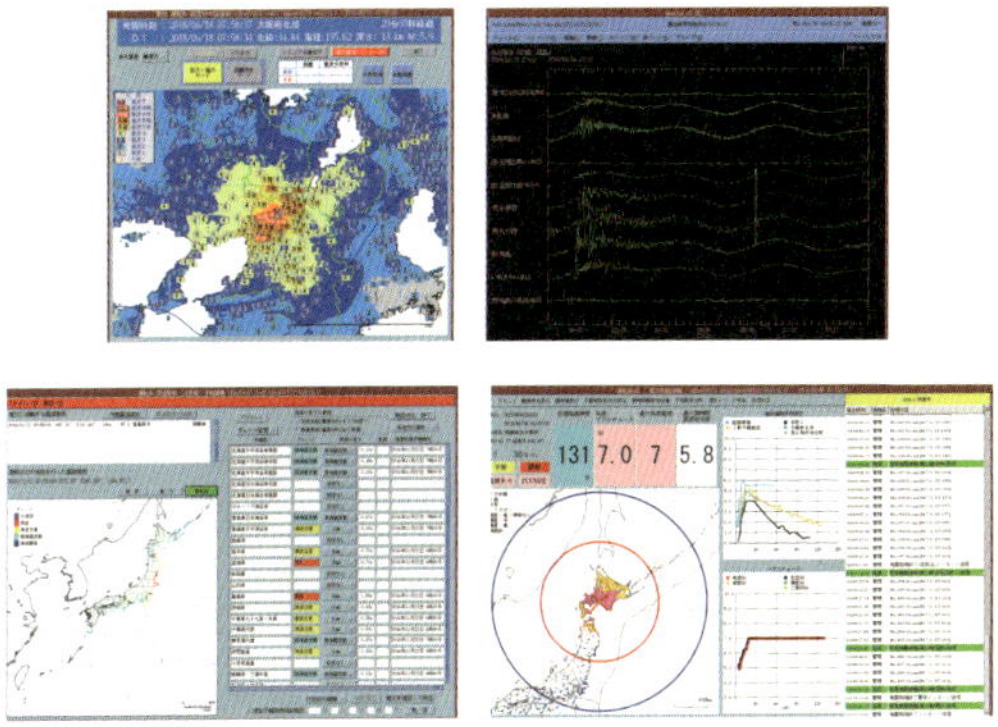

24時間体制《じかんたいせい》で収集《しゅうしゅう》しているデータなど。

東京
大阪

04

地震情報《じしんじょうほう》の発表《はっぴょう》は時間《じかん》との勝負《しょうぶ》！

「国民《こくみん》の命《いのち》を守《まも》る」という使命《しめい》のもと、気象庁《きしょうちょう》の地震情報《じしんじょうほう》や津波警報《つなみけいほう》は、発生《はっせい》からいかに早《はや》く伝《つた》えるかが鍵《かぎ》となっています。

時間《じかん》との勝負《しょうぶ》！

震度《しんど》5クラス以上《いじょう》の強《つよ》い揺《ゆ》れや津波《つなみ》が発生《はっせい》した場合《ばあい》、いちはやく国民《こくみん》に知《し》らせて、揺《ゆ》れにそなえてもらうことが、防災《ぼうさい》につながります。そのため地震発《じしんはっ》生後《せいご》は、地震《じしん》vs気象庁《きしょうちょう》の時間《じかん》との勝負《しょうぶ》。地震火山《じしんかざん》オペレーションルームは、いっきにあわただしくなります。

地震発生《じしんはっせい》

数秒《すうびょう》〜数十秒《すうじゅうびょう》

緊急地震速報《きんきゅうじしんそくほう》

地震《じしん》による強《つよ》いゆれを警告《けいこく》する

はじめに、各地《かくち》の震度《しんど》や揺《ゆ》れが到達《とうたつ》する時刻《じこく》を予測《よそく》し、震度《しんど》5弱以上《じゃくいじょう》の揺《ゆ》れが予想《よそう》されるときには、震度《しんど》4以上《いじょう》が予想《よそう》される地域《ちいき》に対《たい》して緊急地震速報《きんきゅうじしんそくほう》を発表《はっぴょう》する。速報《そくほう》はテレビやラジオ、スマートフォンなどで伝《つた》えられる。
ごく短時間《たんじかん》で予測《よそく》しなければならないため、コンピュータで自動計算《じどうけいさん》されている。

1分半《ぶんはん》〜

震度速報《しんどそくほう》

震度《しんど》を知《し》らせる

震度《しんど》3以上《いじょう》を観測《かんそく》した場合《ばあい》、震度《しんど》3以上《いじょう》を観測《かんそく》した地域《ちいき》と、震度《しんど》を発表《はっぴょう》する。

地震《じしん》が発生《はっせい》した約《やく》1分《ぷん》30秒《びょう》後《ご》には、震度速報《しんどそくほう》を発表《はっぴょう》するんだって。

グラ
グラ
グラ
グラ
身《み》を守《まも》らなきゃ！

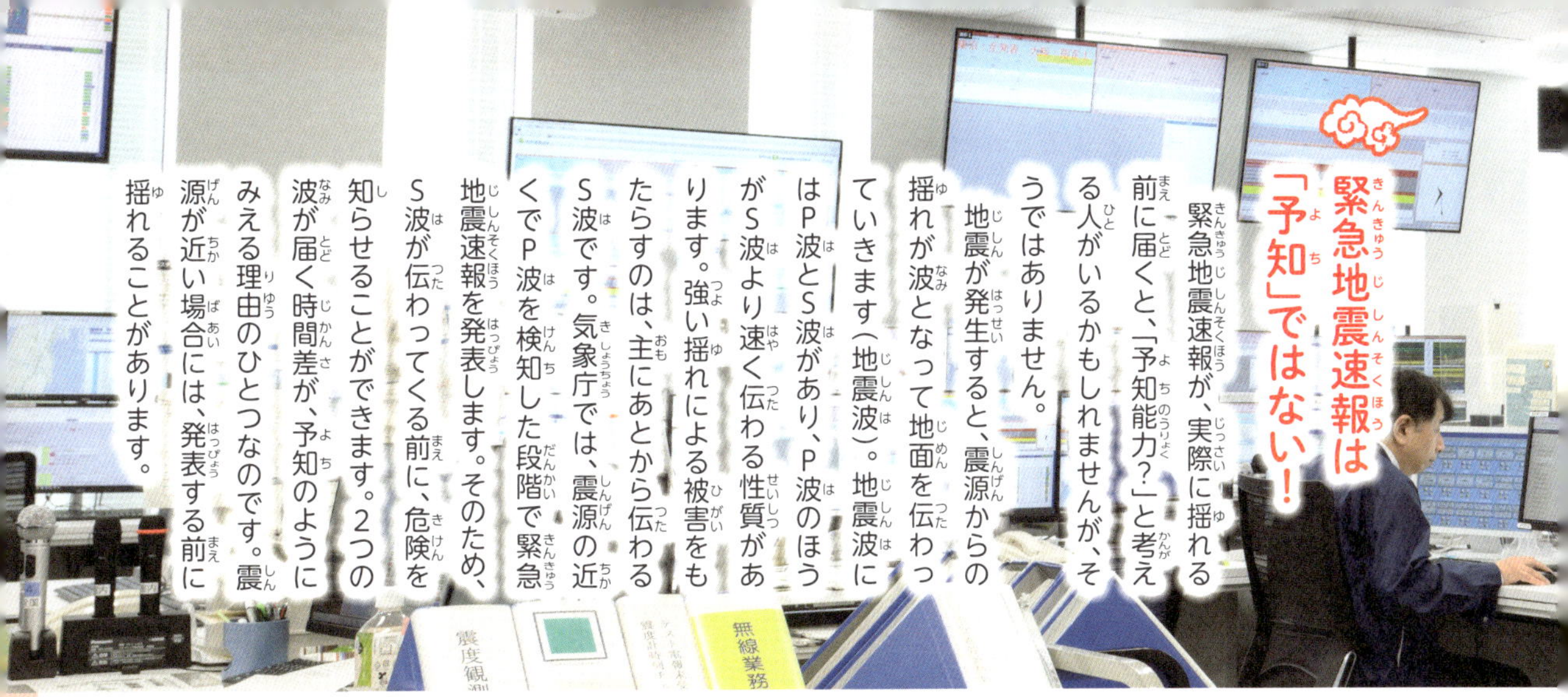

緊急地震速報《きんきゅうじしんそくほう》は「予知《よち》」ではない！

緊急地震速報《きんきゅうじしんそくほう》が、実際《じっさい》に揺《ゆ》れる前《まえ》に届《とど》くと、「予知能力《よちのうりょく》？」と考《かんが》える人《ひと》がいるかもしれませんが、そうではありません。

地震《じしん》が発生《はっせい》すると、震源《しんげん》からの揺《ゆ》れが波《なみ》となって地面《じめん》を伝《つた》わっていきます（地震波《じしんは》）。地震波《じしんは》にはP波《は》とS波《は》があり、P波《は》のほうがS波《は》より速《はや》く伝《つた》わる性質《せいしつ》があります。強《つよ》い揺《ゆ》れによる被害《ひがい》をもたらすのは、主《おも》にあとから伝《つた》わるS波《は》です。気象庁《きしょうちょう》では、震源《しんげん》の近《ちか》くでP波《は》を検知《けんち》した段階《だんかい》で緊急《きんきゅう》地震速報《じしんそくほう》を発表《はっぴょう》します。そのため、S波《は》が伝《つた》わってくる前《まえ》に、危険《きけん》を知《し》らせることができます。2つの波《なみ》が届《とど》く時間差《じかんさ》が、予知《よち》のようにみえる理由《りゆう》のひとつなのです。震源《しんげん》が近《ちか》い場合《ばあい》には、発表《はっぴょう》する前《まえ》に揺《ゆ》れることがあります。

約《やく》3分《ぷん》

津波警報《つなみけいほう》・注意報《ちゅういほう》

津波《つなみ》による危険《きけん》を知《し》らせる

さまざまな条件《じょうけん》で事前《じぜん》に津波《つなみ》をシミュレーションし、データベース化《か》しているため、すばやく警報《けいほう》・注意報《ちゅういほう》が出《だ》せるしくみになっている。津波《つなみ》の発生《はっせい》が予想《よそう》される場合《ばあい》は、到達予想時刻《とうたつよそうじこく》、予想《よそう》される津波《つなみ》の高《たか》さ（通常《つうじょう》は5段階《だんかい》）のほか、満潮《まんちょう》の時刻《じこく》も発表《はっぴょう》する。

津波警報《つなみけいほう》が
発表《はっぴょう》されました！

約《やく》5～15分《ふん》

地震情報《じしんじょうほう》

くわしい地震情報《じしんじょうほう》を知《し》らせる

集《あつ》まってきたより詳細《しょうさい》なデータをもとに、それぞれの地震情報《じしんじょうほう》を更新《こうしん》。地震《じしん》のマグニチュードや地点《ちてん》ごとの震度《しんど》などが発表《はっぴょう》される。

海水面《かいすいめん》がいちばん高《たか》くなる満潮時《まんちょうじ》には、津波《つなみ》の危険《きけん》がさらに高《たか》まる！
津波警報《つなみけいほう》
16:00

約《やく》1時間《じかん》～

解説資料作成《かいせつしりょうさくせい》

記者会見《きしゃかいけん》

さらに注意《ちゅうい》を呼《よ》びかける

大《おお》きな地震《じしん》や津波《つなみ》に注意《ちゅうい》を呼《よ》び掛《か》けるため、記者会見《きしゃかいけん》を行《おこな》うこともある。

今後一週間程度《こんごいっしゅうかんていど》は、最大震度《さいだいしんど》7程度《ていど》の地震《じしん》に注意《ちゅうい》してください。
気象庁《きしょうちょう》

05

緊急地震速報《きんきゅうじしんそくほう》が流《なが》れたらどうすればいい？

地震《じしん》はいつ、どこで発生《はっせい》するかわかりません。
外《そと》に遊《あそ》びに行《い》っていて一人《ひとり》のときに発生《はっせい》するかもしれません。
万《まん》が一《いち》にそなえて、緊急地震速報《きんきゅうじしんそくほう》を聞《き》いたらどうすればいいか、学《まな》んでおきましょう。

身《み》を守《まも》る行動《こうどう》をする

学校《がっこう》（校舎《こうしゃ》の外《そと》）にいるとき

- 校庭《こうてい》など上《うえ》から物《もの》が落《お》ちてこない場《ば》所《しょ》でまとまってすわる。

家《いえ》にいるとき

- 頭《あたま》を保護《ほご》する。
- じょうぶな机《つくえ》の下《した》など、安全《あんぜん》な場所《ばしょ》に避難《ひなん》する。
- あわてて外《そと》へ飛《と》び出《だ》さない。
- 無理《むり》に火《ひ》を消《け》そうとしない。

勝手《かって》に帰《かえ》らない

- 学校《がっこう》が避難場所《ひなんばしょ》のケースもあるので帰《かえ》らない。

街《まち》の中《なか》

- ブロック塀《べい》から離《はな》れる。
- 看板《かんばん》や割《わ》れた窓《まど》ガラスが落《お》ちてこないか注意《ちゅうい》する。

授業中《じゅぎょうちゅう》は大人《おとな》の指示《しじ》に従《したが》う

学校《がっこう》では、緊急地震速報《きんきゅうじしんそくほう》が発表《はっぴょう》されると、強《つよ》い揺《ゆ》れが来《く》ることを校内放送《こうないほうそう》で知《し》らせ、先生《せんせい》たち大人《おとな》が安全《あんぜん》な場所《ばしょ》への避難《ひなん》を誘導《ゆうどう》することになっています。先生《せんせい》たちの指示《しじ》をしっかり聞《き》いて行動《こうどう》しましょう。

「あわてない」ために心得《こころえ》を知《し》っておこう

緊急《きんきゅう》地《じ》震《しん》速報《そくほう》は、強《つよ》い揺《ゆ》れが予《よ》想《そう》されるときに、身《み》を守《まも》るそなえをしてもらうために発表《はっぴょう》されます。では、どのように身《み》を守《まも》ればよいのでしょうか。その方法《ほうほう》はどこにいて、何《なに》をしているかによって異《こと》なりますが、まずはあわてないことが肝心《かんじん》です。そのためには、それぞれが置《お》かれた状況《じょうきょう》に応《おう》じてどのような行動《こうどう》を取《と》るべきかをあらかじめ知《し》り、行動《こうどう》している自分《じぶん》を想像《そうぞう》しておくことが大切《たいせつ》です。ここでは、緊急《きんきゅう》地《じ》震《しん》速報《そくほう》が発表《はっぴょう》されたときの、基本的《きほんてき》な心得《こころえ》を紹介《しょうかい》します。

身《み》を守《まも》る行動《こうどう》のイメージトレーニングをしておこう！

もっと知《し》りたい！

地震《じしん》は予知《よち》できない!!

地震《じしん》予知《よち》とは、「いつ」「どこで」「どのくらいの」地震《じしん》が発生《はっせい》するかを前《まえ》もって知《し》ることですが、現在《げんざい》の科学技術《かがくぎじゅつ》では、その３つを正確《せいかく》に知《し》ることはできません。ときどき、インターネットやSNSで、「明日《あす》●●県《けん》で震度《しんど》7の地震《じしん》が起《お》こる」といったコメントを目《め》にすることがありますが、これはまったくのデマです。むやみに信《しん》じないようにしましょう。

日《ひ》ごろからそなえる

やっぱり普段《ふだん》からの備《そな》えが重要《じゅうよう》だね！

「安全《あんぜん》スペース」をつくっておく

寝室《しんしつ》や居間《いま》など、ふだんよく過《す》ごすところに、物《もの》が落《お》ちてこない、倒《たお》れてこない、移動《いどう》してこないスペースをつくっておきます。

- 家具《かぐ》などを固定《こてい》しておく。
- 座《すわ》ったり寝《ね》たりする場所《ばしょ》の近《ちか》くに、倒《たお》れそうなものを置《お》かない。
- 分厚《ぶあつ》い手袋《てぶくろ》や底《そこ》の厚《あつ》い靴《くつ》を用意《ようい》する。

住《す》んでいる地域《ちいき》や学校《がっこう》の防災訓練《ぼうさいくんれん》に参加《さんか》する

地域《ちいき》の防災訓練《ぼうさいくんれん》では、その過去《かこ》に津波被害《つなみひがい》があった場所《ばしょ》なのか、土砂《どしゃ》崩《くず》れの危険《きけん》がある場所《ばしょ》なのかなど、その地域特性《ちいきとくせい》の訓練《くんれん》もあります。自分《じぶん》が住《す》んでいる地域《ちいき》での防災《ぼうさい》を知《し》っておくのも大切《たいせつ》です。学校《がっこう》での訓練《くんれん》でも、教室《きょうしつ》にいるとき、運動場《うんどうじょう》にいるときなど、どの場所《ばしょ》にいるかに応《おう》じてどうすればいいかを学《まな》んでおきましょう。

06

震度《しんど》とマグニチュードはどう違《ちが》う？地震用語《じしんようご》を知《し》っておこう

地震《じしん》が起《お》きたら「さっきの地震《じしん》はどのくらいの大《おお》きさなのだろう」と思《おも》ったことはありませんか？気象庁《きしょうちょう》の記者会見《きしゃかいけん》でもよく使《つか》われる「震度《しんど》」と「マグニチュード」についてその違《ちが》いを見《み》てみましょう。

地震《じしん》とゆれの状況《じょうきょう》

震度《しんど》4

つりさげものは大《おお》きく揺《ゆ》れる。

震度《しんど》3

棚《たな》になる食器類《しょっきるい》が音《おと》を立《た》てる。屋内《おくない》のほとんどの人《ひと》が揺《ゆ》れを感《かん》じる。

震度《しんど》2

照明《しょうめい》などつりさがっているものが少《すこ》し揺《ゆ》れる。

震度《しんど》1

屋内《おくない》で静《しず》かにしている人《ひと》にはゆれをわずかに感《かん》じる人《ひと》がいる。

震度《しんど》0

人《ひと》はゆれを感《かん》じない。

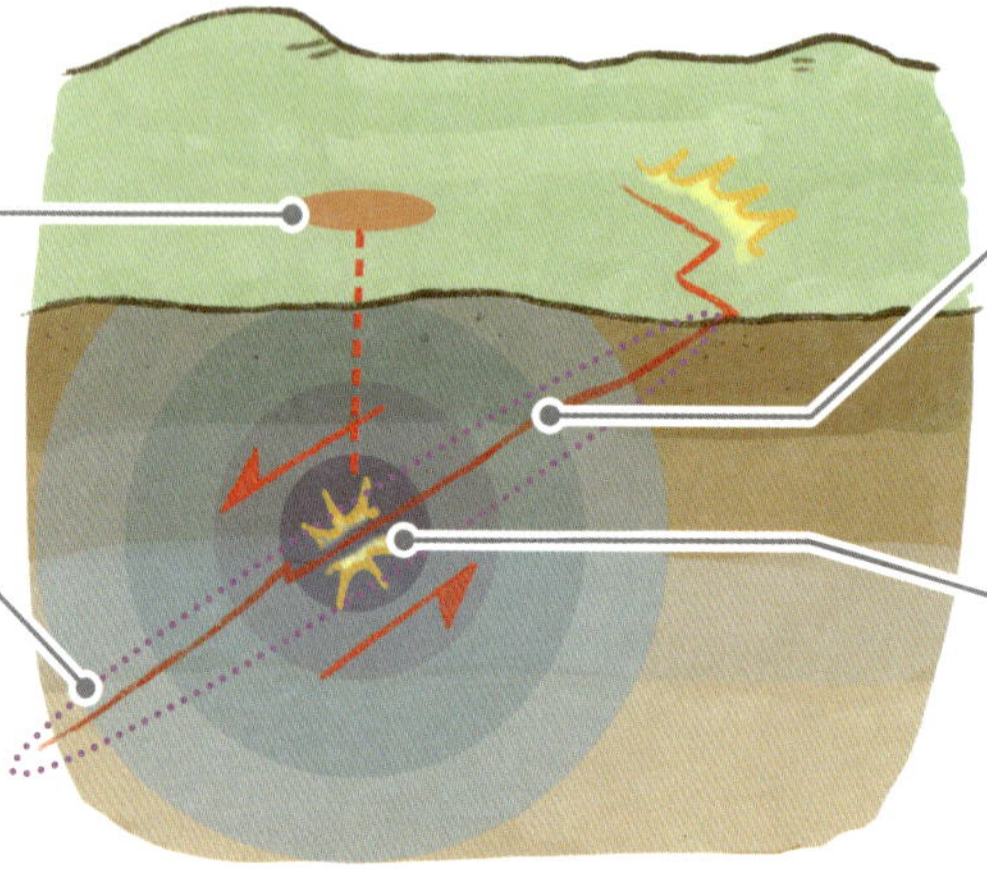

震央《しんおう》

震源《しんげん》の真上《まうえ》にあたる地表《ちひょう》の地点《ちてん》のこと。

震源域《しんげんいき》

ずれた領域全体《りょういきぜんたい》のこと。

地震用語《じしんようご》を覚《おぼ》えておこう

断層《だんそう》

岩盤《がんばん》のずれを断層《だんそう》という。断層《だんそう》がずれた面《めん》は、地表《ちひょう》にあらわれることがある。また断層《だんそう》のうち、過去《かこ》に繰《く》り返《かえ》し地震《じしん》を起《お》こし、将来《しょうらい》も地震《じしん》を起《お》こすと考《かんが》えられている断層《だんそう》を「活断層《かつだんそう》」という。

震源《しんげん》

岩盤《がんばん》のずれがはじまった地点《ちてん》のこと。

震度《しんど》は揺《ゆ》れの程度《ていど》マグニチュードは地震《じしん》の規模《きぼ》

地震《じしん》のとき、震度《しんど》やマグニチュードということばを耳《みみ》にします。震度《しんど》はある場所《ばしょ》での「揺《ゆ》れの強《つよ》さ」をあらわすもので、0から7まであります。震度観測点《しんどかんそくてん》にある震度計《しんどけい》で自動的《じどうてき》に観測《かんそく》しています。マグニチュードは、「地震《じしん》そのものの大《おお》きさ」、地震《じしん》の規模《きぼ》(エネルギー)のこと。大《おお》きな地震《じしん》ほどマグニチュードをあらわす数字《すうじ》が大《おお》きくなります。

震度《しんど》は場所《ばしょ》によって異《こと》なりますが、マグニチュードはひとつの地震《じしん》に対《たい》してひとつしかありません。

震度《しんど》とマグニチュードの違《ちが》いを正《ただ》しく理解《りかい》し、地震《じしん》の情報《じょうほう》を正確《せいかく》に把握《はあく》しましょう。

震度《しんど》7

耐震性《たいしんせい》の低《ひく》い建物《たてもの》は倒壊《とうかい》するものが多《おお》くなる。

震度《しんど》6強《きょう》

壁《かべ》のタイルや窓《まど》ガラスが割《わ》れて落下《らっか》する。耐震性《たいしんせい》の低《ひく》い建物《たてもの》は、傾《かたむ》いたり倒《たお》れたりするものが多《おお》くなる。

震度《しんど》6弱《じゃく》

壁《かべ》のタイルや窓《まど》ガラスが割《わ》れて落下《らっか》することも。耐震性《たいしんせい》の低《ひく》い建物《たてもの》は、傾《かたむ》いたり倒《たお》れたりする。

震度《しんど》5強《きょう》

物《もの》につかまらないと歩《ある》くのが難《むずか》しい。食器《しょっき》や本《ほん》が落《お》ち、家具《かぐ》が倒《たお》れることもある。

震度《しんど》5弱《じゃく》

物《もの》につかまりたいと感《かん》じる。固定《こてい》していない家具《かぐ》が動《うご》く。

もっと知《し》りたい!

高層《こうそう》のビルの上階《じょうかい》はすごく揺《ゆ》れる!

高層《こうそう》ビルは長周期《ちょうしゅうき》の波《なみ》に対《たい》して揺《ゆ》れやすい構造《こうぞう》になってます。大《おお》きな地震《じしん》が起《お》こると、周期《しゅうき》の長《なが》いゆっくりとした大《おお》きく揺《ゆ》れる「長周期地震動《ちょうしゅうきじしんどう》」が発生《はっせい》して、特《とく》に、高層階《こうそうかい》のほうがより大《おお》きく揺《ゆ》れる傾向《けいこう》があります。そのため、家具《かぐ》や什器《じゅうき》(陳列棚《ちんれつだな》など)などが転倒《てんとう》・移動《いどう》したり、エレベーターが故障《こしょう》したりする危険《きけん》があり、注意《ちゅうい》が必要《ひつよう》です。

07

津波《つなみ》はなぜ起《お》こるの？

地震《じしん》が発生《はっせい》したときによく耳《みみ》にする「津波《つなみ》」の情報《じょうほう》。東日本大震災《ひがしにほんだいしんさい》では多《おお》くの犠牲者《ぎせいしゃ》を出《だ》したこの津波《つなみ》の発生《はっせい》のしくみを見《み》てみましょう。

正体《しょうたい》は、地震《じしん》によって変動《へんどう》した海水《かいすい》のかたまり

海底下《かいていか》で大《おお》きな地震《じしん》が発生《はっせい》すると、海底《かいてい》が盛《も》り上《あ》がったり、沈《しず》んだりします。これにともなって

新幹線《しんかんせん》：時速約《じそくやく》250km

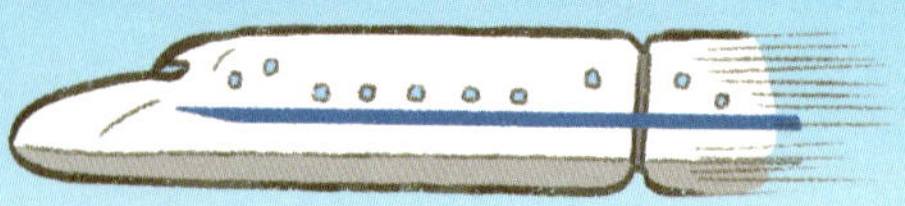

飛行機《ひこうき》：時速約《じそくやく》800km

深《ふか》い海《うみ》で発生《はっせい》した津波《つなみ》は、ジェット飛行機《ひこうき》なみの速《はや》さで伝《つた》わるよ！

2 津波《つなみ》の発生《はっせい》

海中《かいちゅう》の水《みず》が海底《かいてい》の動《うご》きにあわせて動《うご》きます。その結果《けっか》、海面《かいめん》が変動《へんどう》します。

1 断層運動《だんそううんどう》

海底《かいてい》の下《した》の浅《あさ》いところで大《おお》きな地震《じしん》が発生《はっせい》すると、断層《だんそう》の運動《うんどう》によって海底《かいてい》の地盤《じばん》が隆起《りゅうき》したり沈降《ちんこう》したりします。

その周辺《しゅうへん》の海水《かいすい》が変動《へんどう》し、大《おお》きな波《なみ》となって四方八方《しほうはっぽう》に伝《つた》わっていきます。この現象《げんしょう》が津波《つなみ》です。

津波《つなみ》は海《うみ》が深《ふか》いほど速《はや》く伝《つた》わる性質《せいしつ》があり、水深《すいしん》が浅《あさ》くなるほど速度《そくど》が遅《おそ》くなります。そのため津波《つなみ》が陸地《りくち》に近《ちか》づくにつれ、減《げん》速《そく》した波《なみ》の前方部《ぜんぽうぶ》に追《お》いかけてきた後方部《こうほうぶ》が追《お》いつき、波高《はこう》がさらに高《たか》くなります。

水深《すいしん》が浅《あさ》いところで遅《おそ》くなるといっても、人《ひと》が走《はし》って逃《に》げ切《き》れるものではありません。津波《つなみ》が海岸《かいがん》にくるのを見《み》てから避難《ひなん》を始《はじ》めたのでは、命《いのち》を守《まも》ることはできません。海岸《かいがん》の近《ちか》くで地震《じしん》の揺《ゆ》れを感《かん》じたり、津波警報《つなみけいほう》が発表《はっぴょう》されたりしたら、すぐ高《たか》い所《ところ》に避難《ひなん》しましょう。

自動車《じどうしゃ》：時速約《じそくやく》36km
チーター：時速約《じそくやく》110km

③ 津波《つなみ》の伝播《でんぱ》

大《おお》きな波《なみ》になって四方八方《しほうはっぽう》に伝《つた》わっていきます。

④ 津波《つなみ》の襲来《しゅうらい》

海岸《かいがん》に津波《つなみ》が押《お》し寄《よ》せます。

海《うみ》で地震《じしん》があった場合《ばあい》、津波警《つなみけい》報《ほう》・注意報《ちゅういほう》が発表《はっぴょう》されたらすぐに避難《ひなん》しなくちゃね！

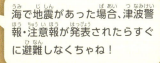

08

津波《つなみ》はどうやって予測《よそく》するの？

海域《かいいき》で地震《じしん》が発生《はっせい》したとき、「津波《つなみ》が発生《はっせい》するか」と、発生《はっせい》した場合《ばあい》に「いつどのような津波《つなみ》が海岸《かいがん》に到達《とうたつ》するか」が重要《じゅうよう》になります。

データを蓄積《ちくせき》して
いつも津波《つなみ》にそな
えているんじゃ。

平時《へいじ》

津波《つなみ》は、地震発生後《じしんはっせいご》すぐに沿岸《えんがん》に到達《とうたつ》することがあります。そのため、地震《じしん》が発生《はっせい》してからすぐに計算《けいさん》を始《はじ》めたのでは、津波《つなみ》の到達《とうたつ》までに津波警報《つなみけいほう》を発表《はっぴょう》することができません。そこで、あらかじめ津波《つなみ》を発生《はっせい》させる可能性《かのうせい》のある断層《だんそう》を設定《せってい》しておき、津波《つなみ》のシミュレーションをして、その結果《けっか》を津波予報《つなみよほう》データベースとして蓄積《ちくせき》しています。

データを
たくわえておこう
津波の数値
シミュレーション
データベース入れ

発生《はっせい》するかしないか・いつ到達《とうたつ》するかを監視《かんし》

津波《つなみ》の監視《かんし》は、地震《じしん》火山《かざん》オペレーションルームの津波担当《つなみたんとう》の職《しょく》員《いん》が行《おこな》います。最初《さいしょ》に、地震《じしん》の震《しん》源《げん》や規模《きぼ》から推定《すいてい》される津波《つなみ》の高《たか》さと到達時刻《とうたつじこく》を、津波予報《つなみよほう》データベースから検索《けんさく》します。津波《つなみ》の発《はっ》生《せい》が予想《よそう》される場合《ばあい》は、データベースから得《え》られた津波《つなみ》の予測結果《よそくけっか》をもとにして、「いつどのような津波《つなみ》が海岸《かいがん》に到達《とうたつ》するか」に応《おう》じて津《つ》波警報《なみけいほう》・注意報《ちゅういほう》を発表《はっぴょう》します。

もっと知《し》りたい！

津波《つなみ》の監視《かんし》

日本《にほん》の海岸《かいがん》や沖合《おきあい》には、400点《てん》以上《いじょう》（気象庁《きしょうちょう》：約《やく》80点《てん》、関《かん》係機関《けいきかん》：約《やく》330点《てん》）の津波観《つなみかん》測点《そくてん》があり、通常《つうじょう》とは異《こと》なる波形《はけい》（波《なみ》の動《うご》き）や異常《いじょう》な潮《ちょう》位《い》（海面《かいめん》の高《たか》さ）が観測《かんそく》されていないかを、つねに監視《かんし》しています。たとえば、ふつうの波《なみ》に比《くら》べて、津波《つなみ》は波長《はちょう》が長《なが》くなるなどの違《ちが》いがあるのです。

※情報《じょうほう》は全《すべ》て令和《れいわ》6年時点《ねんじてん》のもの。

地震発生時《じしんはっせいじ》

実際《じっさい》に地震《じしん》が発生《はっせい》したときは、このデータベースから、発《はっ》生《せい》した地震《じしん》の震源《しんげん》や規模《きぼ》などに対応《たいおう》する予測結果《よそくけっか》を検索《けんさく》します。このようにすることで、地震発生《じしんはっせい》から約《やく》3分後《ぷんご》には、沿岸《えんがん》に津波警報《つなみけいほう》・注意報《ちゅういほう》を発表《はっぴょう》できるのです。

いそげ
場《ば》所《しょ》を特定《とくてい》！
津波警報等の種類
大津波警報
津波警報
津波注意報
震央
この津波警報《つなみけいほう》では大津波警報《おおつなみけいほう》まで出《で》ていたんだね。

09

津波《つなみ》の高《たか》さで情報種別《じょうほうしゅべつ》がかわる津波警報《つなみけいほう》

地震発生《じしんはっせい》が確認《かくにん》されてから3分《ぷん》を目標《もくひょう》に発表《はっぴょう》される津波情報《つなみじょうほう》には、その高《たか》さによってわかれる津波警報《つなみけいほう》・注意報《ちゅういほう》があります。また目《め》で確認《かくにん》できる津波《つなみ》フラッグという伝達手段《でんたつしゅだん》もあります。

津波警報《つなみけいほう》・注意報《ちゅういほう》の種類《しゅるい》

「大津波警報《おおつなみけいほう》」が平成《へいせい》25(2013)年《ねん》3月《がつ》7日《か》に正式《せいしき》な区分《くぶん》となる前《まえ》は、「津波警報《つなみけいほう》(大津波《おおつなみ》)」として用《もち》いられていました。

大津波警報《おおつなみけいほう》

3m以上《いじょう》

人《ひと》が津波《つなみ》に巻《ま》き込《こ》まれて流《なが》されるだけではなく、家《いえ》も壊《こわ》れて流《なが》される。

津波警報《つなみけいほう》

1～3m

低《ひく》いところにある家《いえ》や、道路《どうろ》まで津波《つなみ》が来《く》る。人《ひと》も津波《つなみ》に巻《ま》き込《こ》まれ流《なが》される。

津波注意報《つなみちゅういほう》

20㎝～1m

小《ちい》さな船《ふね》がひっくり返《かえ》る。海《うみ》の中《なか》では早《はや》い流《なが》れに巻《ま》き込《こ》まれる。

警報《けいほう》・注意報《ちゅういほう》は予報《よほう》

津波予報《つなみよほう》データベースを活用《かつよう》することで、地震発生後《じしんはっせいご》およそ3分《ぷん》を目標《もくひょう》に発表《はっぴょう》される津波警報《つなみけいほう》・注意報《ちゅういほう》は、予想《よそう》される津波《つなみ》の高《たか》さによって3つにわかれます。いちばん規模《きぼ》の小《ちい》さい「津波注意報《つなみちゅういほう》」でも、予想《よそう》される津波《つなみ》の最大《さいだい》の高《たか》さは1mです。海水浴《かいすいよく》などで海《うみ》の中《なか》にいる人《ひと》は、ただちに海《うみ》から上《あ》がって海岸《かいがん》から離《はな》れなければなりません。このとき、目印《めじるし》になるのが津波《つなみ》フラッグです。

目《め》で確認《かくにん》できる「津波《つなみ》フラッグ」

大津波警報《おおつなみけいほう》、津波警報《つなみけいほう》、津波注意報《つなみちゅういほう》は、テレビやラジオ、携帯電話《けいたいでんわ》、サイレン、鐘《かね》など、さまざまな手《しゅ》段《だん》で伝達《でんたつ》されます。ですが、耳《みみ》が聞《き》こえにくい人《ひと》や、海水浴場《かいすいよくじょう》で夢中《むちゅう》で遊《あそ》んでいるときは、まわりの人《ひと》の声《こえ》、風《かぜ》や波《なみ》の音《おと》で、サイレンが聞《き》こえないかもしれませんね。

そこで令和《れいわ》2（2020）年《ねん》6月《がつ》から、津波《つなみ》の危険《きけん》を視覚的《しかくてき》に伝《つた》える「津波《つなみ》フラッグ」が用《もち》いられることになりました。津波《つなみ》フラッグを見《み》かけたら、速《すみ》やかに避難《ひなん》をしましょう。

すごい目立《めだ》つから安心《あんしん》！

もっと知《し》りたい！

避難場所《ひなんばしょ》を教《おし》えてくれる「津波《つなみ》ハザードマップ」

浸水《しんすい》する区域《くいき》の範囲《はんい》は、被害《ひがい》が最《もっと》も大《おお》きくなるケースや津波《つなみ》の高《たか》さによってわけている場合《ばあい》や、海水《かいすい》が河川《かせん》をさかのぼる可《か》能性《のうせい》がある場合《ばあい》などが考慮《こうりょ》されていることもあるよ。

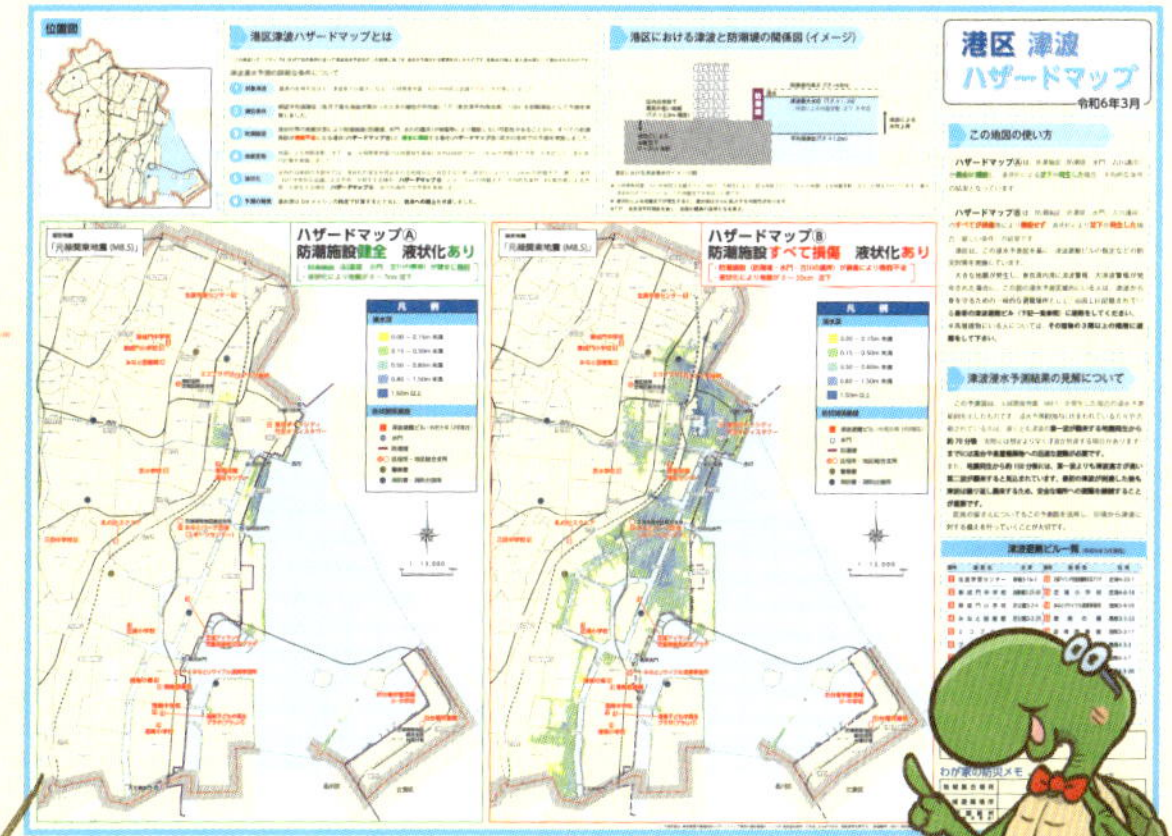

東京都港区《とうきょうとみなとく》の津波《つなみ》ハザードマップ。

津波発生時《つなみはっせいじ》に浸水《しんすい》が想定《そうてい》される区域《くいき》や避難場所《ひなんばしょ》が示《しめ》されている「津波《つなみ》ハザードマップ」だよ。

自治体《じちたい》のホームページで確認《かくにん》できるんだ。

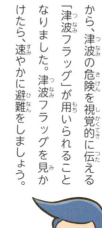

24時間《じかん》、交替《こうたい》で地震《じしん》を監視《かんし》

大《おお》きな地震《じしん》が起《お》きた時《とき》、自分《じぶん》の身《み》の安全《あんぜん》を確保《かくほ》することは大切《たいせつ》なことですが、家族《かぞく》や友人《ゆうじん》が無《ぶ》事《じ》かどうかも気《き》になるところだと思《おも》います。私《わたし》も小学《しょうがく》5年生《ねんせい》で東日本大震災《ひがしにほんだいしんさい》を経験《けいけん》したときは、自分《じぶん》の心配《しんぱい》よりも家族《かぞく》の心配《しんぱい》が先《さき》に立《た》った記憶《きおく》があります。いつ起《お》きるか分《わ》からない地震災害《じしんさいがい》に対《たい》して、自分《じぶん》はどうしたいかを考《かんが》え、『他《ほか》の人《ひと》のために動《うご》ける仕事《しごと》がしたい』と思《おも》ったのが、気《き》象庁《しょうちょう》に入《はい》りたいと思《おも》ったきっかけです。

現在《げんざい》は、24時間《じかん》、交替《こうたい》で地震《じしん》を監視《かんし》する仕事《しごと》をしています。みなさんが目《め》にするのは震度《しんど》1以《い》上《じょう》の地震《じしん》ですが、それより小《ち》さい規模《きぼ》も含《ふく》めると、1日《にち》に1000回程度《かいていど》の揺《ゆ》れを観測《かんそく》しており、こういった地震《じしん》もくわしく調《しら》べて、データベースに登録《とうろく》しています。また、実際《じっさい》に地震《じしん》が起《お》きたとき、どのような地震《じしん》なのかをすばやくお伝《つた》えすることが主《おも》な仕事《しごと》になります。特《とく》に大《おお》きな地震《じしん》の場合《ばあい》は、時間《じかん》との勝負《しょうぶ》ですので、緊急地震速報《きんきゅうじしんそくほう》などですばやく地震《じしん》の情報《じょうほう》を発表《はっぴょう》しています。

大《おお》きな地震《じしん》が起《お》きたときにはミスが発生《はっせい》しやすいため、焦《あせ》らず冷静《れいせい》に対処《たいしょ》することが大切《たいせつ》です。私《わたし》も実際《じっさい》に頭《あたま》が真《ま》っ白《しろ》になってしまい、思《おも》うように動《うご》けなかったことがあります。その反《はん》省《せい》もあり、日々訓練《ひびくんれん》を行《おこな》っています。私《わたし》たちの情報《じょうほう》で一人《ひとり》でも多《おお》くの方《かた》の身《み》の安全《あんぜん》に繋《つな》がればいいなと思《おも》っています。

ほかの人《ひと》のために動《うご》ける仕《し》事《ごと》がしたい。

モニターで見《み》えているのは地震波形《じしんはけい》の例《れい》です。実際《じっさい》に地《じ》震《しん》が起《お》きたとき、この波形《はけい》からP相《ピーそう》、S相《エスそう》、最大振幅《さいだいしんぷく》を調《しら》べることで震源《しんげん》の位置《いち》、マグニチュードを計算《けいさん》しています。

地震津波監視課《じしんつなみかんしか》
地震津波監視《じしんつなみかんし》・警報《けいほう》センター
上松直弘《うえまつなおひろ》さん

失敗《しっぱい》しちゃいました！

大《おお》きな地震《じしん》のとき、「どうしよう」と一瞬頭《いっしゅんあたま》が真《ま》っ白《しろ》になったことがありましたが、周囲《しゅうい》の人《ひと》と協力《きょうりょく》して落《お》ち着《つ》いて作業《さぎょう》を実施《じっし》しました。

この人《ひと》に聞《き》いてみた!

津波《つなみ》を監視《かんし》する人《ひと》

日々《ひび》シミュレーションをしながら津波《つなみ》を監視《かんし》する

地震津波監視《じしんつなみかんし》・警報《けいほう》センターは、地震火山《じしんかざん》オペレーションルームにあります。地震《じしん》と津波《つなみ》は切《き》っても切《き》れない関係《かんけい》ですので、明確《めいかく》に担当《たんとう》をわけているわけではありません。ときには地震《じしん》を担当《たんとう》、ときには津波《つなみ》を担当《たんとう》という感《かん》じで、どちらも監視《かんし》できるようになっています。

地震《じしん》も津波《つなみ》も、最先端《さいせんたん》の技術《ぎじゅつ》をもってしても、いつ起《お》こるかわからないという点《てん》では一緒《いっしょ》ですが、津波《つなみ》が難《むずか》しいのは、地震以上《じしんいじょう》に経験《けいけん》が積《つ》めないこと。津波《つなみ》は、あっても年《ねん》に数回《すうかい》です。そのため、実際《じっさい》の津波《つなみ》のデータは圧倒的《あっとうてき》に少《すく》ないんです。

正確《せいかく》な情報《じょうほう》を素早《すばや》く出《だ》す。

それでも、できるだけ正確《せいかく》な情報《じょうほう》を素早《すばや》く発信《はっしん》するために、日《ひ》ごろからの準備《じゅんび》が欠《か》かせません。たとえば、過去《かこ》の大地震《おおじしん》・津波《つなみ》のデータが入《はい》っている試験用《しけんよう》のコンピュータを使《つか》ったシミュレーションを頻繁《ひんぱん》にしています。これから大《おお》きな地震《じしん》が起《お》きる場所《ばしょ》を想定《そうてい》して、震源《しんげん》、マグニチュードを決《き》めて、津波警報《つなみけいほう》・注意報《ちゅういほう》を出《だ》し、そして、津波《つなみ》の高《たか》さを測《はか》って発表《はっぴょう》、という手順《てじゅん》を本番《ほんばん》に近《ちか》い状態《じょうたい》で訓練《くんれん》することができます。こうしておけば、いざというときにあまり焦《あせ》らなくなるものです。

こうした努力《どりょく》が報《むく》われて、地震《じしん》や津波《つなみ》の警報《けいほう》・注意報《ちゅういほう》をもとに、住民《じゅうみん》のみなさんが無事《ぶじ》に避難《ひなん》していただけたときには、とてもやりがいを感《かん》じます。

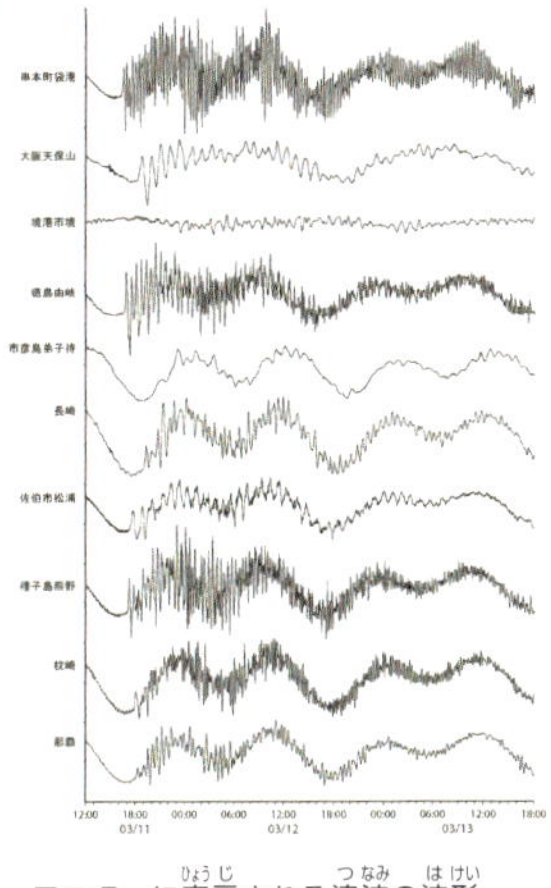

モニターに表示《ひょうじ》される津波《つなみ》の波形《はけい》。

地震津波監視課《じしんつなみかんしか》
津波調査係長《つなみちょうさかかりちょう》

浜田広太《はまだこうた》さん

失敗《しっぱい》しちゃいました! 夜勤《やきん》で頭《あたま》が働《はたら》かず、震源《しんげん》の情報《じょうほう》をシステムに送《おく》る送信《そうしん》ボタンのかわりに終了《しゅうりょう》ボタンを押《お》したことが……

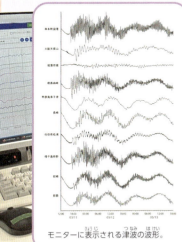

10

一度《いちど》発生《はっせい》した巨大地震《きょだいじしん》は、また発生《はっせい》することも！

南海《なんかい》トラフや日本海溝《にほんかいこう》・千島海溝《ちしまかいこう》などでの大《おお》きな地震《じしん》は、大昔《おおむかし》から同《おな》じ場所《ばしょ》で何度《なんど》も発生《はっせい》しているといわれています。過去《かこ》の経験《けいけん》を知《し》って、未来《みらい》に起《お》こる可能性《かのうせい》のある地震《じしん》に備《そな》えることが大切《たいせつ》です。

いつかはわからないけど「巨大《きょだい》
地震《じしん》は必《かなら》ず起《お》こる」と思《おも》ってい
たほうがいいんだね。

南海《なんかい》トラフ地震《じしん》の場合《ばあい》

想定震源域《そうていしんげんいき》
震源域《しんげんいき》
震源域《しんげんいき》
駿河湾《するがわん》
日向灘《ひゅうがなだ》
1944年《ねん》
昭和東南海地震《しょうわとうなんかいじしん》が発生《はっせい》
1946年《ねん》
昭和南海地震《しょうわなんかいじしん》が発生《はっせい》

南海《なんかい》トラフにはフィリピン海《かい》プレートとユーラシアプレートが接《せっ》して、溝状《みぞじょう》の地形《ちけい》がある。

想定《そうてい》される被害《ひがい》

- 静岡県《しずおかけん》から宮崎県《みやざきけん》にかけての一部《いちぶ》の地域《ちいき》で震度《しんど》７となるほか、周辺《しゅうへん》の地域《ちいき》でも震度《しんど》６強《きょう》から６弱《じゃく》の強《つよ》い揺《ゆ》れになる。
- 関東地方《かんとうちほう》から九州地方《きゅうしゅうちほう》の太平洋沿岸《たいへいようえんがん》に10mを超《こ》える大津波《おおつなみ》が来《く》る。

津波警報《つなみけいほう》が 発表《はっぴょう》
されたらすぐに高《たか》
台《だい》へ避難《ひなん》！

津波避難《つなみひなん》ビル
にもGO！
データ

※**海溝《かいこう》**…海底《かいてい》にある細長《ほそなが》い溝状《みぞじょう》の地形《ちけい》のこと。

過去《かこ》の巨大地震《きょだいじしん》から防災《ぼうさい》を学《まな》ぼう

近《ちか》い将来《しょうらい》、発生《はっせい》することが予想《よそう》されている地震《じしん》があります。「南海《なんかい》トラフ地震《じしん》」と「日本海溝《にほんかいこう》・千島海溝周《ちしまかいこうしゅう》辺海溝型地震《へんかいこうがたじしん》」です。

南海《なんかい》トラフは駿河湾《するがわん》から日向灘《ひゅうがなだ》沖《おき》にかけての沖合《おきあい》にあって、地震《じしん》が発生《はっせい》しやすいプレート同士《どうし》の境目《さかいめ》があるところです。1854年《ねん》の安《あん》政東海《せいとうかい》地震《じしん》および安政南海《あんせいなんかい》地震《じしん》、1944年《ねん》の昭和《しょうわ》東南海《とうなんかい》地震《じしん》および1946年《ねん》の昭和《しょうわ》南海《なんかい》地震《じしん》など、過去何度《かこなんど》も巨大地震《きょだいじしん》が発生《はっせい》しています。また、北日本《きたにほん》の太平洋側《たいへいようがわ》にある日本海溝《にほんかいこう》と千島海溝《ちしまかいこう》の2つの※海《かい》溝《こう》の領域《りょういき》では、マグニチュード7～9クラスの地震《じしん》が多数発生《たすうはっせい》しています。2011年《ねん》に発生《はっせい》した「東北《とうほく》地方太平洋沖地震《ちほうたいへいようおきじしん》」もそのひとつで、おもに津波《つなみ》によって大《おお》きな被害《ひがい》が発生《はっせい》しました。過去《かこ》に大《おお》きな地震《じしん》が発生《はっせい》した場所《ばしょ》は、くりかえし大《おお》きな地震《じしん》が発生《はっせい》する可能性《かのうせい》があることから、政府《せいふ》の※中央防災会議《ちゅうおうぼうさいかいぎ》では、巨《きょ》大地震《だいじしん》が発生《はっせい》した場合《ばあい》の被害《ひがい》の程《てい》度《ど》を想定《そうてい》しています。まずは過去《かこ》に発生《はっせい》した巨大地震《きょだいじしん》を知《し》って、ふだんから防災《ぼうさい》の意識《いしき》をもつことが大切《たいせつ》になってきます。

日本海溝《にほんかいこう》・千島海溝周辺海溝型地震《ちしまかいこうしゅうへんかいこうがたじしん》の場合《ばあい》

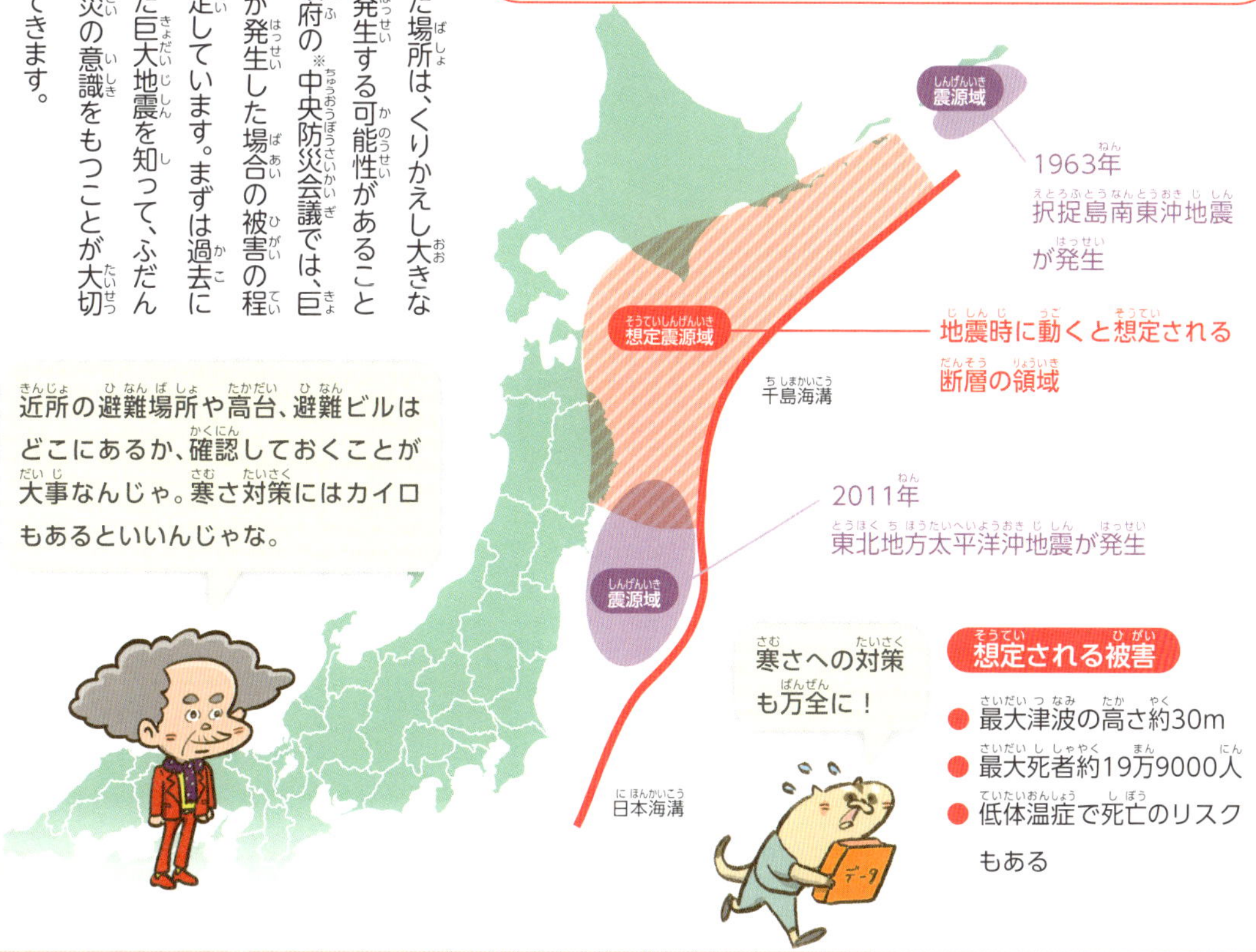
震源域《しんげんいき》
1963年《ねん》
択捉島南東沖地震《えとろふとうなんとうおきじしん》
が発生《はっせい》
想定震源域《そうていしんげんいき》
地震時《じしんじ》に動《うご》くと想定《そうてい》される
断層《だんそう》の領域《りょういき》
千島海溝《ちしまかいこう》
2011年《ねん》
東北地方太平洋沖地震《とうほくちほうたいへいようおきじしん》が発生《はっせい》
震源域《しんげんいき》
日本海溝《にほんかいこう》
近所《きんじょ》の避難場所《ひなんばしょ》や高台《たかだい》、避難《ひなん》ビルはどこにあるか、確認《かくにん》しておくことが大事《だいじ》なんじゃ。寒《さむ》さ対策《たいさく》にはカイロもあるといいんじゃな。
寒《さむ》さへの対策《たいさく》も万全《ばんぜん》に！
想定《そうてい》される被害《ひがい》
最大津波《さいだいつなみ》の高《たか》さ約《やく》30m
最大死者約《さいだいししゃやく》19万《まん》9000人《にん》
低体温症《ていたいおんしょう》で死亡《しぼう》のリスクもある

※**中央防災会議《ちゅうおうぼうさいかいぎ》**…防災基本計画《ぼうさいきほんけいかく》の作成《さくせい》や、防災《ぼうさい》に関《かん》する重要事項《じゅうようじこう》を話《はな》し合《あ》う会議《かいぎ》。内閣総理大臣《ないかくそうりだいじん》をはじめとする全閣僚《ぜんかくりょう》、指定公共機関《していこうきょうきかん》の代表《だいひょう》者《しゃ》、学識経験者《がくしきけいけんしゃ》により構成《こうせい》されている。

もっと もっと！
知《し》りたい

津波《つなみ》からの避難《ひなん》

「稲村《いなむら》の火《ひ》」による津波《つなみ》からの避難《ひなん》

江戸時代《えどじだい》の1854年《ねん》12月《がつ》24日《か》（旧暦《きゅうれき》：安政元年《あんせいがんねん》11月《がつ》5日《か》）、「安政南海地震《あんせいなんかいじしん》」が発生《はっせい》し、沿岸《えんがん》に津波《つなみ》が押《お》し寄《よ》せました。和歌山県《わかやまけん》の広村《ひろむら》（現在《げんざい》の広川町《ひろがわちょう》）は、波《なみ》よけの石垣《いしがき》を超《こ》える高《たか》さ約《やく》5mの大津波《おおつなみ》に襲《おそ》われ、田《た》んぼに水《みず》が浸入《しんにゅう》。海水《かいすい》が、村《むら》を囲《かこ》む2本《ほん》の川《かわ》をさかのぼりました。

そのとき、地元《じもと》の実業家《じつぎょうか》・濱口梧陵《はまぐちごりょう》は、田《た》んぼの稲《いな》むら（刈《か》り取《と》った稲《いね》の束《たば》）に火《ひ》を放《はな》って闇夜《やみよ》を照《て》らし、暗闇《くらやみ》の中《なか》で逃《に》げ遅《おく》れていた村人《むらびと》を、高台《たかだい》にある神社《じんじゃ》の境内《けいだい》に導《みちび》きました。その後《ご》も被災者《ひさいしゃ》の救済《きゅうさい》や復旧《ふっきゅう》にも力《ちから》を尽《つ》くしたといいます。

海《うみ》に面《めん》し、2本《ほん》の河川《かせん》にはさまれた現在《げんざい》の広川町《ひろがわちょう》の様子《ようす》

写真《しゃしん》：和歌山県広川町《わかやまけんひろがわちょう》

2度目《どめ》の大津波《おおつなみ》から村《むら》を守《まも》った堤防《ていぼう》

また、将来《しょうらい》やってくる津波《つなみ》にそなえ、自分《じぶん》の財産《ざいさん》を使《つか》って海岸《かいがん》に高《たか》さ約《やく》5m、長《なが》さ約《やく》600mの堤防《ていぼう》を築《きず》き、松並木《まつなみき》を植林《しょくりん》しました。このそなえは、やがて功《こう》を奏《そう》することになります。

安政南海地震《あんせいなんかいじしん》から92年後《ねんご》の昭和《しょうわ》21（1946）年《ねん》12月《がつ》21日《にち》の夜《よ》明《あ》け前《まえ》、「昭和南海地震《しょうわなんかいじしん》」が発生《はっせい》。広村《ひろむら》を再《ふたた》び大津波《おおつなみ》が襲《おそ》いましたが、濱口《はまぐち》と村人《むらびと》が築《きず》いた堤防《ていぼう》は、村《むら》の居住地区《きょじゅうちく》の大部分《だいぶぶん》を津波《つなみ》から守《まも》りました。安政南海地震《あんせいなんかいじしん》のときの津波《つなみ》と比《くら》べてると、被害《ひがい》をおさえることができたのです。

地元《じもと》の小中学生《しょうちゅうがくせい》が参加《さんか》する津波祭《つなみまつり》の式典《しきてん》

写真《しゃしん》：和歌山県広川町《わかやまけんひろがわちょう》

このできごとは、広村《ひろむら》と似《に》たような地形《ちけい》には、このような津波対策《つなみたいさく》が必要《ひつよう》だということを、世間《せけん》に広《ひろ》く知《し》らせる貴重《きちょう》な事例《じれい》となりました。

現在《げんざい》、堤防《ていぼう》の石垣《いしがき》の上《うえ》には濱口《はまぐち》らの偉業《いぎょう》をたたえる石碑《せきひ》が、町立《ちょうりつ》耐久中学校《たいきゅうちゅうがっこう》の校庭《こうてい》には、梧稜《ごりょう》の銅像《どうぞう》と「稲《いな》むらの火《ひ》」の顕彰板《けんしょうばん》が建《た》てられています。また、毎年《まいとし》、津波祭《つなみまつり》が開催《かいさい》され、小《しょう》・中学生《ちゅうがくせい》が堤防補修《ていぼうほしゅう》の行事《ぎょうじ》に参加《さんか》しています。このようにして、防災意識《ぼうさいいしき》の次世代《じせだい》への継承《けいしょう》の努力《どりょく》が続《つづ》けられています。

東日本大震災《ひがしにほんだいしんさい》のときの、実際《じっさい》の津波避難《つなみひなん》の様子《ようす》

第《だい》2避難場所《ひなんばしょ》である介護福祉施設《かいごふくししせつ》の近《ちか》くにまで、津波《つなみ》がせまっています。

出典《しゅってん》：いわて震災津波《しんさいつなみ》アーカイブ／
提供《ていきょう》：釜石観光物産協会《かまいしかんこうぶっさんきょうかい》

学校《がっこう》での防災教育《ぼうさいきょういく》「津波《つなみ》てんでんこ」

リアス式海岸《しきかいがん》に面《めん》した岩手県《いわてけん》の釜石市《かまいしし》は、過去《かこ》に何度《なんど》も大津波《おおつなみ》の被害《ひがい》にあっていたため、津波防《つなみぼう》災教育《さいきょういく》に力《ちから》を入《い》れていました。その基本《きほん》にあるのが、「津波《つなみ》てんでんこ」の精神《せいしん》です。これは、「津波《つなみ》が来《き》たら、家族《かぞく》にかまわず、ひとりでいち早《はや》く各自《かくじ》てんでんばらばらに高台《たかだい》へ逃《に》げろ」という古《ふる》くからの言《い》い伝《つた》えからきています。実際《じっさい》に子《こ》どもたちは、地域《ちいき》の避難《ひなん》所《しょ》マップづくりや避難訓練《ひなんくんれん》を通《とお》してひとりでも避難《ひなん》できる知識《ちしき》を学《まな》び、避難場所《ひなんばしょ》や待《ま》ち合《あ》わせ場《ば》所《しょ》について家族《かぞく》とも話《はな》し合《あ》っていました。

そんななか、平成《へいせい》23（2011）年《ねん》、東日本大震災《ひがしにほんだいしんさい》で津波《つなみ》が発生《はっせい》します。釜石市《かまいしし》は大《おお》きな被害《ひがい》を受《う》けた地域《ちいき》のひとつですが、ふだんの防災教育《ぼうさいきょういく》のおかげもあって、被害《ひがい》が少《すく》なくすんだ地域《ちいき》もありました。鵜《う》住《のすま》居《い》小学校《しょうがっこう》と釜石東中学校《かまいしひがしちゅうがっこう》がある鵜《う》住《のすま》居《い》地区《ちく》もそのひとつです。当日《とうじつ》、児童《じどう》・生徒《せいと》たちは学校《がっこう》が決《き》めていた場所《ばしょ》に避難《ひなん》しましたが、裏《うら》の崖《がけ》が崩《くず》れていたため危険《きけん》と判断《はんだん》。より高《たか》い場所《ばしょ》にある介護福《かいごふく》祉施設《しせつ》へ移動《いどう》しました。巨大《きょだい》な津《つ》波《なみ》は校舎《こうしゃ》を越《こ》え、さらに高台《たかだい》にまで駆《か》け上《あ》がりましたが、全員《ぜんいん》、難《なん》を逃《のが》れることができました。この事例《じれい》は、津波防災教育《つなみぼうさいきょういく》や訓練《くんれん》の積《つ》み重《かさ》ねが児童《じどう》や生徒《せいと》の命《いのち》を守《まも》ってくれるということを教《おし》えてくれます。

防災教育《ぼうさいきょういく》のひとつ、ハザードマップ作成《さくせい》の様子《ようす》です。

出典《しゅってん》：いわて震災津波《しんさいつなみ》アーカイブ／
提供《ていきょう》：釜石市《かまいしし》

茂世路岳《もよろだけ》
指臼岳《さしうすだけ》
小田萌山《おだもいさん》
択捉焼山《えとろふやけやま》
ベルタルベ山《ざん》

11

温泉《おんせん》もいっぱい！火山大国《かざんたいこく》！日本《にほん》

日本《にほん》には地下《ちか》の深《ふか》いところにあるマグマが噴《ふ》き出《だ》してできた火山《かざん》が多《おお》くあります。その中《なか》でも約《やく》1万年《まんねん》くらい前《まえ》から現在《げんざい》までに1度《ど》は噴火《ふんか》したことがあったり、現在《げんざい》でもガスや蒸気《じょうき》が噴《ふ》き出《だ》していたりする活火山《かつかざん》が、2024年現在《ねんげんざい》で111もあります。

油断《ゆだん》はできない日本《にほん》の活火山《かっかざん》

ここでいう火山《かざん》は「おおむね過《か》去《こ》1万年《まんねん》以内《いない》に噴火《ふんか》した火山《かざん》と、現在活発《げんざいかっぱつ》な噴気活動《ふんきかつどう》のある火山《かざん》」と定義《ていぎ》される活火山《かっかざん》です。過去《かこ》には、数千年《すうせんねん》もの間《あいだ》、活動《かつどう》を休止《きゅうし》していたのに、活動《かつどう》を再開《さいかい》した火山《かざん》もあります。日本《にほん》に数多《かずおお》くある温《おん》泉《せん》と火山《かざん》には密接《みっせつ》な関係《かんけい》がありますが、活火山《かっかざん》はいつ噴火《ふんか》するか分《わ》からないという点《てん》では油断《ゆだん》はできません。そういう意味《いみ》でも、火山《かざん》の監視《かんし》はとても大切《たいせつ》な仕事《しごと》だといえますね。

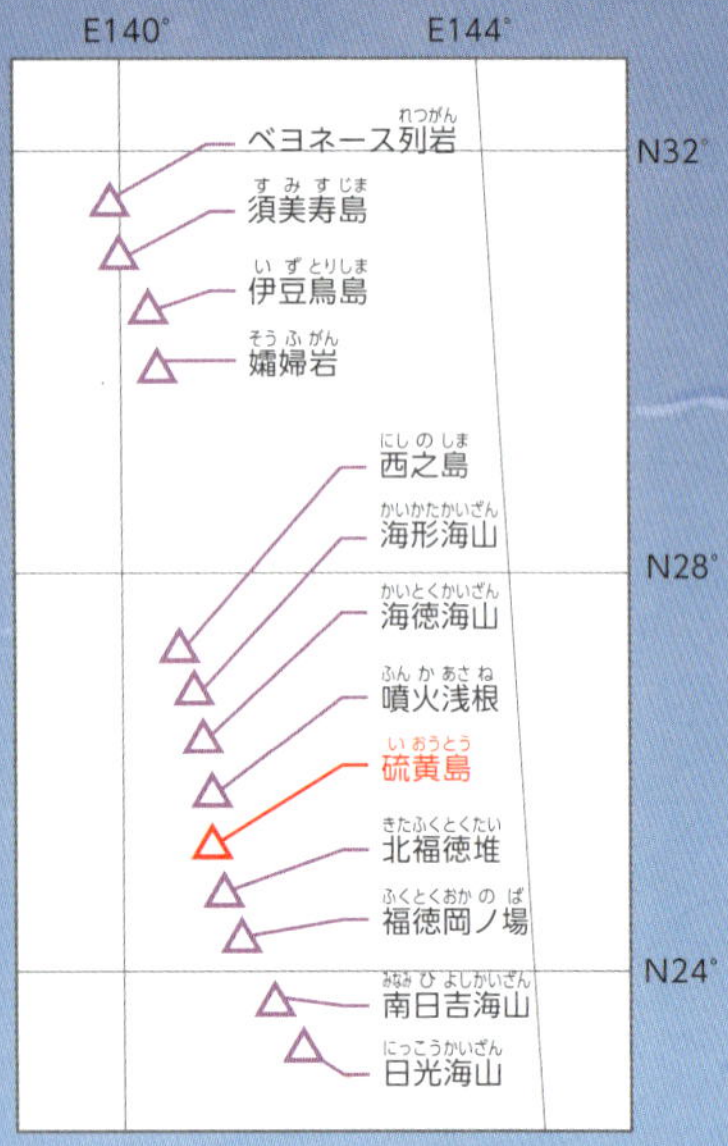

E140°
E144°
N32°
N28°
N24°
ベヨネース列岩《れつがん》
須美寿島《すみすじま》
伊豆鳥島《いずとりしま》
孀婦岩《そうふがん》
西之島《にしのしま》
海形海山《かいかたかいざん》
海徳海山《かいとくかいざん》
噴火浅根《ふんかあさね》
硫黄島《いおうとう》
北福徳堆《きたふくとくたい》
福徳岡ノ場《ふくとくおかのば》
南日吉海山《みなみひよしかいざん》
日光海山《にっこうかいざん》

富士山《ふじさん》の噴火《ふんか》

日本一《にっぽんいち》の山《やま》、富士山《ふじさん》も活《かつ》火山《かざん》のひとつです。最後《さいご》に噴火《ふんか》したのは、江戸時《えどじ》代中期《だいちゅうき》の宝永《ほうえい》4（1707）年《ねん》で、300年以上前《ねんいじょうまえ》のできごとです。

写真《しゃしん》はイメージです。

日本《にほん》の活火山《かつかざん》

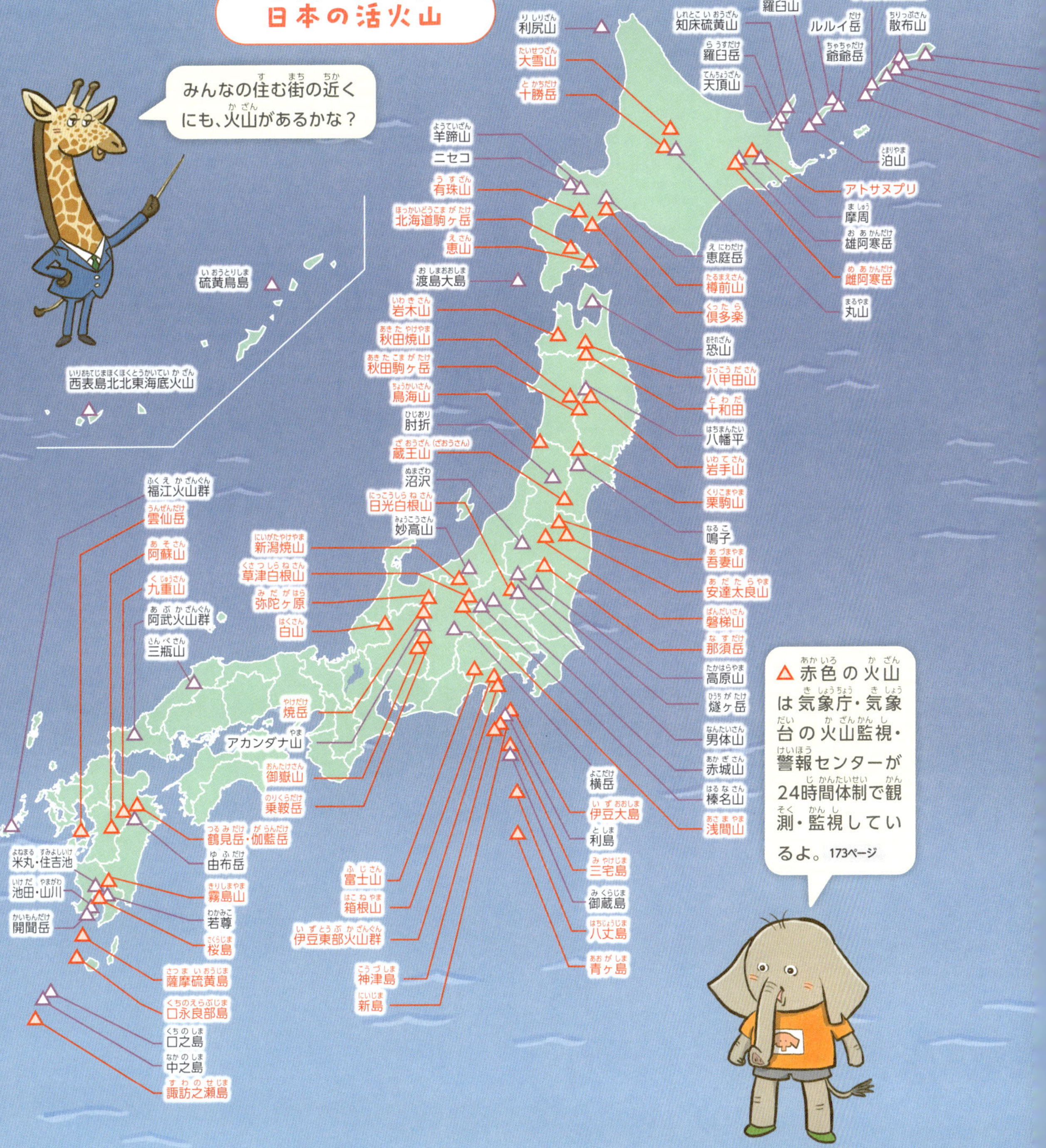

12

大災害《だいさいがい》を引《ひ》き起《お》こす火山現象《かざんげんしょう》

火山《かざん》は登山《とざん》や温泉《おんせん》、観光《かんこう》などで親《した》しまれていますが、活火山《かつかざん》が噴火《ふんか》すると深刻《しんこく》な災害《さいがい》が引《ひ》き起《お》こされます。火砕流《かさいりゅう》や大《おお》きな噴石《ふんせき》、火山灰《かざんばい》など大《おお》きな被害《ひがい》をもたらすおそれのある現象《げんしょう》があります。

火山《かざん》ガス

火山活動《かざんかつどう》で地表《ちひょう》に噴出《ふんしゅつ》するガスのこと。溶岩《ようがん》や固体物質《こたいぶっしつ》の破片《はへん》などと一緒《いっしょ》に噴出《ふんしゅつ》する場合《ばあい》もある。

火山灰《かざんばい》

噴火《ふんか》によって火口《かこう》から放出《ほうしゅつ》される固形物《こけいぶつ》のうち、比較的細《ひかくてきこま》かいもの（直径《ちょっけい》２㎜未満《みまん》）を火山灰《かざんばい》という。火山灰《かざんばい》は、農作物《のうさくぶつ》や交通機関《こうつうきかん》（特《とく》に航空機《こうくうき》）、建造物《けんぞうぶつ》などに影響《えいきょう》を与《あた》える。

溶岩流《ようがんりゅう》

溶《と》けた岩石《がんせき》が地表《ちひょう》を流《なが》れ下《お》りたもの。地形《ちけい》や溶岩《ようがん》の温度《おんど》・種類《しゅるい》によっては比較的《ひかくてき》ゆっくり流《なが》れるものもあり、歩《ある》いて避難《ひなん》できる場合《ばあい》もある。

土石流《どせきりゅう》

水《みず》と土砂《どしゃ》が混《ま》じり合《あ》って流《なが》れ下《お》りる現象《げんしょう》。流《なが》れる速度《そくど》は時速数十《じそくすうじゅう》㎞に達《たっ》することがある。土石流《どせきりゅう》と火山泥流《かざんでいりゅう》の区別《くべつ》は難《むずか》しく、気象庁《きしょうちょう》では、雨《あめ》が原因《げんいん》で火山噴出物《かざんふんしゅつぶつ》が流動《りゅうどう》することで発生《はっせい》する火山泥流《かざんでいりゅう》のことを土石流《どせきりゅう》とよんでいる。

もっと知《し》りたい！

噴火《ふんか》で津波《つなみ》も発生《はっせい》する?!

日本本土《にほんほんど》から約《やく》8,000㎞はなれた太平洋《たいへいよう》の島国《しまぐに》・トンガの海底火山《かいていかざん》が、令和《れいわ》4(2022)年《ねん》に大噴火《だいふんか》しました。当初《とうしょ》、津波《つなみ》の被害《ひがい》のおそれはないと発表《はっぴょう》したものの、地震《じしん》に伴《ともな》う通常《つうじょう》の津波《つなみ》とは異《こと》なり噴火《ふんか》に伴《ともな》う気圧波《きあつは》により、各地《かくち》で数《すう》㎝から1mあまりの潮位変化《ちょういへんか》が観測《かんそく》され、北海道《ほっかいどう》から沖縄《おきなわ》の広《ひろ》い範囲《はんい》に津波警報《つなみけいほう》や注意報《ちゅういほう》を発表《はっぴょう》しました。大規模《だいきぼ》な噴火《ふんか》の衝撃《しょうげき》で津波《つなみ》が発生《はっせい》するのは100年《ねん》に数回程度《すうかいていど》しかありませんが、遠《とお》い国《くに》の出来事《できごと》であっても、決《けっ》して他人《たにん》ごとではないというよい例《れい》ですね。

大《おお》きな噴石《ふんせき》

噴火《ふんか》によって火口《かこう》から吹《ふ》き飛《と》ばされる岩石《がんせき》を「噴石《ふんせき》」という。なかでも、風《かぜ》の影響《えいきょう》をほとんど受《う》けずに弾道《だんどう》を描《えが》いて飛散《ひさん》する20～30㎝以上《いじょう》の「大《おお》きな噴《ふん》石《せき》」は、とても危険《きけん》。

火砕流《かさいりゅう》

噴火《ふんか》により放出《ほうしゅつ》された破片状《はへんじょう》の固体物質《こたいぶっしつ》と火山《かざん》ガスなどが混《ま》じり合《あ》って、地表《ちひょう》に沿《そ》って流《なが》れる現象《げんしょう》。火砕流《かさいりゅう》の速度《そくど》は時速《じそく》100㎞以上《いじょう》、温度《おんど》は数百《すうひゃく》℃に達《たっ》することもある。

火山泥流《かざんでいりゅう》

火山噴出物《かざんふんしゅつぶつ》と水《みず》が混《ま》じり合《あ》って地表《ちひょう》を流《なが》れる現象《げんしょう》。火山噴出物《かざんふんしゅつぶつ》が雪《ゆき》や氷河《ひょうが》を溶《と》かす、火砕物《かさいぶつ》が河川《かせん》などに流《なが》れこむ、火口《かこう》から熱水《ねっすい》があふれ出《だ》す、雨《あめ》で火山噴出物《かざんふんしゅつぶつ》が流《なが》れ出《だ》す、といった原因《げんいん》で発生《はっせい》する。

融雪型火山泥流《ゆうせつがたかざんでいりゅう》

火山活動《かざんかつどう》によって火山《かざん》を覆《おお》う雪《ゆき》や氷《こおり》が融《と》かされて大量《たいりょう》の水《みず》が発生《はっせい》し、火山噴出物《かざんふんしゅつぶつ》と混合《こんごう》して地表《ちひょう》を高速《こうそく》で流《なが》れ下《くだ》る現象《げんしょう》。

火山《かざん》を監視《かんし》する

地震《じしん》や津波《つなみ》と同《おな》じように、火山活動《かざんかつどう》についても、全国各地《ぜんこくかくち》を網羅《もうら》する観測《かんそく》のネットワークがあります。その中心《ちゅうしん》になるのが、火山監視《かざんかんし》・警報《けいほう》センターです。

おもな火山観測装置《かざんかんそくそうち》

GNSS《ジーエヌエスエス》観測装置《かんそくそうち》
マグマの動《うご》きによる地殻《ちかく》の変形《へんけい》を、衛星《えいせい》をつかって観《かん》測《そく》します。
火山《かざん》ガス観測装置《かんそくそうち》
火山《かざん》ガスの濃度《のうど》などを観測《かんそく》して、マグマの上昇《じょうしょう》を把握《はあく》します。
地磁気観測装置《ちじきかんそくそうち》
火口近《かこうちか》くの地磁気《ちじき》 186ページ の変《へん》化《か》を観測《かんそく》します。マグマの上昇《じょうしょう》や、火山内部《かざんないぶ》の熱《ねつ》の状態《じょうたい》を把握《はあく》します。
傾斜計《けいしゃけい》
火山《かざん》の傾《かたむ》きを精密《せいみつ》に計測《けいそく》することで、マグマの上《じょう》昇《しょう》を把握《はあく》します。
地震計《じしんけい》
火山活動《かざんかつどう》にともなう地震《じしん》などを観測《かんそく》して、マグマの動《うご》きを把握《はあく》します。
監視《かんし》カメラ
火口付近《かこうふきん》や火山《かざん》のふもとから、火山《かざん》の表面《ひょうめん》を観察《かんさつ》します。噴《ふん》火《か》や噴煙《ふんえん》を把握《はあく》します。
機動観測機器《きどうかんそくきき》
平常時《へいじょうじ》も定期的《ていきてき》に派遣《はけん》され、火山《かざん》ガス観測《かんそく》や熱観測《ねつかんそく》などの現地調査《げんちちょうさ》を行《おこな》います。
空振計《くうしんけい》
噴火《ふんか》などによって周囲《しゅうい》の空気《くうき》が振動《しんどう》する「空振《くうしん》」を観測《かんそく》して、噴火《ふんか》の規模《きぼ》を把握《はあく》します。

24時間《じかん》交替《こうたい》で50の対象《たいしょう》火山《かざん》を監視《かんし》

火山監視《かざんかんし》・警報《けいほう》センターは東京《とうきょう》の気象庁本庁《きしょうちょうほんちょう》と札幌《さっぽろ》、仙台《せんだい》、福岡《ふくおか》の管区気象台《かんくきしょうだい》の計《けい》4か所《しょ》に設置《せっち》されています。職員《しょくいん》が24時間《じかん》、交替《こうたい》で火山活動《かざんかつどう》を監視《かんし》したり、観測《かんそく》データを解析《かいせき》したりしています。

また、火山活動《かざんかつどう》が活発《かっぱつ》になったときには、噴火《ふんか》警報《けいほう》を発表《はっぴょう》したり、現地《げんち》で火山機動観測《かざんきどうかんそく》をしたりします。

50の活火山《かつかざん》（令和《れいわ》6年現在《ねんげんざい》）では、現地《げんち》に設置《せっち》された観測装置《かんそくそうち》からのデータが、リアルタイムで送《おく》られてきます。

緊急時《きんきゅうじ》には監視者《かんししゃ》が即時《そくじ》に警報《けいほう》を発表《はっぴょう》できるようになっているんじゃ。

もっと知《し》りたい！

活火山《かっかざん》の防災訓練《ぼうさいくんれん》を！「火山防災《かざんぼうさい》の日《ひ》」

浅間山《あさまやま》に日本《にほん》で最初《さいしょ》の火山観測所《かざんかんそくじょ》が設置《せっち》されたのは明治《めいじ》44年《ねん》8月《がつ》26日《にち》のこと。この日《ひ》が、防災訓練《ぼうさいくんれん》の実施《じっし》をうながす「火山防災《かざんぼうさい》の日《ひ》」と制定《せいてい》されています。この背景《はいけい》には、火山《かざん》が噴火《ふんか》したときの避難《ひなん》のしくみがまだ十分《じゅうぶん》にととのってないとの危機感《ききかん》があります。いざというときのために火山防災《かざんぼうさい》の取《と》り組《く》みをさらに進《すす》めていくことが大切《たいせつ》です。

長野県《ながのけん》は、9月《がつ》27日《にち》を独自《どくじ》に「信州《しんしゅう》 火山防災《かざんぼうさい》の日《ひ》」にしているよ。

火山活動《かざんかつどう》の状況《じょうきょう》に応《おう》じて発表《はっぴょう》する「噴火警戒《ふんかけいかい》レベル」

「噴火警戒《ふんかけいかい》レベル」とは、火山活動《かざんかつどう》の状況《じょうきょう》に応《おう》じて
「警戒《けいかい》が必要《ひつよう》な範囲《はんい》」と防災機関《ぼうさいきかん》や住民《じゅうみん》などが「とるべき防災対応《ぼうさいたいおう》」を、
5段階《だんかい》に区分《くぶん》して発表《はっぴょう》する指標《しひょう》のことです。

噴火警戒《ふんかけいかい》レベルに応《おう》じた火山《かざん》ごとの避難計画《ひなんけいかく》

火山《かざん》のある都道府県《とどうふけん》と市町村《しちょうそん》、気象台《きしょうだい》などで構成《こうせい》される火山防災協議会《かざんぼうさいきょうぎかい》は、平常時《へいじょうじ》から噴火《ふんか》した場合《ばあい》の避難《ひなん》について共《きょう》同《どう》で検討《けんとう》しています。

噴火《ふんか》した場合《ばあい》にどこが危険《きけん》かを示《しめ》す「火山《かざん》ハザードマップ」を作成《さくせい》。また、噴《ふん》火警戒《かけいかい》レベルごとに、いつ・どのように避難《ひなん》したらよいかの「避難計画《ひなんけいかく》」をたてています。つまり、火山災《かざんさい》害《がい》のシミュレーションをしているわけです。

令和《れいわ》6年現在《ねんげんざい》、協議会《きょうぎかい》の設置《せっち》されている49の火山全《かざんすべ》てで噴火警戒《ふんかけいかい》レベルが運用《うんよう》されていま

す。もし噴火《ふんか》などが起《お》きたら、噴火警戒《ふんかけいかい》レベルに応《おう》じた避難行動《ひなんこうどう》をとり、地元《じもと》の市町村《しちょうそん》の指示《しじ》に従《したが》うことが大切《たいせつ》です。

15

交通機関《こうつうきかん》や農作物《のうさくぶつ》にも影響《えいきょう》を与《あた》える「火山灰《かざんばい》」の情報《じょうほう》

火山《かざん》が噴火《ふんか》したときに、火山灰《かざんばい》がどれくらい広《ひろ》がるかや、どこにどれくらい降《ふ》るかを予想《よそう》し、降灰予報《こうはいよほう》などを発表《はっぴょう》しています。

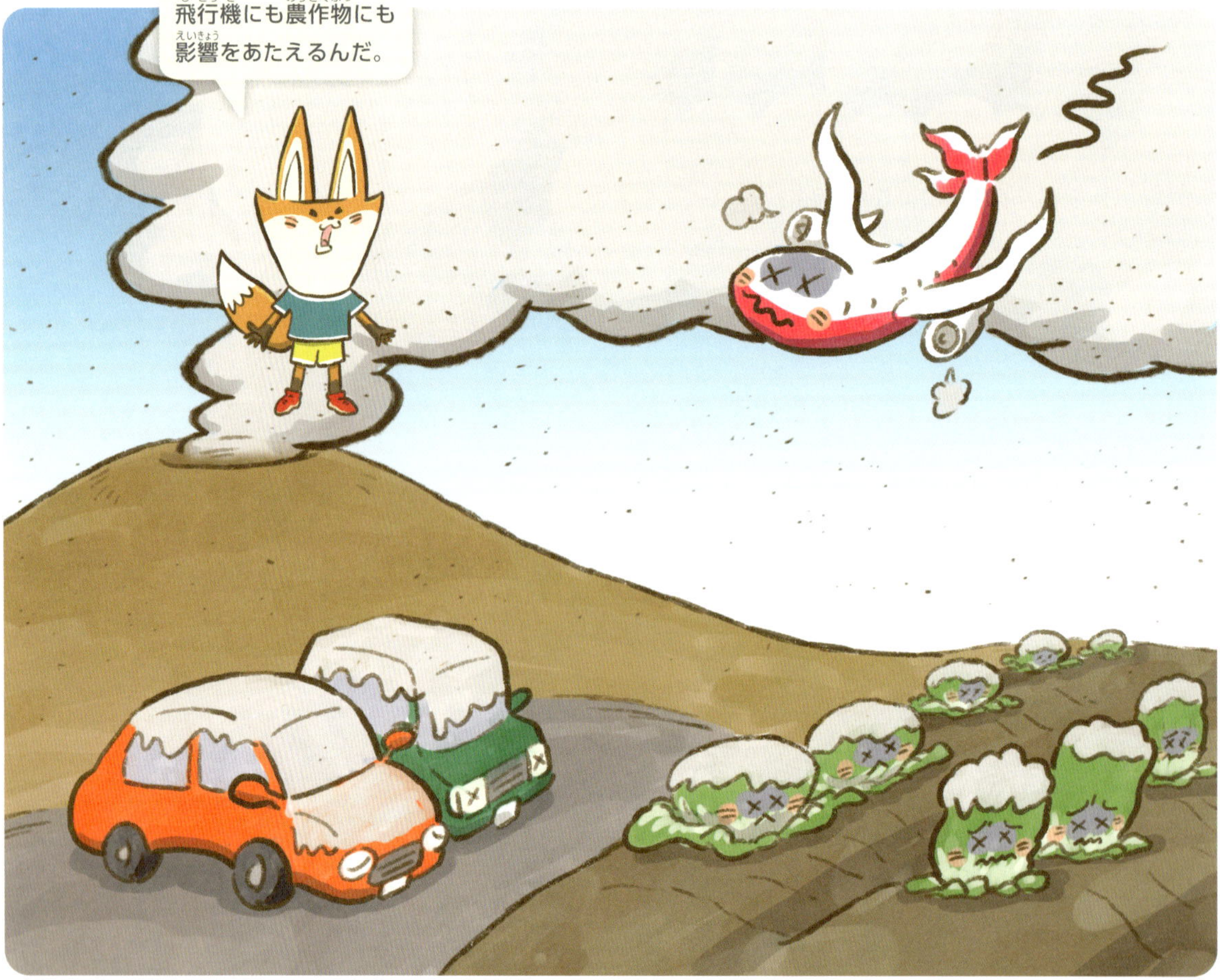

噴火《ふんか》があったらどのくらい降灰《こうはい》があるかを知《し》らせる

火山灰《かざんばい》は風《かぜ》に乗《の》って遠《とお》くまで運《はこ》ばれ、農作物《のうさくぶつ》、交通機関《こうつうきかん》、建造物《けんぞうぶつ》などに影響《えいきょう》を与《あた》える厄介《やっかい》な存在《そんざい》です。そのため気象庁《きしょうちょう》が発表《はっぴょう》しているのが降灰予報《こうはいよほう》です。降灰予報《こうはいよほう》では、噴火《ふんか》した後《あと》の降灰《こうはい》の予想《よそう》を発表《はっぴょう》しているほか、噴火《ふんか》はしていなくても、活動《かつどう》が活発化《かっぱつか》している火山《かざん》については、「もしも今日《きょう》、噴火《ふんか》が起《お》こるとしたら、この範囲《はんい》に降灰《こうはい》がある」という予報《よほう》も発表《はっぴょう》しています。

たとえば、鹿児島県《かごしまけん》の桜島《さくらじま》は現在《げんざい》も活発《かっぱつ》に活動《かつどう》していて、たびたび噴火《ふんか》して火山灰《かざんばい》を降《ふ》らせています。そのため桜島周辺《さくらじましゅうへん》の住民《じゅうみん》にとって、降灰予報《こうはいよほう》はなくてはならない存在《そんざい》になっています。

気象庁《きしょうちょう》は、国際的《こくさいてき》にも重要《じゅうよう》な
責任《せきにん》を負《お》っているのよね。

もっと知《し》りたい！

東京航空路火山灰情報《とうきょうこうくうろかざんばいじょうほう》センターの役割《やくわり》

火山灰《かざんばい》は、飛行機《ひこうき》にとっても厄介《やっかい》な存在《そんざい》です。たとえば、火山灰《かざんばい》が飛行機《ひこうき》のエンジンに吸《す》い込《こ》まれると、火山灰《かざんばい》の成分《せいぶん》が熱《ねつ》で溶《と》けてエンジンがつまり、停止《ていし》してしまうことがあります。

このような事故《じこ》を避《さ》けるため、国際的《こくさいてき》に航空路《こうくうろ》の火山灰《かざんばい》を監視《かんし》する目的《もくてき》で、航空路火山灰情報《こうくうろかざんばいじょうほう》センター(VAAC《ヴイエーエーシー》)が設立《せつりつ》されました。そして、気象庁《きしょうちょう》は東京VAAC《とうきょうヴイエーエーシー》に指名《しめい》され、東《ひがし》アジアと北西太平洋《ほくせいたいへいよう》、北極圏《ほっきょくけん》の一部《いちぶ》を担当《たんとう》しています。

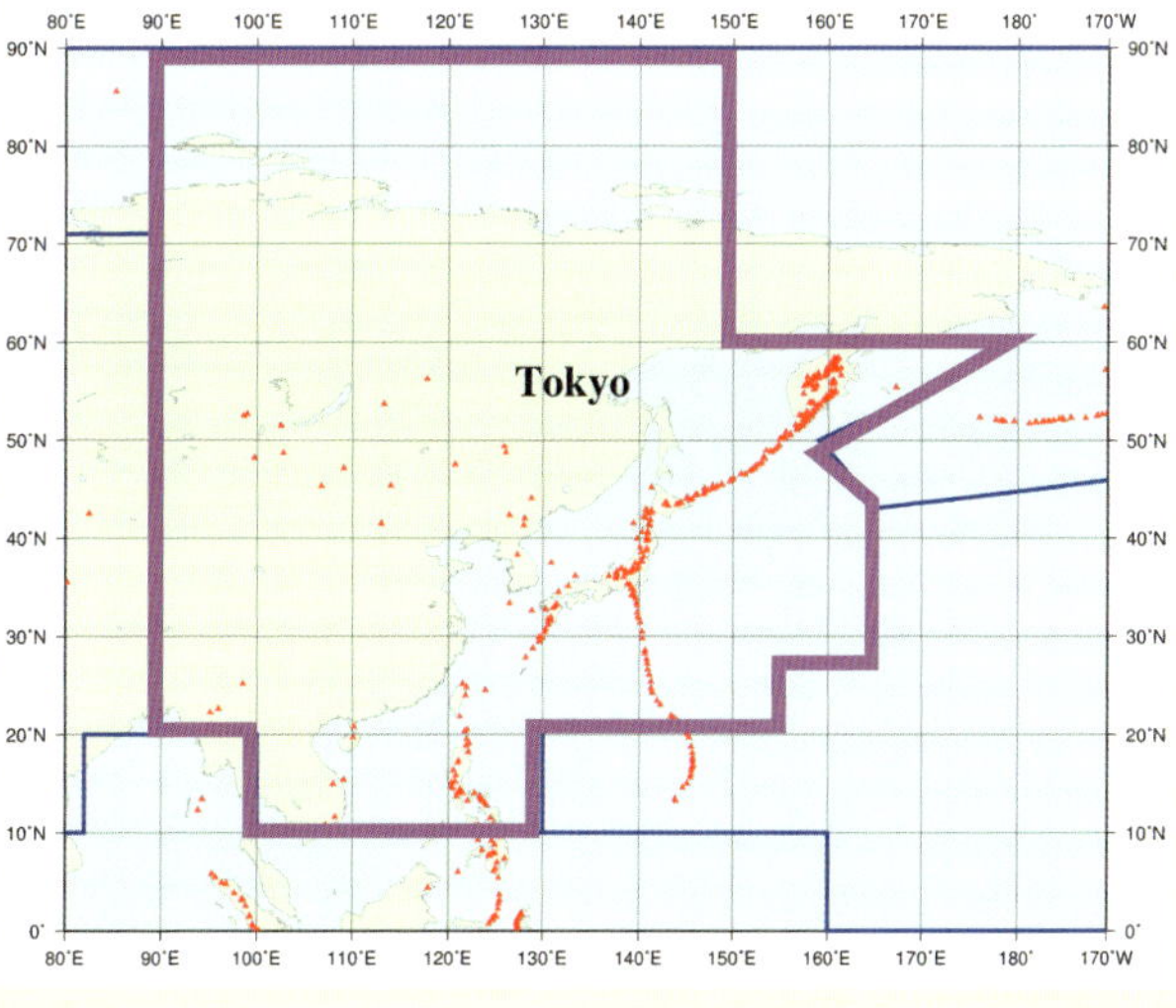
Tokyo
80°E
90°E
100°E
110°E
120°E
130°E
140°E
150°E
160°E
170°E
180°
170°W
90°N
80°N
70°N
60°N
50°N
40°N
30°N
20°N
10°N
0°

むらさき色《いろ》の範囲《はんい》が東京VAAC《とうきょうヴイエーエーシー》の担当区域《たんとうくいき》。

この人《ひと》に聞《き》いてみた！

噴火警報《ふんかけいほう》を出《だ》す人《ひと》

たくさんのモニターを見《み》ながら、火山《かざん》を監視《かんし》する

私《わたし》は東京《とうきょう》の火山監視《かざんかんし》・警報《けいほう》センターで火山《かざん》の活動《かつどう》の監視《かんし》や、情報《じょうほう》や警報《けいほう》を発表《はっぴょう》する仕事《しごと》をしています。東京《とうきょう》の管轄《かんかつ》は、関東《かんとう》・中部地方《ちゅうぶちほう》、伊豆《いず》・小笠原諸島《おがさわらしょとう》。比較的火山《ひかくてきかざん》の多《おお》いエリアといえますね。

オペレーションルーム内《ない》には大型《おおがた》のモニターがずらりと並《なら》び、管轄内《かんかつない》の20の火山《かざん》のさまざまな観《かん》測《そく》データが表示《ひょうじ》されています。監視《かんし》というと、つねに集中《しゅうちゅう》してモニターを見《み》ていなければならないように思《おも》えますが、それはよくないと思《おも》っています。なぜなら、目《め》をこらしている方向《ほうこう》が正《ただ》しいとは限《かぎ》らないからです。ですから、ときには反対方向《はんたいほうこう》を見《み》つめること、高《たか》いところから見《み》おろすこと（俯瞰《ふかん》）が必《ひつ》要《よう》。実際《じっさい》に、火山活動《かざんかつどう》が落《お》ちついているとき、私《わたし》は肩《かた》の力《ちから》をぬいて監視《かんし》カメラを見《み》ています。そうすると、噴煙《ふんえん》の濃度《のうど》が違《ちが》っているときに、わかるようになります。違和感《いわかん》に気《き》づけるんです。集中《しゅうちゅう》と俯瞰《ふかん》のメリハリがとても大切《たいせつ》ですね。

私《わたし》は、火山《かざん》だけでなく地震《じしん》の監視《かんし》も担当《たんとう》したことがあり、あわせるとかなり長《なが》い期間《きかん》、監視《かんし》に携《たずさ》わっていることになります。日勤《にっきん》も夜勤《やきん》もありますし、勤務中《きんむちゅう》は気《き》が抜《ぬ》けませんが、仕事《しごと》が大変《たいへん》なときほど、やりがいを感《かん》じます。あるときは火山活動《かざんかつどう》が半年《はんとし》も続《つづ》き、まともに休憩《きゅうけい》がとれない時期《じき》もありました。けれど、だんだん活動《かつどう》が活発《かっぱつ》になり、噴《ふん》火警報《かけいほう》を出《だ》せたときに感《かん》じる満足感《まんぞくかん》は、何《なに》ものにも代《か》えがたいですね。

ときには、反対《はんたい》から見《み》たり、高《たか》いところから見下《みお》ろしたりするのも大事《だいじ》。

火山監視課《かざんかんしか》
火山監視《かざんかんし》・警報《けいほう》センター
予報官《よほうかん》
小西弥市《こにしやいち》さん

失敗《しっぱい》しちゃいました！

発表《はっぴょう》する解説情報《かいせつじょうほう》に含《ふく》めたほうがよい情報《じょうほう》が、少《すこ》し不十分《ふじゅうぶん》だったことがあります。そういうときこそ、急《いそ》がず、焦《あせ》らず、落《お》ち着《つ》いて、いつも通《どお》りの作業《さぎょう》をしてリカバリー。続《つづ》けて出《だ》す解説情報《かいせつじょうほう》で、詳《くわ》しく丁寧《ていねい》に提供《ていきょう》するようにしました。

この人《ひと》に聞《き》いてみた！

降《こう》灰《はい》予《よ》報《ほう》を出《だ》す人《ひと》

重要《じゅうよう》なのは噴煙《ふんえん》の高《たか》さ！降灰予報《こうはいよほう》を出《だ》す

降灰予報《こうはいよほう》（定時《ていじ》）を発表《はっぴょう》している火山《かざん》は、令和《れいわ》６年《ねん》５月現在《がつげんざい》7つで、浅間山以外《あさまやまいがい》は、すべて鹿児島県《かごしまけん》にあります。現在進行形《げんざいしんこうけい》で噴火《ふんか》している桜島《さくらじま》と諏訪之瀬島《すわのせじま》も鹿児島県《かごしまけん》にあります。降灰予報《こうはいよほう》は、コンピュータシミュレーションで作成《さくせい》しますが、そのときに大切《たいせつ》なのは噴煙《ふんえん》の高《たか》さ。計算《けいさん》は、「火口《かこう》の高《たか》さ＋噴煙《ふんえん》の高《たか》さ」の地点《ちてん》の風《かぜ》の向《む》きや強《つよ》さを加味《かみ》して行《おこな》うので、噴煙《ふんえん》の高《たか》さを見誤《みあやま》ると、まったく違《ちが》った予想《よそう》になってしまいます。そのため、実際《じっさい》に噴火《ふんか》したあとには観《かん》測《そく》された噴煙《ふんえん》の高《たか》さを用《もち》いて、より正確《せいかく》な情報《じょうほう》を発表《はっぴょう》しています。

火山灰《かざんばい》や火山《かざん》ガスは、気管支《きかんし》や肺《はい》の弱《よわ》い人《ひと》が吸《す》いこむと喘息《ぜんそく》が起《お》こりやすくなるなど、住民《じゅうみん》の健康《けんこう》にも悪影響《あくえいきょう》をおよぼします。私《わたし》も気管支喘息《きかんしぜんそく》の持病《じびょう》があるので、火山灰《かざんばい》の危険性《きけんせい》がよくわかります。鹿児島《かごしま》では毎日《まいにち》、テレビで降灰予報《こうはいよほう》が発表《はっぴょう》されるくらい身近《みぢか》な存在《そんざい》で、予報《よほう》を聞《き》いた上《うえ》で、マスクなどの対策《たいさく》をして、みなさん出《で》かけたりするそうです。また、オペレーションルームの見学《けんがく》にいらした鹿《か》児島出身《ごしましゅっしん》の方《かた》から「朝《あさ》、必《かなら》ず予報《よほう》を見《み》ます」という生《なま》の声《こえ》を聞《き》いたこともあります。そういった経験《けいけん》をすると、私《わたし》の仕事《しごと》が役《やく》になっているなと実感《じっかん》できてうれしいですね。

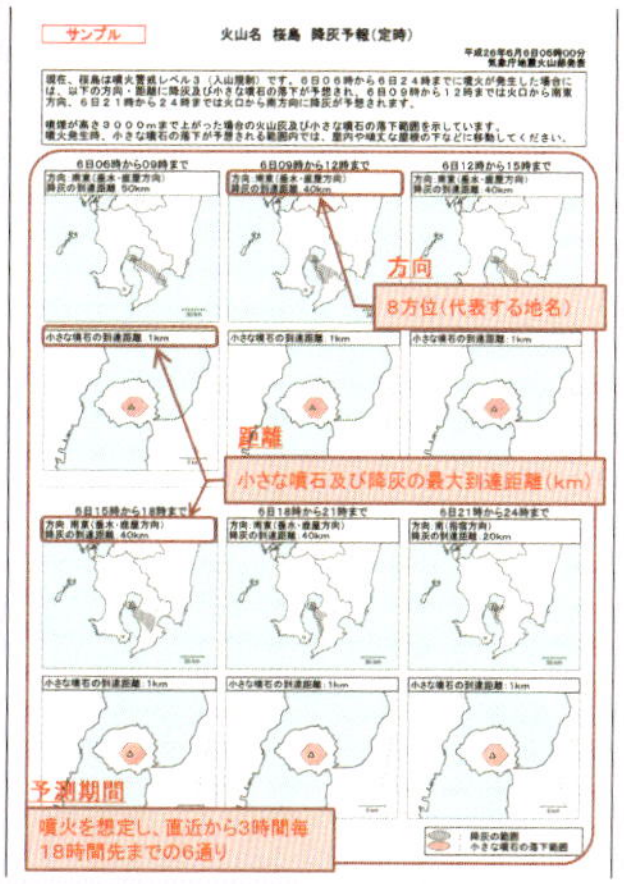

桜島《さくらじま》の「降灰予報《こうはいよほう》（定時《ていじ》）図情報《ずじょうほう》」

噴火《ふんか》が発生《はっせい》していなくても、火山灰《かざんばい》が降《ふ》る範囲《はんい》を予測《よそく》し、毎日決《まいにちき》まった時間《じかん》に発表《はっぴょう》している。

予報《よほう》を活用《かつよう》している住民《じゅうみん》の声《こえ》がやりがい。

火山監視課《かざんかんしか》
火山監視《かざんかんし》・警報《けいほう》センター
予報官《よほうかん》
伊川進治《いかわしんじ》 さん

現地《げんち》で火山現象《かざんげんしょう》を観測《かんそく》する

現地《げんち》の観測装置《かんそくそうち》から、データを無線《むせん》やインターネットで各火山《かくかざん》センターに送《おく》る常時観測《じょうじかんそく》とは違《ちが》い、観測装置《かんそくそうち》を持《も》ち運《はこ》んで計測《けいそく》するのが機動観測《きどうかんそく》です。現地《げんち》でよりくわしいデータを収集《しゅうしゅう》したいときや、データがない空白地域《くうはくちいき》のデータがほしいときに派遣《はけん》されます。観測《かんそく》にかける日数《にっすう》はまちまちですが、現地《げんち》に観測装置《かんそくそうち》を設置《せっち》していったん撤収《てっしゅう》。1週間後《しゅうかんご》に回収《かいしゅう》するケースもあります。また、故障《こしょう》した観測装置《かんそくそうち》を修理《しゅうり》したり交換《こうかん》したりするのも、私《わたし》たちの役目《やくめ》です。

機動観測《きどうかんそく》には数人《すうにん》で出《で》かけますが、メンバーは若手《わかて》からベテランまでいろいろ。観測装置《かんそくそうち》の修理《しゅうり》には経験《けいけん》が必要《ひつよう》ですから、ベテランがメンバーに広《ひろ》く知識《ちしき》を行《い》き渡《わた》らせることも大切《たいせつ》だと思《おも》います。ただ、観測装置《かんそくそうち》は重《おも》いので、体力《たいりょく》のある若手《わかて》がいれば、大助《おおだす》かりですが……。

機動観測《きどうかんそく》をすると、たとえば現地《げんち》に設置《せっち》している監視《かんし》カメラの死角《しかく》を撮影《さつえい》できます。それが思《おも》わぬ発見《はっけん》につながることがあり、防災《ぼうさい》にいかせるのがやりがいです。

また、噴火《ふんか》が実際《じっさい》に起《お》こったときに、自衛隊《じえいたい》や自治体《じちたい》などのヘリコプターに乗《の》せてもらうことがあるのですが、組織《そしき》は違《ちが》っても目指《めざ》すところは同《おな》じ「防災《ぼうさい》」。共通《きょうつう》の目的《もくてき》をもった仲間《なかま》と一緒《いっしょ》に働《はたら》けるのもうれしいですね。

「共通《きょうつう》の目的《もくてき》」をもった仲間《なかま》と働《はたら》くのもうれしい

撮影《さつえい》に使《つか》うカメラだけでなく、ヘルメット、登山靴《とざんぐつ》、レインウェアなどいつでも機動観測《きどうかんそく》に行《い》ける準備《じゅんび》がしてあります。

火山監視課《かざんかんしか》
火山監視《かざんかんし》・警報《けいほう》センター
火山機動観測班《かざんきどうかんそくはん》 長《ちょう》
瀧沢倫明《たきざわともあき》さん

失敗《しっぱい》しちゃいました! 火山《かざん》に設置《せっち》している機材《きざい》の鍵《かぎ》を忘《わす》れて火山《かざん》まで行《い》ってしまったことが!!

この人《ひと》に聞《き》いてみた!

火山灰情報《かざんばいじょうほう》を提供《ていきょう》する人《ひと》

ダーウィンVAAC《ヴイエーエーシー》のスタッフとの記念撮影《きねんさつえい》。

航空機《こうくうき》に火山灰情報《かざんばいじょうほう》を提供《ていきょう》する

世界《せかい》に9つある航空路火山灰情報《こうくうろかざんばいじょうほう》センター(VAAC《ヴイエーエーシー》)の最《もっと》も大切《たいせつ》な仕事《しごと》は、火山灰《かざんばい》がどこにあって、今後《こんご》どこに流《なが》れていくのかを航空機《こうくうき》に知《し》らせること。気象庁《きしょうちょう》にある東京《とうきょう》VAAC《ヴイエーエーシー》のメインの情報源《じょうほうげん》は、気象衛星《きしょうえいせい》ひまわりです。また、フィリピンやロシアのカムチャツカ半島《はんとう》も東京《とうきょう》VAAC《ヴイエーエーシー》の担当領域《たんとうりょういき》なので、そういった国《くに》の火山観測所《かざんかんそくしょ》から情報《じょうほう》を提供《ていきょう》してもらう場合《ばあい》や、航空機《こうくうき》のパイロットからのレポートを参照《さんしょう》することもあります。

じつはいま、定量的火山灰情報《ていりょうてきかざんばいじょうほう》(QVA《キューヴイエー》)の提供《ていきょう》という新《あたら》しい取《と》り組《く》みが国際民間航空機関《こくさいみんかんこうくうきかん》(ICAO《イカオ》)で決定《けってい》され、各《かく》VAAC《ヴイエーエーシー》で導入《どうにゅう》に向《む》けて動《うご》いています。私《わたし》はその開発《かいはつ》を担当《たんとう》しています。かんたんにいうと、いままでの火山灰情報《かざんばいじょうほう》は平面上《へいめんじょう》(二次元《にじげん》)で火山灰《かざんばい》が少《すこ》しでもある領域《りょういき》を表現《ひょうげん》していました。ところがそれだと航空機《こうくうき》の安全《あんぜん》で効率的《こうりつてき》な運航《うんこう》には不十分《ふじゅうぶん》だということで、火山灰《かざんばい》の濃度《のうど》や立体的《りったいてき》な形《かたち》(三次元《さんじげん》)の情報《じょうほう》を求《もと》める声《こえ》が各国《かっこく》の航空会社《こうくうがいしゃ》からあがっていました。そこで、QVA《キューヴイエー》では5段階《だんかい》に分《わ》けた濃度階級《のうどかいきゅう》ごとの立体的《りったいてき》な拡《ひろ》がりを航空機《こうくうき》に知《し》らせることになったのです。QVA《キューヴイエー》を提供《ていきょう》することで、航空機《こうくうき》がもっとうまく火山灰《かざんばい》を避《さ》けられるようになると期待《きたい》しています。

ICAO《イカオ》の会議《かいぎ》は海外《かいがい》で行《おこな》われます。各国《かっこく》の専門家《せんもんか》が集《あつ》まるので、共通語《きょうつうご》は英語《えいご》です。もちろん英語力《えいごりょく》はあったほうがよいですが、大切《たいせつ》なのは事前準備《じぜんじゅんび》。配付資料《はいふしりょう》を読《よ》み込《こ》んでいれば、会議《かいぎ》での発言《はつげん》はだいたい理解《りかい》できるようになります。

また、VAAC《ヴイエーエーシー》では、災害《さいがい》などで業務《ぎょうむ》ができなくなったときにそなえ、バックアップ体制《たいせい》をとっています。東京《とうきょう》はオーストラリアのダーウィンVAAC《ヴイエーエーシー》とお互《たが》いにバックアップをすることになっているのですが、その体制《たいせい》を整《ととの》える仕事《しごと》にかかわったことがあります。ダーウィンとはいまでも交流《こうりゅう》があり、先日《せんじつ》もQVA《キューヴイエー》開発《かいはつ》の技術交流《ぎじゅつこうりゅう》でダーウィンを訪《おとず》れた際《さい》に、感謝《かんしゃ》のことばをいただいたばかりです。

VAAC《ヴイエーエーシー》は、国際的《こくさいてき》な条約《じょうやく》に規定《きてい》されている仕事《しごと》。それだけ責任《せきにん》も重《おも》いと思《おも》っています。それでも、こういった技術交流《ぎじゅつこうりゅう》を通《とお》して海外《かいがい》とつながれる醍醐味《だいごみ》を励《はげ》みに、業務《ぎょうむ》を続《つづ》けていきます。

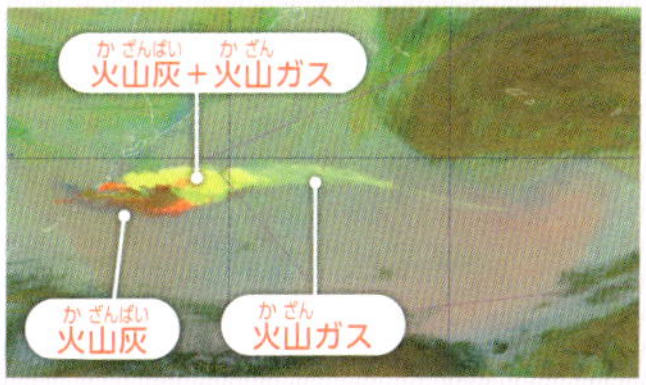

日中《にっちゅう》・夜間《やかん》をとおして、火山《かざん》の噴煙《ふんえん》に含《ふく》まれる火山灰《かざんばい》や火山《かざん》ガス(二酸化硫黄《にさんかいおう》)の識別《しきべつ》に有用《ゆうよう》な気象衛星《きしょうえいせい》ひまわりによるRGB《アールジービー》合成画像《ごうせいがぞう》。火山灰《かざんばい》を見《み》やすく加工《かこう》した画像《がぞう》を情報源《じょうほうげん》に使《つか》う。

VAAC《ヴイエーエーシー》は国際的《こくさいてき》な条約《じょうやく》で規定《きてい》されている仕事《しごと》

火山監視課《かざんかんしか》
調査官《ちょうさかん》
上山哲幸《うえやまてつゆき》さん

トラブル発生《はっせい》! インドネシアでの会議《かいぎ》に参加《さんか》したときに、予約《よやく》していたホテルがスコールで浸水《しんすい》して泊《と》まれなくなったことが!

もっと もっと！
知《し》りたい

震源《しんげん》・マグニチュードを瞬時《しゅんじ》に解析《かいせき》！ 地震《じしん》オペレーションルーム

全国《ぜんこく》に設置《せっち》されている地震《じしん》計《けい》・震度計《しんどけい》が観測《かんそく》した結果《けっか》は、すぐに気象庁《きしょうちょう》の地震火山《じしんかざん》オペレーションルームに伝《つた》わります。ビービーとアラームがなるとすぐに地震津波監視《じしんつなみかんし》・警報《けいほう》センターの職員《しょくいん》がモニターの前《まえ》に集《あつ》まって、どこで地震《じしん》が発生《はっせい》しているのか、どのくらいの規模《きぼ》なのか、津波《つなみ》は発生《はっせい》するか？などを素早《すばや》く分析《ぶんせき》します。特《とく》に津波《つなみ》の情報《じょうほう》は地震《じしん》が発生《はっせい》してから3分《ぷん》くらいの間《あいだ》で発表《はっぴょう》しています。

地震《じしん》はいつ発生《はっせい》するかだれにもわかりません。だからアラームがなるとピリッとした空気《くうき》がオペレーションルームに漂《ただよ》います。トイレも声《こえ》を掛《か》け合《あ》い、24時間常《じかんつね》に誰《だれ》かが観測《かんそく》データを見《み》ている状況《じょうきょう》を作《つく》っています。

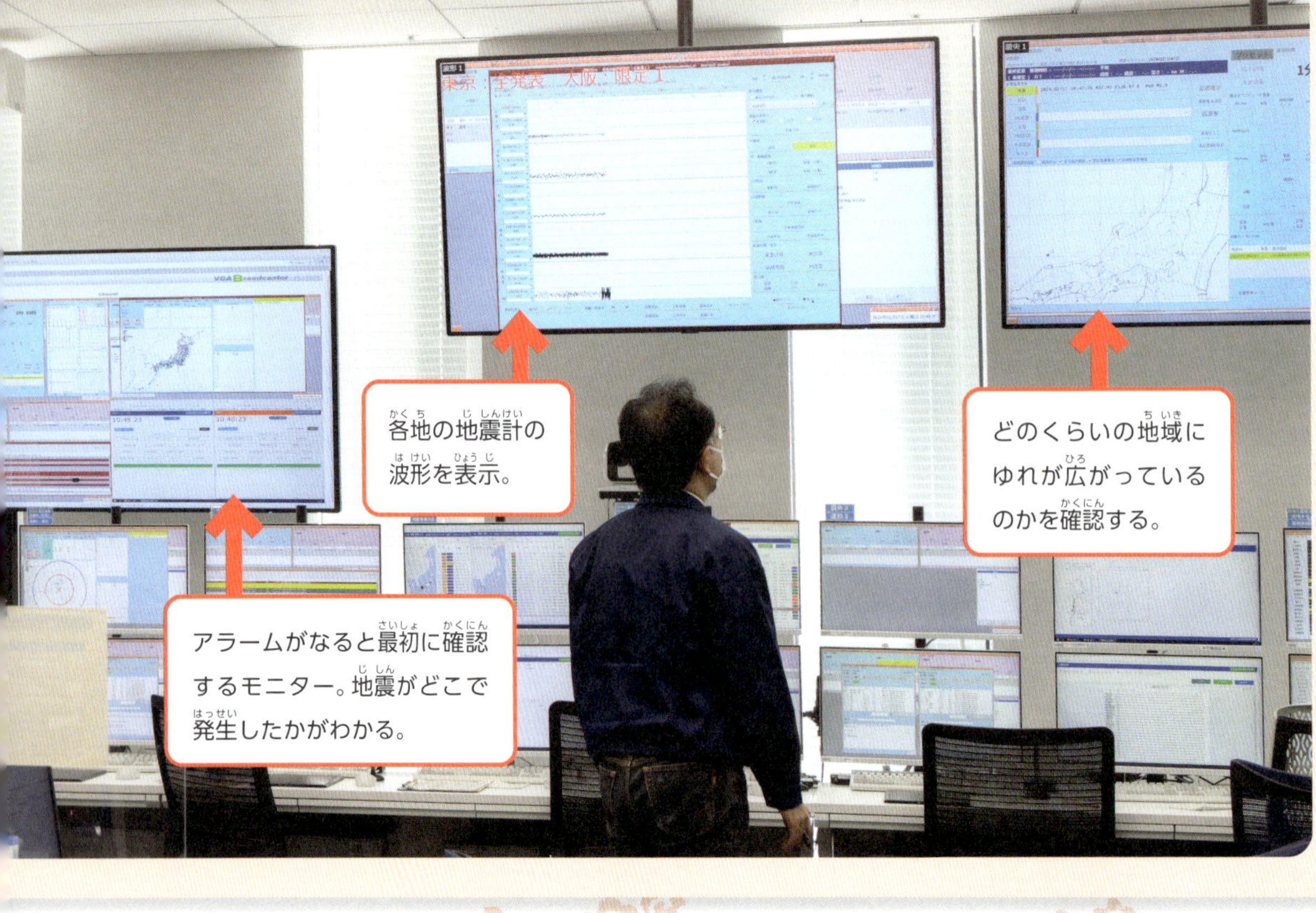
各地《かくち》の地震計《じしんけい》の波形《はけい》を表示《ひょうじ》。
どのくらいの地域《ちいき》にゆれが広《ひろ》がっているのかを確認《かくにん》する。
アラームがなると最初《さいしょ》に確認《かくにん》するモニター。地震《じしん》がどこで発生《はっせい》したかがわかる。

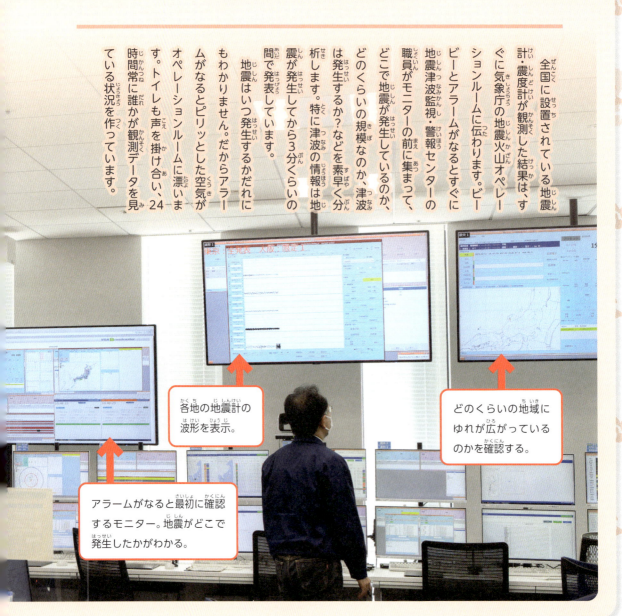

アラームがなると、みんながいっせいにモニターの前《まえ》に集《あつ》まるよ！緊張感《きんちょうかん》がすごい！
日本各地《にほんかくち》にある震度計《しんどけい》からの情報《じょうほう》が入《はい》ってくる。
地震《じしん》の震源《しんげん》や規模《きぼ》から津波《つなみ》の予測結果《よそくけっか》を検索《けんさく》。津波《つなみ》の発生《はっせい》が予想《よそう》される場合《ばあい》はすぐに津波警報《つなみけいほう》を発表《はっぴょう》する。
2024年 2月 27日 火曜日 10時

もっと もっと！知《し》りたい

リアルタイムで膨大《ぼうだい》な量《りょう》のデータを観測《かんそく》する火山監視《かざんかんし》・警報《けいほう》センターを大解剖《だいかいぼう》！

モニター 1 火山《かざん》の「今《いま》」がわかる

監視《かんし》カメラ、赤外線《せきがいせん》カメラから送《おく》られている火山《かざん》の今《いま》の映像《えいぞう》を監視《かんし》している。

24時間体制《じかんたいせい》で活火山《かっかざん》の活《かつ》動《どう》を監視《かんし》しているのが気象《きしょう》庁《ちょう》（本庁《ほんちょう》）にある火山監視《かざんかんし》・警報《けいほう》センターです。ここで監視《かんし》しているのは関東《かんとう》・中《ちゅう》部《ぶ》地方《ちほう》、伊豆《いず》・小笠原諸島《おがさわらしょとう》の20の活火山《かっかざん》。火山《かざん》に設置《せっち》している地震計《じしんけい》や傾斜計《けいしゃけい》、遠《えん》望観測装置《ぼうかんそくそうち》（監視《かんし》カメラ）、GNSS《ジーエヌエスエス》観測装置《かんそくそうち》などで観《かん》測《そく》したデータを解析《かいせき》して、火山活動《かざんかつどう》を常《つね》に監視《かんし》しています。噴火警報《ふんかけいほう》や降灰予報《こうはいよほう》などを発表《はっぴょう》し、地方公共団《ちほうこうきょうだん》体《たい》や住民《じゅうみん》、登山者《とざんしゃ》に注意《ちゅうい》・警《けい》戒《かい》を呼《よ》びかけているのがこのお部屋《へや》です。

24時間体制《じかんたいせい》で監視《かんし》し続《つづ》けているんだ！

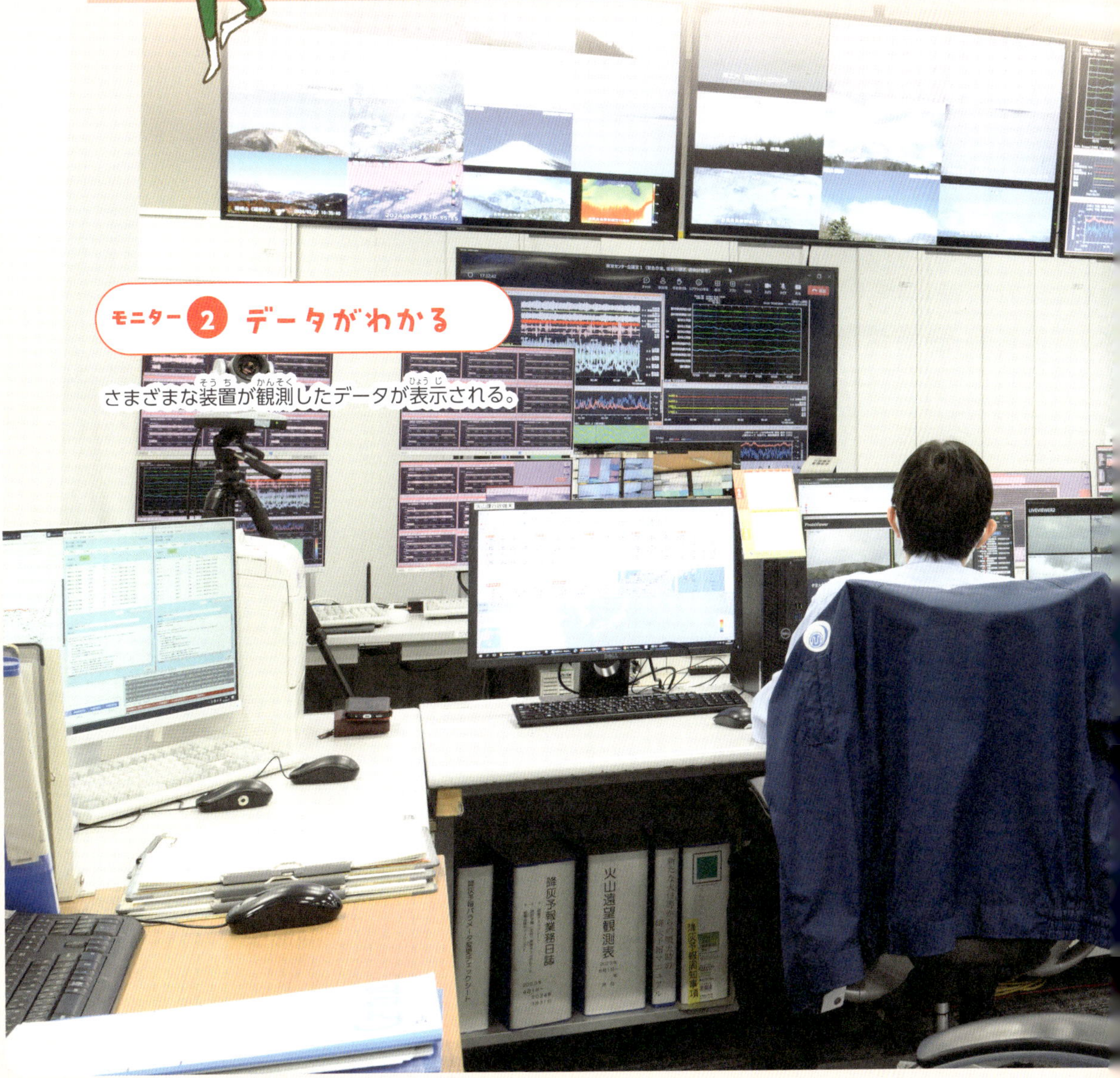

モニター② データがわかる

さまざまな装置《そうち》が観測《かんそく》したデータが表示《ひょうじ》される。

16

地《ち》磁《じ》気《き》の観《かん》測《そく》

「地球《ちきゅう》は磁石《じしゃく》」ですが、北極《ほっきょく》と南極《なんきょく》はどちらがN極《きょく》でどちらがS極《きょく》でしょうか？

地球《ちきゅう》と磁石《じしゃく》を重《かさ》ねると、こんな感《かん》じになります。

常《つね》に変動《へんどう》する地磁気《ちじき》

正解《せいかい》は北極《ほっきょく》がS極《エスきょく》、南極《なんきょく》がN《エヌ》極《きょく》。北極《ほっきょく》はS極《エスきょく》だから、磁石《じしゃく》のN《エヌ》極《きょく》と引《ひ》き合《あ》うのです。このように地球《ちきゅう》が磁石《じしゃく》の性質《せいしつ》を帯《お》びるのは、地球《ちきゅう》が発《はっ》している磁力《じりょく》の影響《えいきょう》です。この磁力《じりょく》を地磁気《ちじき》といいます。

気象庁《きしょうちょう》の地磁気観測所《ちじきかんそくじょ》（茨城県《いばらきけん》石岡市柿岡《いしおかしかきおか》）では、地磁気《ちじき》をつねに観測《かんそく》しています。なぜなら、地《ち》磁気《じき》は刻々《こっこく》と変化《へんか》するからです。

地磁気《ちじき》を観測《かんそく》することでGPS《ジーピーエス》の誤動作《ごどうさ》や停電《ていでん》などの障害《しょうがい》に備《そな》える!!

このように地磁気《ちじき》がゆれ動《うご》く理由《りゆう》のひとつに、磁気嵐《じきあらし》の影響《えいきょう》があります。太陽《たいよう》から吹《ふ》く太陽風《たいようふう》は放射線《ほうしゃせん》のような性質《せいしつ》をおびていて、人間《にんげん》とっては有害《ゆうがい》です。その太陽風《たいようふう》をバリアになって防《ふせ》いでくれるのが、地磁気《ちじき》がつくる磁力《じりょく》線《せん》です。ところが、太陽風《たいようふう》が強力《きょうりょく》になってバリアが押《お》され、太陽風《たいようふう》の粒子《りゅうし》が磁力線《じりょくせん》を通過《つうか》して染《し》み込《こ》んでくることがあります。このとき、磁気嵐《じきあらし》が発生《はっせい》します。磁気《じき》嵐《あらし》が発生《はっせい》すると、人工衛星《じんこうえいせい》に粒子《りゅうし》が当《あ》たって誤動作《ごどうさ》したり、GPS《ジーピーエス》の電波《でんぱ》が乱《みだ》れて精度《せいど》が下《さ》がったり、地磁気《ちじき》の乱《みだ》れが電力設備《でんりょくせつび》に影《えい》響《きょう》し停電《ていでん》が発生《はっせい》したりします。このような障害《しょうがい》を未然《みぜん》に防《ふせ》ぐために、太陽風《たいようふう》の影響《えいきょう》による地磁気《ちじき》の活動《かつどう》などを監視《かんし》しているのです。

もっと知《し》りたい！

日本《にほん》でも見《み》れた！オーロラ

人工衛星《じんこうえいせい》やGPS《ジーピーエス》などに不具合《ふぐあい》が起《お》きたり、飛行機《ひこうき》の運航《うんこう》に支障《ししょう》をきたすこともある磁気嵐《じきあらし》。でもその影響《えいきょう》でオーロラを観測《かんそく》できることがあります。オーロラはフレアと呼《よ》ばれる太陽《たいよう》の表面《ひょうめん》で起《お》こった爆発現象《ばくはつげんしょう》によって放出《ほうしゅつ》された粒子《りゅうし》が、地磁気《ちじき》の磁力線《じりょくせん》に沿《そ》って極域《きょくいき》に降《お》りこみ大気《たいき》を発光《はっこう》させる現象《げんしょう》です。主《おも》に北《ほっ》極《きょく》や南極《なんきょく》で観測《かんそく》されるのですが、2024年《ねん》5月《がつ》11日《にち》に発生《はっせい》したフレアの影響《えいきょう》で磁気嵐《じきあらし》が起《お》こり、北海道《ほっかいどう》でもオーロラが観測《かんそく》されたのです。

北海道《ほっかいどう》で観測《かんそく》されたオーロラ。

この人《ひと》に聞《き》いてみた！

地磁気《ちじき》を計測《けいそく》する人《ひと》

世界《せかい》に誇《ほこ》れる観測所《かんそくじょ》で地磁気《ちじき》を計測《けいそく》

私《わたし》の最初《さいしょ》の配属先《はいぞくさき》は火山監視《かざんかんし》を行《おこな》う部署《ぶしょ》で、地磁気《ちじき》の観測《かんそく》も担当《たんとう》していました。ある報告会《ほうこくかい》で、「火山《かざん》における地磁気観測《ちじきかんそく》」というレポートを発表《はっぴょう》したところ、その場《ば》にいた地磁気《ちじき》観測所《かんそくじょ》（茨城県石岡市柿岡《いばらきけんいしおかしかきおか》）の所長《しょちょう》（当時《とうじ》）にスカウトされたんです。火山《かざん》と地磁気《ちじき》の関係《かんけい》には未知《みち》の部分《ぶぶん》も多《おお》く、だからこそ気象庁《きしょうちょう》が力《ちから》を入《い》れている課題《かだい》でもあります。責任重大《せきにんじゅうだい》ですが、とてもやりがいがあります。

地磁気観測《ちじきかんそく》には、レアな機器《きき》を使《つか》っているからこその、特殊《とくしゅ》な悩《なや》みがあります。というのも、世界一《せかいいち》の精度《せいど》をほこるDI《ディアイ》72型《がた》を使《つか》っているのは、世界《せかい》に約《やく》130か所《しょ》ある地《ち》磁気観測所《じきかんそくじょ》の中《なか》で柿岡《かきおか》だけ。修理《しゅうり》できるメーカーも技術者《ぎじゅつしゃ》もいないため、故障《こしょう》したときが不安《ふあん》です。ほかの地磁気観測所《ちじきかんそくじょ》ではDI《ディアイ》メーターという機器《きき》を使《つか》っていますが、それでさえ、製造中止《せいぞうちゅうし》になっています。柿岡《かきおか》の観測所《かんそくじょ》では、中古《ちゅうこ》のDI《ディアイ》メーターを買《か》い集《あつ》めて、将来《しょうらい》にそなえています。

柿岡《かきおか》には100年以上《ねんいじょう》の歴史《れきし》があります。地磁気《ちじき》に限《かぎ》らず、100年以上《ねんいじょう》の長《なが》きにわたって同《おな》じ場所《ばしょ》で観測《かんそく》データを収集《しゅうしゅう》し続《つづ》けられている例《れい》は、世界中《せかいじゅう》にほとんどありません。観測《かんそく》データには、「最古《さいこ》であることが最新《さいしん》である」という側面《そくめん》もあるんです。そんな世界《せかい》に誇《ほこ》れる観測《かんそく》所《じょ》が日本《にほん》にあることを、みなさんにも知《し》ってほしいと思《おも》います。

最古《さいこ》であることが最新《さいしん》であるという側面《そくめん》がある

主測器《しゅそっき》として使用《しよう》されている高感度《こうかんど》フラックスゲート磁力計《じりょくけい》。実際《じっさい》は、地《ち》下《か》5mの地下室《ちかしつ》に設置《せっち》されています。

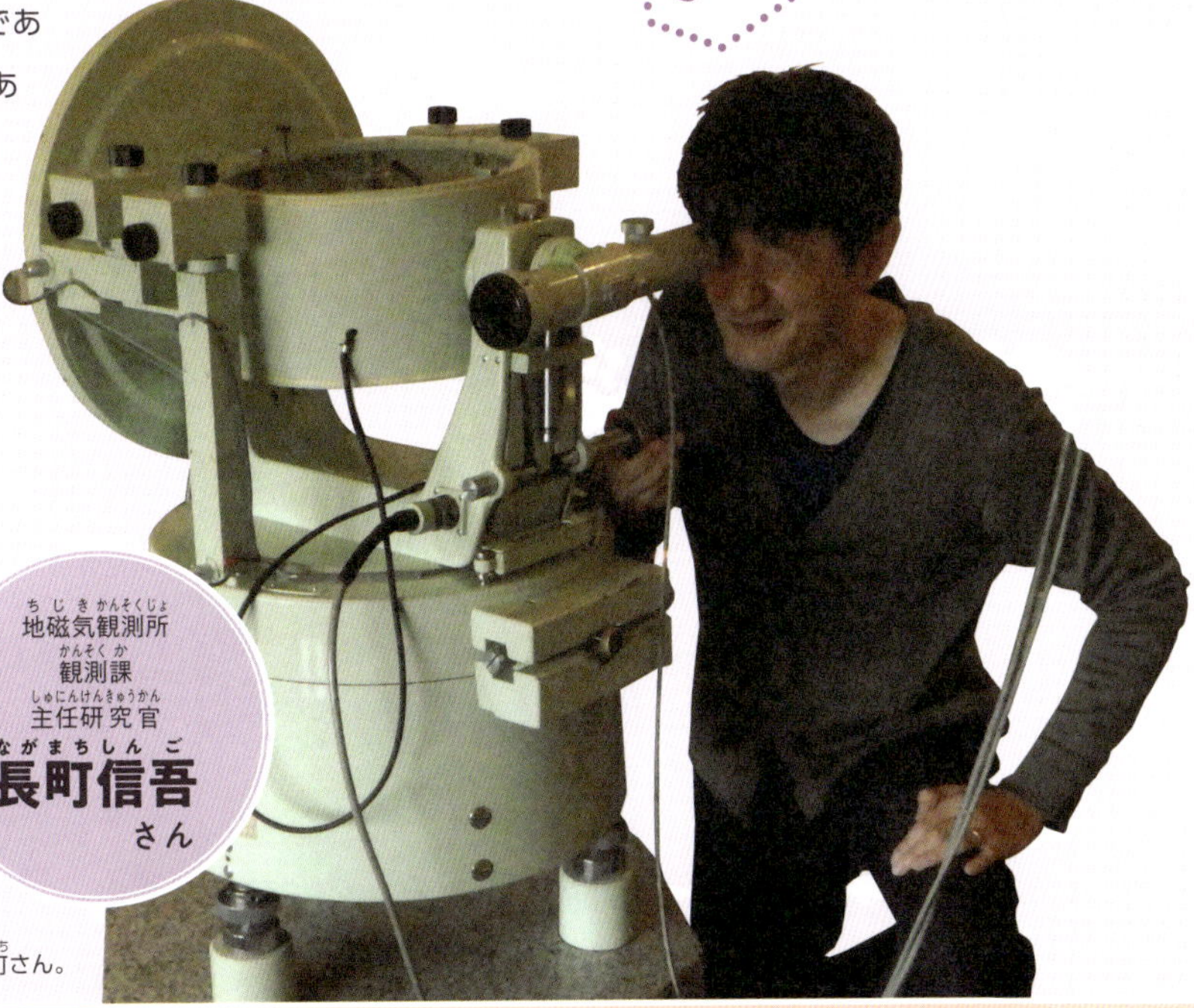

地磁気観測所《ちじきかんそくじょ》
観測課《かんそくか》
主任研究官《しゅにんけんきゅうかん》
長町信吾《ながまちしんご》さん

「DI《ディアイ》-72型磁気儀《がたじきぎ》」を操作《そうさ》する長町《ながまち》さん。

おじいちゃんは何者《なにもの》？

気象庁《きしょうちょう》と同《おな》じ150歳《さい》の気象《きしょう》レンジャーG《ジー》とはわしのことよ!

待《ま》って待《ま》って!

150歳《さい》のインパクト強《つよ》くて後半《こうはん》が入《はい》ってこない!

レンジャーかっこいい!とかびっくりした!とか…

言《い》ってもらえるかと…

しょぼ…

一回《いっかい》もう見《み》ちゃってたからなあ
まあそう言《い》うな… 2代目《だいめ》気象《きしょう》レンジャーの座《ざ》はいずれ君《きみ》らに引《ひ》き継《つ》ぐからの
私《わたし》たちもなれるの!?

なれるとも!「警報《けいほう》」のニュースを見《み》たら、すぐにキキクルを見《み》て、自分《じぶん》の住《す》んでいる街《まち》の状況《じょうきょう》を伝《つた》えるのもあり!

気象庁《きしょうちょう》のホームページにあるさまざまな情報《じょうほう》から天気《てんき》を予測《よそく》するのもできるんじゃ!

未来《みらい》の気象《きしょう》レンジャーは君《きみ》かもしれない!

昔《むかし》の気象測器《きしょうそっき》もかっこいい！

今《いま》は高性能《こうせいのう》でシンプルなデザインのものが多《おお》くなりましたが、
昔《むかし》の気象測器《きしょうそっき》にもかっこいいデザインのものがたくさんあります。
ここでは、気象測器歴史館《きしょうそっきれきしかん》（茨城県《いばらきけん》つくば市《し》）に保管《ほかん》されている気象測器《きしょうそっき》を見《み》てみましょう。

太陽《たいよう》が地上《ちじょう》を照《て》らす時間《じかん》を計《はか》る

カンベル日照計《にっしょうけい》

ガラスの球《たま》で太陽《たいよう》の光《ひかり》を集《あつ》めて、記録紙《きろくし》に焼跡《やきあと》をつけて日照時間《にっしょうじかん》を計《はか》った。

地震《じしん》のゆれを測《はか》る

ウィーヘルト地震計《じしんけい》

水平方向《すいへいほうこう》の東西《とうざい》、南北《なんぼく》の２方向《ほうこう》を記録《きろく》できる水平動《すいへいどう》と上下方向《じょうげほうこう》の成分《せいぶん》を記録《きろく》できる上下動《じょうげどう》の２台《だい》セットで使《つか》われていた。

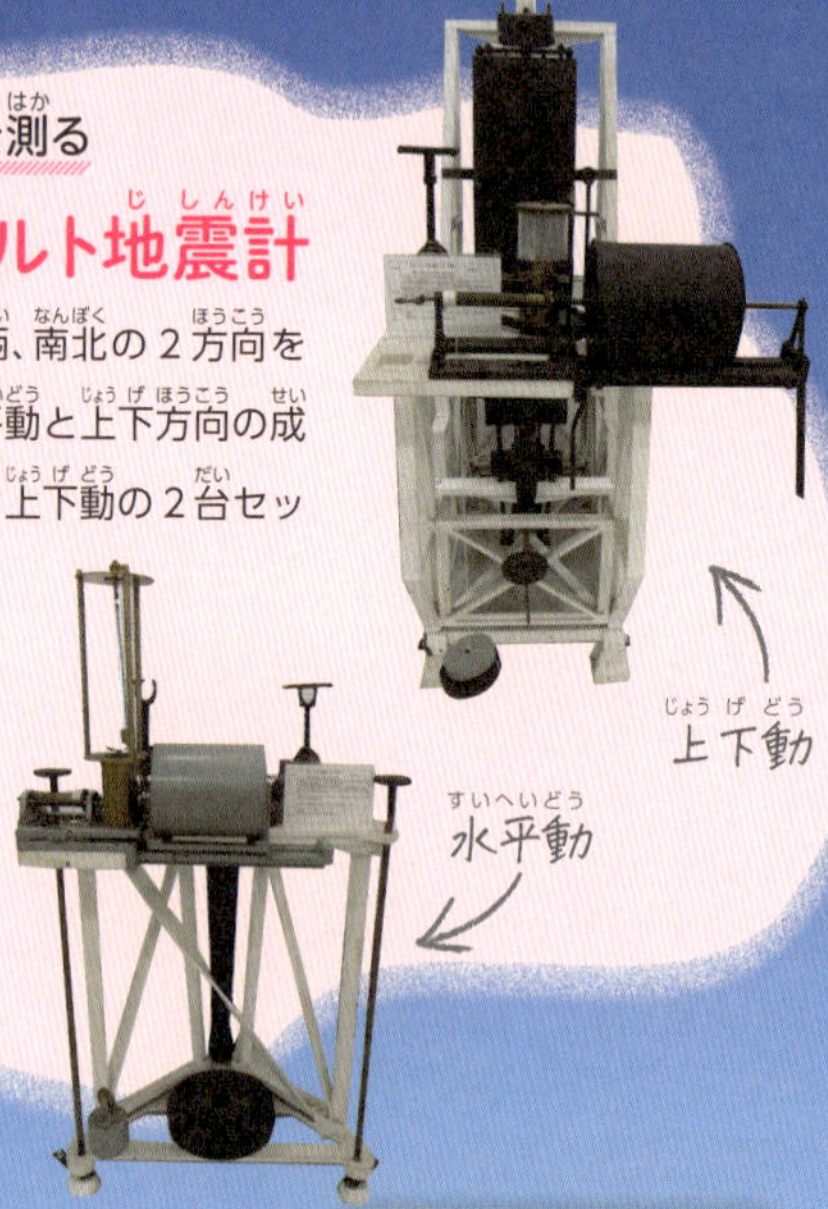
上下動《じょうげどう》
水平動《すいへいどう》

空気《くうき》に含《ふく》まれる水蒸気《すいじょうき》の度合《どあい》いを測《はか》る

毛髪自記湿度計《もうはつじきしつどけい》

湿度《しつど》によって伸《の》びたり縮《ちぢ》んだりする髪《かみ》の毛《け》の特性《とくせい》を利用《りよう》して湿度《しつど》を測《はか》る機器《きき》。金髪《きんぱつ》を輸入《ゆにゅう》して使用《しよう》していたことも！

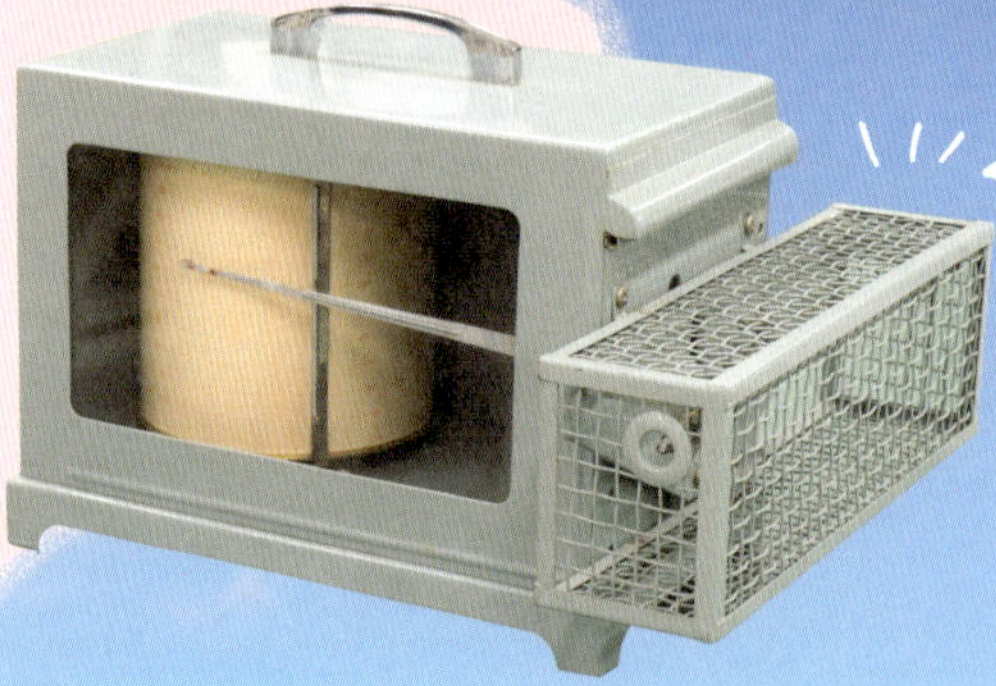

この部分《ぶぶん》に髪《かみ》の毛《け》を
いれていたんだって！

高層《こうそう》気象《きしょう》観測《かんそく》の今昔《こんじゃく》

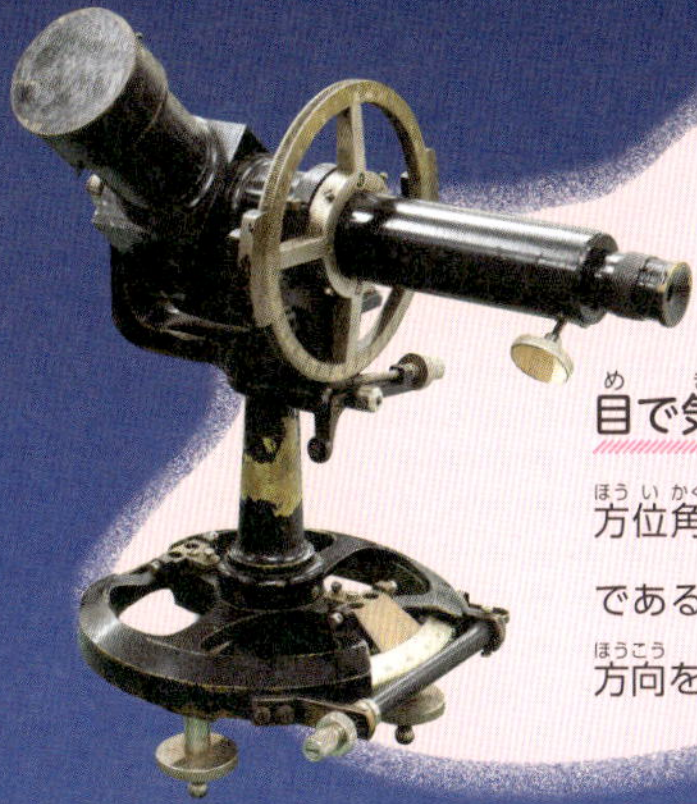

測風経緯儀《そくふうけいいぎ》

1921年《ねん》

目《め》で気球《ききゅう》を追《お》う測風経緯儀《そくふうけいいぎ》で観測《かんそく》

方位角《ほういかく》と高度角《こうどかく》の目盛《めもり》がついた望遠鏡《ぼうえんきょう》である測風経緯儀《そくふうけいいぎ》で、気球《ききゅう》が飛《と》んでいく方向《ほうこう》を見《み》て、風向《ふうこう》と風速《ふうそく》を測《はか》った。

1922年《ねん》

凧《たこ》で観測《かんそく》

凧《たこ》に気圧《きあつ》や気温《きおん》、湿度《しつど》や風速《ふうそく》を記録《きろく》する「自《じ》記気象計《ききしょうけい》」をつけて飛《と》ばした凧《たこ》。3,000mの上空《じょうくう》まで飛《と》んでいた。

1922年《ねん》から1946年《ねん》まで使用《しよう》していた。

自記気象計《じきききしょうけい》

1944年《ねん》

アンテナで電波《でんぱ》を追《お》うレーウィン観測《かんそく》

小型《こがた》の無線機《むせんき》をつけた気球《ききゅう》を飛《と》ばして、その位置《いち》を電波《でんぱ》で読《よ》み取《と》るレーウィン観測《かんそく》に使用《しよう》したアンテナ。これによって雨《あめ》や雲《くも》などの影響《えいきょう》で肉眼《にくがん》で気球《ききゅう》がみえないときでも観測《かんそく》ができるようになった。

レーウィン観測《かんそく》

現在《げんざい》

GPS《ジーピーエス》の測位情報《そくいじょうほう》を利用《りよう》したラジオゾンデで観測《かんそく》

現在《げんざい》はラジオゾンデのほか、電波《でんぱ》などを使《つか》った、大気《たいき》を間接的《かんせつてき》に観測《かんそく》することができるリモートセンシング技術《ぎじゅつ》も利用《りよう》して高層気象観測《こうそうきしょうかんそく》を行《おこな》っている。

現在《げんざい》のラジオゾンデ

中央気象台《ちゅうおうきしょうだい》1号型《ごうがた》ラジオゾンデ

付録《ふろく》02

空《そら》を見《み》て天気《てんき》を当《あ》てよう

気象庁《きしょうちょう》が伝《つた》えてくれるお天気《てんき》。
それはたくさんの場所《ばしょ》で、さまざまな手法《しゅほう》で観測《かんそく》したデータを基《もと》にして解析《かいせき》し、作《つく》っている情報《じょうほう》です。
ここでは直接空《ちょくせつぞら》を見《み》て観測《かんそく》する「目視観測《もくしかんそく》」という方法《ほうほう》で、天気予報《てんきよほう》に挑戦《ちょうせん》！写真《しゃしん》を見《み》てどんな天気《てんき》になるか考《かんが》えてみましょう。

問題《もんだい》の答《こた》えは 195ページ の下《した》を見《み》てね！

問題《もんだい》1

少《すこ》し前《まえ》まではもっと高《たか》い位置《いち》に雲《くも》があったのに、低《ひく》くなってきたときは……？

ヒント

雲《くも》の位置《いち》に注目《ちゅうもく》！

問題《もんだい》2

沈《しず》んでいく夕陽《ゆうひ》もきれいにみえた日《ひ》の翌日《よくじつ》は……

ヒント

西《にし》の空《そら》の夕焼《ゆうや》けがきれい！

もっと知《し》りたい！

日本《にほん》でもオーロラが見《み》られるのはいつ？

太陽《たいよう》フレアの影響《えいきょう》で発生《はっせい》した磁気嵐《じきあらし》によって、発生《はっせい》するオーロラ 186ページ。地磁気《ちじき》を観測《かんそく》している気象庁《きしょうちょう》では、磁気嵐《じきあらし》が発生《はっせい》すると気象庁《きしょうちょう》地磁気《ちじき》観測所《かんそくじょ》のホームページなどで発表《はっぴょう》します。その情報《じょうほう》を見逃《みのが》さなければ日本《にほん》でオーロラが見《み》える！？

問題《もんだい》3 太陽《たいよう》の周《まわ》りに虹色《にじいろ》の光《ひかり》の輪《わ》が見《み》えたときは……

ヒント

空《そら》の高《たか》いところにある薄《うす》い雲《くも》が太陽《たいよう》にかかったときに、雲《くも》の中《なか》にある氷《こおり》の粒《つぶ》に太陽《たいよう》の光《ひかり》が屈折《くっせつ》してできる「ハロ」という現象《げんしょう》が見《み》えたよ！

問題《もんだい》4 雲《くも》の切《き》れ目《め》から、光《ひかり》の筋《すじ》である天使《てんし》のはしご（薄明光線《はくめいこうせん》）が見《み》えるのはどんなときかな？

ヒント

厚《あつ》い雲《くも》のすきまから太陽《たいよう》の光《ひかり》が出《で》ているよ！光《ひかり》が筋《すじ》のように見《み》えるには、空気中《くうきちゅう》に小《ちい》さな水滴《すいてき》やちりが必要《ひつよう》だよ！

付録《ふろく》03

気象衛星《きしょうえいせい》「ひまわり」の画像《がぞう》から、天気《てんき》を当《あ》てよう

気象衛星《きしょうえいせい》「ひまわり」がとらえた画像《がぞう》は、多《おお》くの観測《かんそく》データを使《つか》って計算《けいさん》した数値予報《すうちよほう》からの予測《よそく》と実際《じっさい》の気象状況《きしょうじょうきょう》を比較《ひかく》することにも使《つか》われます。ここではひまわりの画像《がぞう》から赤丸《あかまる》○の地域《ちいき》の天気《てんき》を当《あ》ててみましょう。またひまわりの画像《がぞう》は気象庁《きしょうちょう》のホームページでもリアルタイムでみることができるので、挑戦《ちょうせん》してみましょう。

問題《もんだい》の答《こた》えは 196ページ の下《した》を見《み》てね！

問題《もんだい》1 大《おお》きく渦巻《うずま》いた雲《くも》があるね。このときの赤丸《あかまる》の地域《ちいき》の天気《てんき》は？

問題《もんだい》2 発達《はったつ》した雲《くも》のかたまりがいくつか並《なら》んでいるね。この場合《ばあい》、どんな天気《てんき》になる？

問題《もんだい》3 筋状《すじじょう》の雲《くも》が広《ひろ》がっているね。このときの赤丸《あかまる》で囲《かこ》んだ地域《ちいき》の天気《てんき》は？

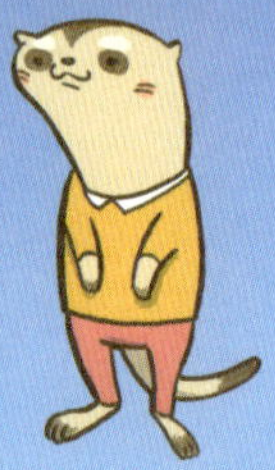

問題《もんだい》4 雲《くも》がもくもくとわきたっているね。どんな天気《てんき》かな？

気象庁《きしょうちょう》のホームページ　https://www.jma.go.jp/bosai/map.html#5/34.5/137/&elem=ir&contents=himawari

ニュースの天気図《てんきず》を見《み》る
のが楽《たの》しくなるね！

付録《ふろく》04

天気図《てんきず》をみて天気《てんき》を当《あ》てよう

天気予報《てんきよほう》でも登場《とうじょう》する天気図《てんきず》。気象庁《きしょうちょう》の専門官《せんもんかん》が、コンピューターが導《みちび》き出《だ》した天気図《てんきず》を、さまざまなデータをもとにしながら修正《しゅうせい》し、完成《かんせい》させています。ここではその天気図《てんきず》をみて、関東地方《かんとうちほう》の天気《てんき》を当《あ》ててみましょう。

問題《もんだい》の答《こた》えは 197ページ の下《した》を見《み》てね！

問題《もんだい》1 日本《にほん》の南《みなみ》に低気圧《ていきあつ》があるときの天気《てんき》は？

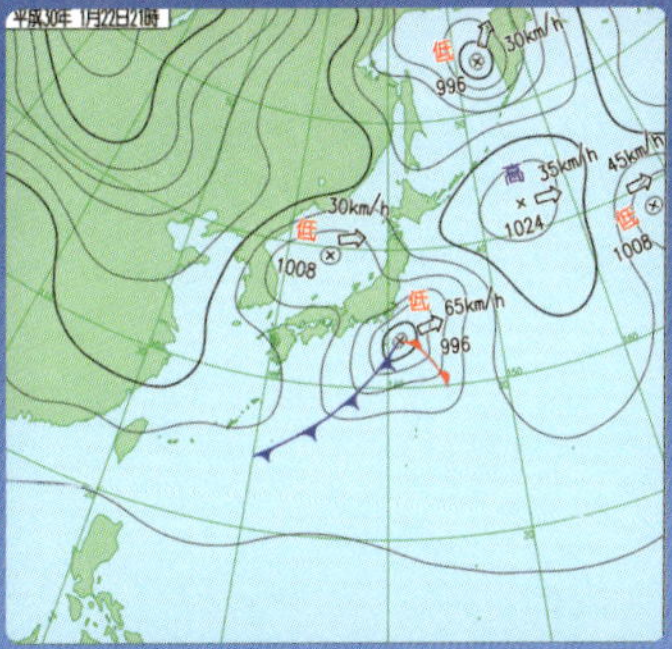

ヒント

低気圧付近《ていきあつふきん》では空気《くうき》が上昇《じょうしょう》して、冷《ひ》やされて雲《くも》になるよ。雲《くも》ができたら…

問題《もんだい》2 日本付近《にほんふきん》に前線《ぜんせん》が停滞《ていたい》しているときの天気《てんき》は？

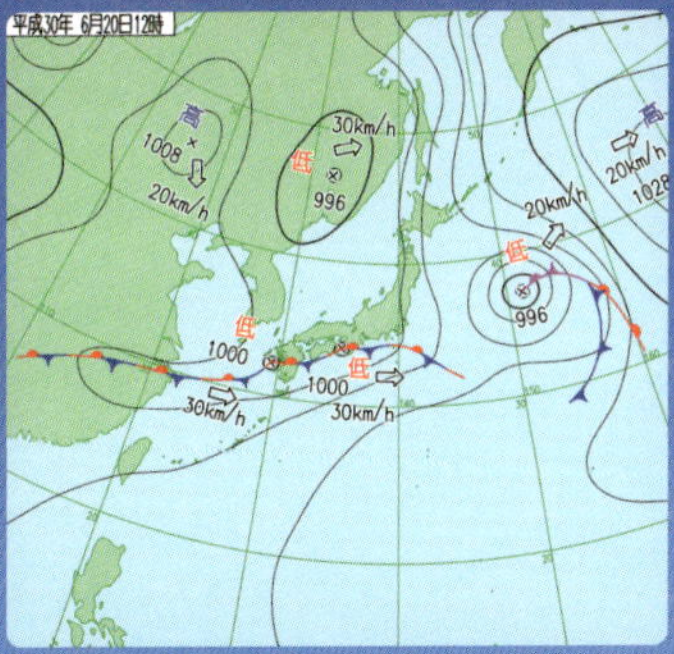

ヒント

文字通《もじどお》り、停滞前線《ていたいぜんせん》はあまりうごかないよね。上昇気流《じょうしょうきりゅう》によって雲《くも》が発生《はっせい》するから…

問題《もんだい》3 日本全体《にほんぜんたい》が高気圧《こうきあつ》に覆《おお》われているね。このときの天気《てんき》は？

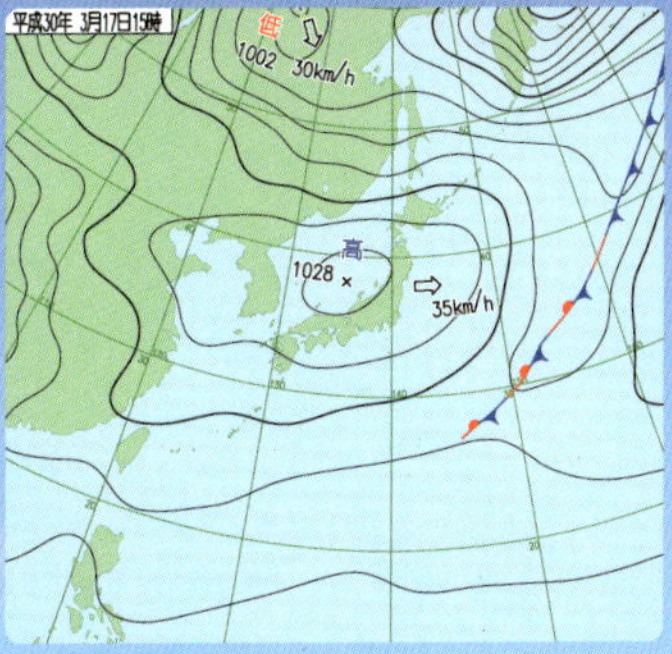

ヒント

高気圧《こうきあつ》があるってことは…

問題《もんだい》4 日本付近《にほんふきん》に台風《たいふう》と前線《ぜんせん》があるね。このときの天気《てんき》は？

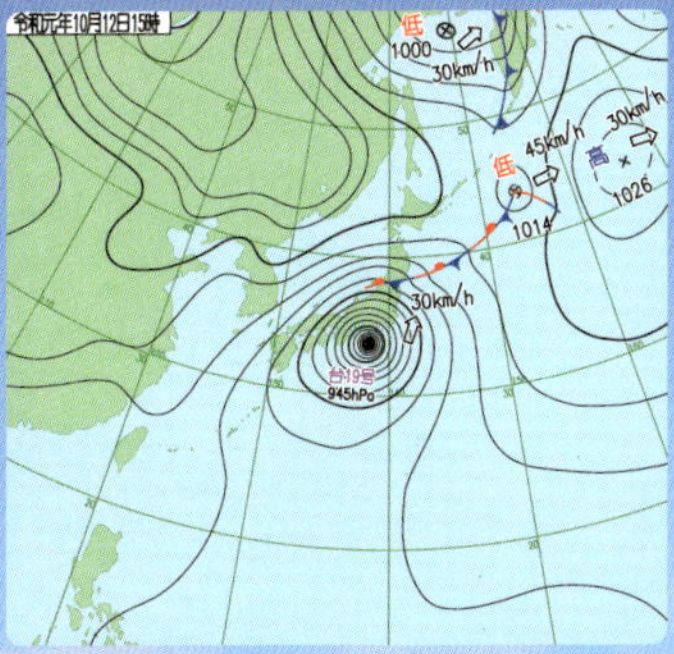

ヒント

東海地方《とうかいちほう》の上空《じょうくう》にあるグルグルはなんだっけ？

192・193ページの答《こた》え

①もうすぐ雨《あめ》が降《ふ》るかも！　②晴《は》れ　③天気《てんき》が下《くだ》り坂《ざか》に　④層積雲《そうせきうん》や高積雲《こうせきうん》が広《ひろ》がった朝方《あさがた》・夕方《ゆうがた》や、雨《あめ》が上《あ》がった後《あと》に見《み》られる可能性《かのうせい》が高《たか》い

付録《ふろく》05

クイズ！こんなときどうする？
災害《さいがい》シミュレーション

大雨《おおあめ》や台風《たいふう》、地震《じしん》、津波《つなみ》など自然災害《しぜんさいがい》はいつ襲《おそ》ってくるかわかりません。ここでは災害《さいがい》が発生《はっせい》したときに、自分《じぶん》も家族《かぞく》も、お友達《ともだち》もみんなが安全《あんぜん》に避難《ひなん》できるように、シミュレーションをしながら行動《こうどう》を確認《かくにん》しましょう。

問題《もんだい》の答《こた》えは 199ページ の下《した》を見《み》てね！

A 高台《たかだい》の近《ちか》くの休憩所《きゅうけいじょ》
E 崖《がけ》の近《ちか》くの道路《どうろ》
G 市役所《しやくしょ》の高層階《こうそうかい》
H 学校《がっこう》の校庭《こうてい》

194ページの答《こた》え

①四国《しこく》や紀伊半島《きいはんとう》は台風《たいふう》が接近《せっきん》していて、暴風《ぼうふう》や大雨《おおあめ》となっている。 ②線状降水帯《せんじょうこうすいたい》が発生《はっせい》していたときの画像《がぞう》。発達《はったつ》した雨雲《あまぐも》が列《れつ》になって、数時間《すうじかん》同《おな》じ場所《ばしょ》にいるため、九州南部《きゅうしゅうなんぶ》は大雨《おおあめ》になる。 ③筋状《すじじょう》の雲《くも》が広《ひろ》がっているときは、強《つよ》い冬型《ふゆがた》の気圧配置《きあつはいち》になる。このときに、日本海側《にほんかいがわ》では内陸《ないりく》まで雲《くも》が入《はい》り込《こ》み、大雪《おおゆき》が降《ふ》っていた。 ④夏《なつ》の午後《ごご》に発生《はっせい》する積乱雲《せきらんうん》の画像《がぞう》。夏《なつ》の強《つよ》い日差《ひざ》しで地面付近《じめんふきん》の湿《しめ》った空気《くうき》が暖《あたた》められ、上昇《じょうしょう》することで雨《あめ》を伴《ともな》う積乱雲《せきらんうん》ができる。このときは、朝《あさ》から晴《は》れて暑《あつ》くなり、午後《ごご》は所々《ところどころ》で積乱雲《せきらんうん》が発達《はったつ》。積乱雲《せきらんうん》の下《した》はにわか雨《あめ》や雷雨《らいう》となっていた。

シミュレーションクイズ

問題《もんだい》1 学校《がっこう》からの帰《かえ》り道《みち》、突然《とつぜん》真《ま》っ黒《くろ》な雲《くも》が広《ひろ》がり、雷《かみなり》の音《おと》が聞《き》こえ、大雨《おおあめ》が降《ふ》ってきました。
どこに逃《に》げ込《こ》めばいいかな？

問題《もんだい》2 はげしい雨《あめ》がふり続《つづ》くと、洪水《こうずい》や土砂災害《どしゃさいがい》の危険《きけん》があるので危険《きけん》な場所《ばしょ》から避難《ひなん》する必要《ひつよう》があります。危険《きけん》な場所《ばしょ》はどこかな。

問題《もんだい》3 緊急地震速報《きんきゅうじしんそくほう》が発表《はっぴょう》されました。
危《あぶ》ない場所《ばしょ》はどこかな？

問題《もんだい》4 海《うみ》で遊《あそ》んでいると津波警報《つなみけいほう》が発表《はっぴょう》されました。
どこに避難《ひなん》するといいかな？

195ページの答《こた》え
①南岸低気圧《なんがんていきあつ》によって雪《ゆき》。この日《ひ》は東京《とうきょう》で雪《ゆき》が23cm積《つ》もった。 ②一日中雨《いちにちじゅうあめ》 ③高気圧《こうきあつ》に覆《おお》われて晴《は》れ。 ④関東地方《かんとうちほう》は台風《たいふう》によって暴風《ぼうふう》や大雨《おおあめ》。

付録《ふろく》06

そのときどうする？ 地震《じしん》・津波《つなみ》アクションクイズ！

地震《じしん》や津波《つなみ》はある日《ひ》突然《とつぜん》発生《はっせい》します。
そのときあわてず安全《あんぜん》に行動《こうどう》ができるように正《ただ》しい知識《ちしき》を身《み》につけましょう。

問題《もんだい》の答《こた》えは 201ページ の下《した》を見《み》てね！

問題《もんだい》1 自宅《じたく》にいるときに地震《じしん》が発生《はっせい》しました。そのときどう行動《こうどう》しますか？

ヒント：152ページ

B 固定《こてい》されたものに捕《つか》まったり、落下物《らっかぶつ》から身《み》を守《まも》らないと。

A すぐに家《いえ》の外《そと》にでよう。

問題《もんだい》2 自宅《じたく》にいるときの地震《じしん》で、ゆれがおさまったら、どう行《こう》動《どう》しますか？

ヒント：153ページ

B すぐに靴《くつ》を履《は》いて、ドアを開《ひら》けてすぐに出《で》られるようにする。

A 外《そと》に出《で》るのは危険《きけん》だからとにかく家《いえ》の中《なか》にいる。

の近《ちか》くはもちろん、町《まち》の中《なか》の広《ひろ》い範囲《はんい》が水《みず》につかってしまうこともある。がけや谷《たに》の近《ちか》くは土砂災害《どしゃさいがい》の危険《きけん》がある。ハザードマップを確認《かくにん》して、自分《じぶん》の住《す》んでいる町《まち》の危険《きけん》な場所《ばしょ》を確認《かくにん》しておこう。 ③E 崖《がけ》の近《ちか》くの道路《どうろ》。 ④A 高台《たかだい》の近《ちか》くの休憩所《きゅうけいじょ》またはD 頑丈《がんじょう》なビルやG 市役所《しやくしょ》の高層階《こうそうかい》などに避難《ひなん》しよう。

問題《もんだい》 3

高層《こうそう》ビルにいるときに地震《じしん》が発生《はっせい》した。最近《さいきん》の高層《こうそう》ビルは揺《ゆ》れるけど安全《あんぜん》だ。

ヒント：155ページ

マルかバツか正《ただ》しいのはどっち？

✕ バツ、危険《きけん》な場合《ばあい》もあるかも。

○ マル、安全《あんぜん》よ！

問題《もんだい》 4

津波《つなみ》は強《つよ》いゆれを感《かん》じたときだけくる？ マルかバツか正《ただ》しいのはどっち？

✕ バツ、強《つよ》いゆれを感《かん》じなくても備《そな》えないと！

○ マル、強《つよ》いゆれを感《かん》じたときだけ！

問題《もんだい》 5

津波注意報《つなみちゅういほう》がでているけど、津波《つなみ》の高《たか》さ20㎝だったら、危険《きけん》じゃない？

ヒント：160ページ

A 大丈夫《だいじょうぶ》、安全《あんぜん》だよ！

B 20㎝でも危険《きけん》よ！

196,197ページの答《こた》え

①A 高台《たかだい》の休憩所《きゅうけいじょ》、D 頑丈《がんじょう》なビルの高層階《こうそうかい》、G 市役所《しやくしょ》の高層階《こうそうかい》。大気《たいき》の状態《じょうたい》が不安定《ふあんてい》になり、発生《はっせい》した積乱雲《せきらんうん》が近《ちか》づいているので、急《きゅう》な大雨《おおあめ》、落雷《らくらい》、突風《とっぷう》や竜巻《たつまき》のおそれがある。低《ひく》いところは水《みず》がたまりやすいので避《さ》け、頑丈《がんじょう》な建物《たてもの》に逃《に》げ込《こ》もう。家《いえ》のすぐ近《ちか》くにいて、家《いえ》が頑丈《がんじょう》なら、家《いえ》に逃《に》げ込《こ》んでもよい。 ②B 川《かわ》の近《ちか》く、C 川《かわ》の近《ちか》くの自分《じぶん》の家《いえ》、E 崖《がけ》の近《ちか》くの道路《どうろ》、F 川《かわ》と海岸《かいがん》の近《ちか》くの家《いえ》、H 学校《がっこう》の校庭《こうてい》、I 街中《まちじゅう》の路上《ろじょう》。川《かわ》がはんらんすると、川《かわ》

付録《ふろく》07

作《つく》ってみよう！

ペットボトル地震計《じしんけい》

材料《ざいりょう》と道具《どうぐ》

- ペットボトル（2リットルの四角《しかく》いもの1本《ぽん》）
- たこ糸《いと》（1mくらい）
- クリップ（1こ）
- はさみ
- セロハンテープ
- 単《たん》1乾電池《かんでんち》（1こ）
- シャープペンシルの芯《しん》（3B、1本《ぽん》）
- あぶら粘土《ねんど》（少量《しょうりょう》）
- お弁当用《べんとうよう》ミニカップ（1こ）
- 千枚通《せんまいどお》し
- カッターナイフ
- 記録用紙《きろくようし》（長方形《ちょうほうけい》の厚紙《あつがみ》1枚《まい》）

B3
あぶら
ねんど
約《やく》5㎝

実際《じっさい》に観測《かんそく》に使用《しよう》している地震計《じしんけい》は、正確《せいかく》な情報《じょうほう》を得《え》るために精密《せいみつ》な機械《きかい》となっていますが、地震《じしん》の揺《ゆ》れを記録《きろく》したり、目《め》で確認《かくにん》できたりする地震計《じしんけい》は作《つく》ることはできます。ここではペットボトルを使《つか》った地震計《じしんけい》を作《つく》ってみましょう。

作《つく》り方《かた》

1 1mくらいに切《き》ったたこ糸《いと》を、単《たん》1乾電池《かんでんち》に巻《ま》きつけ、セロハンテープで固定《こてい》する。

セロハンテープ
たこ糸《いと》

2 ミニカップの底《そこ》の真《ま》ん中《なか》に、千枚通《せんまいどお》しで小《ちい》さな穴《あな》をあける。そこに粘土《ねんど》を半分《はんぶん》くらい入《い》れて、乾電池《かんでんち》の下《した》にとりつける。

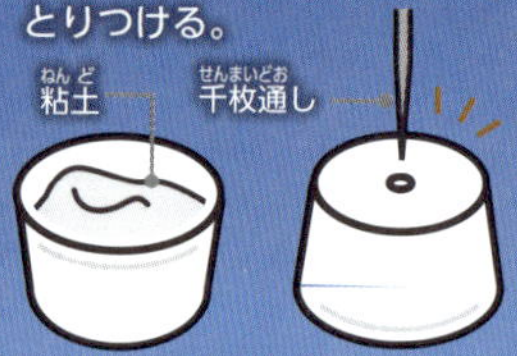

粘土《ねんど》
千枚通《せんまいどお》し

3 ミニカップの底《そこ》につけた穴《あな》にシャープペンシルの芯《しん》を刺《さ》し、数《すう》mm出《だ》して残《のこ》りを折《お》る。

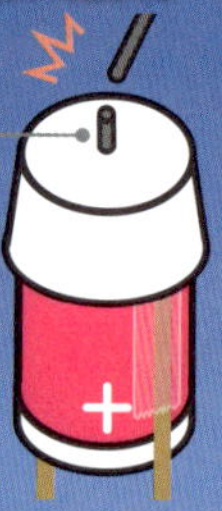

シャープペンシルの芯《しん》

4 ペットボトルはイラストを参考《さんこう》にカッターナイフで両《りょう》面《めん》とも切《き》り取《と》る。

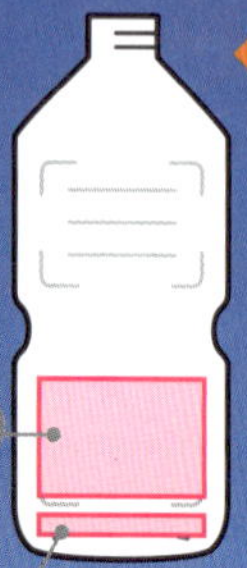

幅《はば》5～7㎝四方《しほう》に切《き》り取《と》る。
穴《あな》A
穴《あな》B
幅《はば》5～7㎝に細長《ほそなが》く切《き》り取《と》る。

ポイント！

両側《りょうがわ》の穴《あな》の高《たか》さをそろえよう。

5 ペットボトルの中《なか》にふりこの糸《いと》を通《とお》す。さらに、千枚通《せんまいどお》しで穴《あな》を開《あ》けたペットボトルのふたにも通《とお》す。

6 厚紙《あつがみ》をペットボトルの下《した》の穴《あな》Bに入《はい》る大《おお》きさに切《き》って、中《なか》に通《とお》す。シャープペンシルの芯《しん》が厚紙《あつがみ》に付《つ》くように、ふりこの糸《いと》の長《なが》さはペットボトルのふたの部分《ぶぶん》で調整《ちょうせい》し、クリップでとめる。

完成《かんせい》！

ポイント！

芯《しん》が厚紙《あつがみ》に軽《かる》くつくように糸《いと》の長《なが》さを調節《ちょうせつ》することが、きれいな記録《きろく》を描《えが》くためのポイントだよ！

ペットボトルの高《たか》さは約《やく》30㎝。ふりこの周期《しゅうき》は1秒程度《びょうていど》だと考《かんが》えよう！

記録例《きろくれい》だよ！ふりこは、地震《じしん》に多《おお》い短周期《たんしゅうき》の振動《しんどう》に対《たい》して、地面《じめん》の揺《ゆ》れを記録《きろく》することができるんだ。これは机《つくえ》をゆらしながら記録紙《きろくし》をなるべく一定《いってい》の速度《そくど》で引《ひ》き抜《ぬ》き記録《きろく》したものだよ。

記録《きろく》

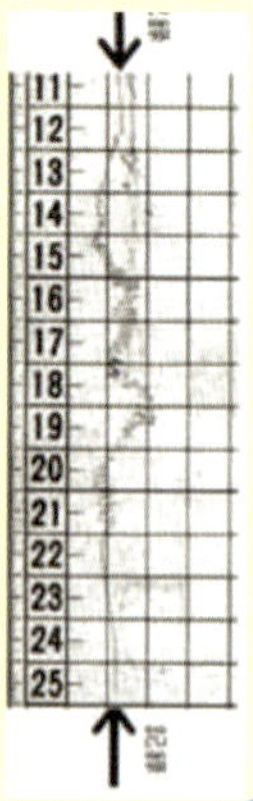

11
12
13
14
15
16
17
18
19
20
21
22
23
24
25

注意《ちゅうい》！ カッターや千枚通《せんまいどお》しを使《つか》うときは、ケガをしないように気《き》をつけよう。なるべく大人《おとな》の人《ひと》がいるときに使用《しよう》しよう。

付録《ふろく》08

これがわかれば「どうすればいいか」がわかる！
最近《さいきん》ニュースでよく聞《き》く気象《きしょう》のことば

天気予報《てんきよほう》に限《かぎ》らず、ニュースでも話題《わだい》になることが多《おお》い気象情報《きしょうじょうほう》。
ここではよく耳《みみ》にする気象《きしょう》のことばと、それを聞《き》いたらどうすればいいかを紹介《しょうかい》します。

猛暑日《もうしょび》・熱帯夜《ねったいや》

最高気温《さいこうきおん》が35℃以上《いじょう》の日《ひ》のことを「猛暑日《もうしょび》」という。ちなみに30℃以上《いじょう》の日《ひ》を真夏日《まなつび》、25℃以上《いじょう》の日《ひ》を夏日《なつび》と呼《よ》ぶ。また「熱帯夜《ねったいや》」は最低気温《さいていきおん》が25℃以上《いじょう》の夜《よる》のこと。

特《とく》に夜《よる》は寝苦《ねぐる》しいので、冷房《れいぼう》や扇風機《せんぷうき》を使《つか》って暑《あつ》くなりすぎないようにしよう！

暖房《だんぼう》を使《つか》ったり、厚着《あつぎ》したりして、寒《さむ》さから身体《しんたい》を守《まも》ろう。

冬日《ふゆび》・真冬日《まふゆび》

最低気温《さいていきおん》が0℃未満《みまん》の日《ひ》のことを「冬日《ふゆび》」という。最高気温《さいこうきおん》が0℃未満《みまん》の日《ひ》のことを「真《ま》冬日《ふゆび》」という。

冬型《ふゆがた》の気圧配置《きあつはいち》

冬《ふゆ》になり、大陸《たいりく》に高気圧《こうきあつ》、日本《にほん》の東《ひがし》の海上《かいじょう》から千島列島《ちしまれっとう》・オホーツク海方面《かいほうめん》に発達《はったつ》した低《てい》気圧《きあつ》がある気圧配置《きあつはいち》のこと。強《つよ》い寒気《かんき》が流《なが》れ込《こ》んで冬《ふゆ》の嵐《あらし》をもたらすこともある。

大雪《おおゆき》や暴風《ぼうふう》などによる被害《ひがい》が発生《はっせい》することもあるよ。

大気《たいき》の状態《じょうたい》が不安定《ふあんてい》

夏《なつ》などの強《つよ》い日差《ひざ》しによって空気《くうき》の温度《おんど》が高《たか》くなる。そのとき上空《じょうくう》に冷《つめ》たい空気《くうき》があると、この上層《じょうそう》と下層《かそう》との温度差《おんどさ》がより大《おお》きくなって、対流活動《たいりゅうかつどう》が活発《かっぱつ》になった状態《じょうたい》のこと。急《きゅう》な強《つよ》い雨《あめ》や、川《かわ》の増水《ぞうすい》、落雷《らくらい》、竜巻《たつまき》などの現象《げんしょう》をもたらす積乱雲《せきらんうん》が発生《はっせい》・発達《はったつ》しやすくなる。

外出前《がいしゅつまえ》に雷《かみなり》注意報《ちゅういほう》や竜巻《たつまき》注意情報《ちゅういじょうほう》に注意《ちゅうい》しておこう。外出《がいしゅつ》は控《ひか》え、風《かぜ》で飛《と》ばされそうなものはないか、非常用《ひじょうよう》グッズの確認《かくにん》をしておこう。

198,199ページの答《こた》え

①B　②B　③× 高層階《こうそうかい》になるほど、揺《ゆ》れは大《おお》きくなるので、落《お》ちてくるものや家具《かぐ》の移動《いどう》に注意《ちゅうい》が必要《ひつよう》。エレベーターが故障《こしょう》することもあるので、危険《きけん》な場合《ばあい》もある。　④× 体感《たいかん》では大《おお》きな地震《じしん》を感《かん》じなくても、海《うみ》で大《おお》きな地震《じしん》が発生《はっせい》した場合《ばあい》は津波《つなみ》が来《く》る可能性《かのうせい》があるので、注意《ちゅうい》が必要《ひつよう》。
⑤B 危険《きけん》です。津波《つなみ》の高《たか》さが20㎝でも、人間《にんげん》は巻《ま》き込《こ》まれてしまうことがあるので、海《うみ》から上《あ》がって、海岸《かいがん》から離《はな》れましょう。

結《むす》びに

最後《さいご》まで読《よ》んでいただきありがとうございました。

気象庁《きしょうちょう》がどのような仕事《しごと》をしているか知《し》っていただけましたでしょうか。

気象庁《きしょうちょう》ということばを聞《き》いたとき、天気予報《てんきよほう》を想《そう》像《ぞう》する人《ひと》が多《おお》いかもしれません。

天気予報《てんきよほう》の仕事《しごと》を行《おこな》っていることは、その通《とお》りなのですが、この本《ほん》にもあるとおり、実際《じっさい》には、天気予《てんきよ》報《ほう》だけではなく、さまざまな手段《しゅだん》での気象《きしょう》の観測《かんそく》、地《じ》震《しん》・津波《つなみ》・火山《かざん》の監視《かんし》、気候変動《きこうへんどう》に関《かん》すること、そして判《わか》ったことをわかりやすく皆《みな》さんにお知《し》らせする様々《さまざま》な工夫《くふう》など幅広《はばひろ》い仕事《しごと》をしています。

この本《ほん》を読《よ》んだことで、自然現象《しぜんげんしょう》やそれによって発生《はっせい》してしまう災害《さいがい》、そんな時《とき》に気象庁《きしょうちょう》が発表《はっぴょう》する情報《じょうほう》にはどんなものがあり、どのように行動《こうどう》すればよいのか、たくさんのことを学《まな》んでいただけたと思《おも》います。ぜひ、家族《かぞく》やお友達《ともだち》、ご近所《きんじょ》の方《かた》にも教《おし》えていただきたいと思《おも》います。

そして、この本《ほん》をきっかけとして、気象《きしょう》、地震《じしん》、火山《かざん》など自然現象《しぜんげんしょう》に興味《きょうみ》を持《も》って、子《こ》どもの頃《ころ》の私《わたし》のように「将来《しょうらい》は気象庁《きしょうちょう》で働《はたら》きたい！」と考《かんが》えてくれる人《ひと》が出《で》てきてくれることを願《ねが》っています。

気象庁長官《きしょうちょうちょうかん》

さくいん

あ

あなたの町《まち》の予報官《よほうかん》……132
アメダス……25・26・94・130
雨《あめ》の強《つよ》さと降《ふ》り方《かた》……111
アンサンブル予報《よほう》……104
異常気象《いじょうきしょう》……50・51・80
稲村《いなむら》の火《ひ》……166
ウィーヘルト地震計《じしんけい》……144・190
雲頂強調画像《うんちょうきょうちょうがぞう》……35
衛星画像《えいせいがぞう》……33・34・35・39
エルニーニョ現象《げんしょう》……50・108
遠地津波観測計《えんちつなみかんそくけい》……62
エーロゾル……84
オゾン(観測《かんそく》)……38・70
オゾンゾンデ……72・76
オゾンホール……72・77
温室効果《おんしつこうか》ガス……53・62・64・85
オーロラ……73・186・193

か

海上警報《かいじょうけいほう》・予報《よほう》……114・116
海水面《かいすいめん》……53・58
解析雨量《かいせきうりょう》……130
解析積雪深《かいせきせきせつしん》・解析降雪量《かいせきこうせつりょう》……131
海洋気象観測《かいようきしょうかんそく》……66
海洋気象観測船《かいようきしょうかんそくせん》……54・66・68
海洋《かいよう》プレート内《ない》の地震《じしん》……147
火砕流《かさいりゅう》……171
火山《かざん》……168・170・172・174・176・184
火山《かざん》ガス……170・172
火山《かざん》ガス観測装置《かんそくそうち》……172
火山監視《かざんかんし》・警報《けいほう》センター……173・184
火山泥流《かざんでいりゅう》……171
火山灰《かざんばい》……170・176・181
火山《かざん》ハザードマップ……174
火山防災《かざんぼうさい》マップ……175
火山防災《かざんぼうさい》の日《ひ》……173
風《かぜ》の強《つよ》さと吹《ふ》き方《かた》……110
可視画像《かしがぞう》……34
滑走路視距離観測装置《かっそうろしきょりかんそくそうち》……44
監視《かんし》カメラ……172・184
観測《かんそく》データ……27・31・94
観測《かんそく》ネットワーク……148・149
観測定線《かんそくていせん》……60
カンベル日照計《にっしょうけい》……190
キキクル(危険度分布《きけんどぶんぷ》)……121・122・123
気候変動《きこうへんどう》(対策《たいさく》)……52・54・56・66
気候《きこう》モデル……86
気象衛星《きしょうえいせい》……25・32・80・83・94
気象測器《きしょうそっき》……25・40
気象測器《きしょうそっき》の校正《こうせい》……40
気象庁防災対応支援《きしょうちょうぼうさいたいおうしえん》チーム(JETT《ジェット》)……133
気象《きしょう》データ……27・134
気象防災《きしょうぼうさい》アドバイザー……133
気象防災《きしょうぼうさい》ワークショップ……132
気象《きしょう》レーダー……25・28・127・130
季節予報《きせつよほう》……107
機動観測機器《きどうかんそくきき》……172
緊急地震速報《きんきゅうじしんそくほう》……144・145・150・152

さ

た

竜巻発生確度《たつまきはっせいかくど》ナウキャスト……125
多筒採水器《たとうさいすいき》……67
短時間強雨《たんじかんきょうう》……129
断層《だんそう》……154
短期予報《たんきよほう》……106
地域防災支援《ちいきぼうさいしえん》……132
地球温暖化《ちきゅうおんだんか》……53・66・87
地磁気《ちじき》……186
地磁気観測装置《ちじきかんそくそうち》……172
地上気象観測《ちじょうきしょうかんそく》……62・70・72
中央防災会議《ちゅうおうぼうさいかいぎ》……165
潮位《ちょうい》……58
津波観測点《つなみかんそくてん》……148
津波警報《つなみけいほう》（注意報《ちゅういほう》）……144・145・151・157・159・160
津波《つなみ》てんでんこ……167
津波《つなみ》ハザードマップ……161
津波《つなみ》フラッグ……161
津波予報《つなみよほう》データベース……158
定量的火山灰情報《ていりょうてきかざんぱいじょうほう》（QVA《キューヴイエー》）……181
天気図《てんきず》……94・95・96・97・98・99・195
電気伝導度水温水深計《でんきでんどうどすいおんすいしんけい》（CTD《シーティーディー》）……67
電波式検潮儀《でんぱしきけんちょうぎ》……58
トゥルーカラー再現画像《さいげんがぞう》……35
特別警報《とくべつけいほう》……120・122
土石流《どせきりゅう》……170
ドップラー効果《こうか》……29

な

ナウキャスト……125・127
南海《なんかい》トラフ地震《じしん》……164
南極観測隊《なんきょくかんそくたい》……70・72
南極観測船《なんきょくかんそくせん》しらせ……74
南極昭和基地《なんきょくしょうわきち》……71・72
二酸化炭素濃度《にさんかたんそのうど》……54・60
日射《にっしゃ》・赤外放射《せきがいほうしゃ》……81・85
日射放射線観測《にっしゃほうしゃせんかんそく》……62・72
日本海溝《にほんかいこう》・千島海溝周辺海溝型地震《ちしまかいこうしゅうへんかいこうがたじしん》……165
ニューストンネット……66
熱中症警戒《ねっちゅうしょうけいかい》アラート……126

は

船用流向流速計《はくようりゅうこうりゅうそくけい》……67
波浪注意報《はろうちゅういほう》・警報《けいほう》……59
飛行場予報《ひこうじょうよほう》……117
ひずみ観測点《かんそくてん》……148
避難訓練《ひなんくんれん》……145
避難計画《ひなんけいかく》……174
ひまわり……32・83・113
品質管理《ひんしつかんり》……94
表層水温《ひょうそうすいおん》……67
標本木《ひょうほんぼく》……88
ヒートアイランド（現象《げんしょう》）……80・82
フィリピン海《かい》プレート……146
風向風速計《ふうこうふうそくけい》……44
富士山《ふじさん》レーダー……29
プレート境界《きょうかい》の地震《じしん》……147
ブリューワー分光光度計《ぶんこうこうどけい》……76
フロン……77
噴火警戒《ふんかけいかい》レベル……169・174
防災気象情報《ぼうさいきしょうじょうほう》……25・120
北米《ほくべい》プレート……146

ま

マグニチュード……155
真鍋淑郎《まなべしゅくろう》……87

や

南鳥島《みなみとりしま》(気象観測所《きしょうかんそくじょ》)……62・64
毛髪自記湿度計《もうはつじきしつどけい》……190
融雪型火山泥流《ゆうせつがたかざんでいりゅう》……171
ユーラシアプレート……146
溶岩流《ようがんりゅう》……170
予報官《よほうかん》……95・102

ら

ラジオゾンデ……24・30・67
ラニーニャ現象《げんしょう》……50・108
陸域《りくいき》の浅《あさ》い地震《じしん》……147
凌風丸《りょうふうまる》……66
レーウィン観測《かんそく》……191
レーダー雨量観測《うりょうかんそく》……127

アルファベット

GNSS観測装置《ジーエヌエスエスかんそくそうち》……66・172・184
DI《ディーアイ》-72型磁気儀《がたじきぎ》……187
UV《ユーブイ》インデックス……79

もっと知《し》りたくなったら!

気象科学館《きしょうかがくかん》で体験《たいけん》しよう

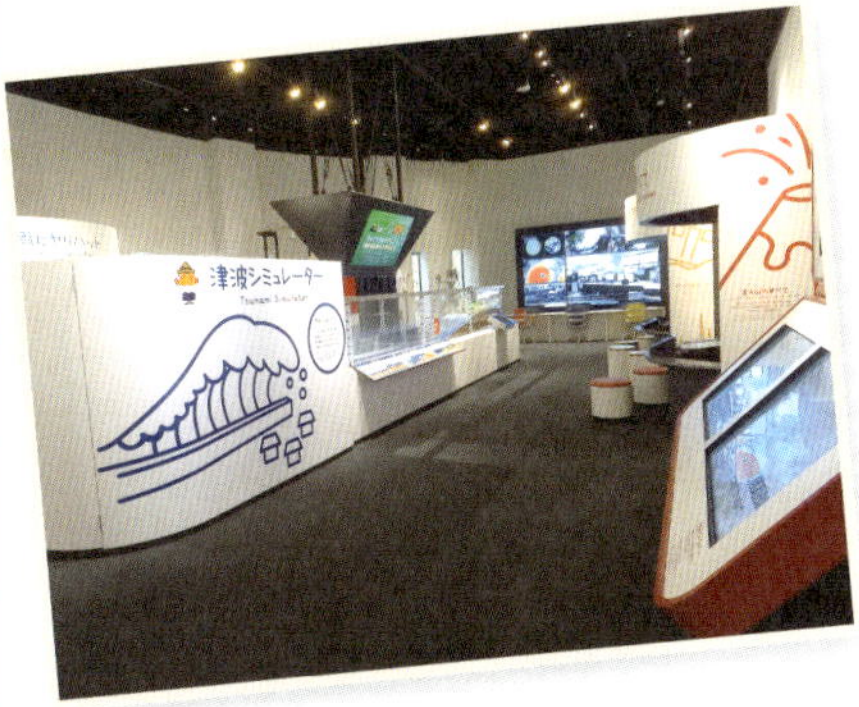

気象科学館《きしょうかがくかん》は、日本《にほん》の四季《しき》や自然《しぜん》、津波《つなみ》や大雨《おおあめ》などの気《き》象《しょう》を体感《たいかん》しながら、防災《ぼうさい》を学《まな》ぶことができる科学館《かがくかん》です。気象庁《きしょうちょう》が発表《はっぴょう》する情報《じょうほう》やゲームで学《まな》べる「はれるんランド」や、新人予報官《しんじんよほうかん》になりきってクイズに挑戦《ちょうせん》できる「ウェザーミッション」、気象《きしょう》や地震《じしん》の観測機器《かんそくきき》や日本《にほん》の自然《しぜん》を体感《たいかん》できるシアターなどがあります。気象予報士《きしょうよほうし》がいるので、気象《きしょう》や地震《じしん》に関《かん》する疑問《ぎもん》をたずねることもできます。

DATA **気象庁《きしょうちょう》 気象科学館《きしょうかがくかん》**

住所《じゅうしょ》 〒105-8431 東京都港区虎《とうきょうとみなとくとら》ノ門《もん》3-6-9

開館時間《かいかんじかん》 9:00〜20:00(最終入館《さいしゅうにゅうかん》は19:30)

休館日《きゅうかんび》 毎月第《まいつきだい》2月《げつ》・火曜《かよう》 ※臨時休館日《りんじきゅうかんび》あり。ホームページで確認《かくにん》ください。
施設内入場無料《しせつないにゅうじょうむりょう》

URL https://www.jma.go.jp/jma/kishou/intro/kagakukan.html

歩み続けて150年
防ぐ災害・守る未来

監修

気象庁(きしょうちょう)

気象庁は、明治8(1875)年以来150年にわたり、災害の予防、交通安全の確保、産業の発展のために、気象・海洋や地震・火山などの自然現象を監視・予測し、いろいろな防災気象情報を発表するとともに、それらに必要な調査・研究などを行っている。一人一人の生命・財産が守られ、国民のみなさまがより良い暮らしを送れるよう、これからも技術力向上に取り組んでいく。

こども気象庁

2025年3月25日　初版発行

監修者　気象庁
発行者　富永靖弘
印刷所　公和印刷株式会社

発行所　東京都台東区台東2丁目24　株式会社　新星出版社
〒110-0016　☎03(3831)0743

ISBN978-4-405-07397-5